建筑领域碳达峰碳中和技术丛书

透光围护结构节能技术研究与工程应用

刘月莉　曾晓武　袁　涛　编著

图书在版编目（CIP）数据

透光围护结构节能技术研究与工程应用/刘月莉，
曾晓武，袁涛编著. —北京：中国建筑工业出版社，
2021.8（2022.11重印）
（建筑领域碳达峰碳中和技术丛书）
ISBN 978-7-112-26512-1

Ⅰ.①透…　Ⅱ.①刘…②曾…③袁…　Ⅲ.①建筑物
-围护结构-节能设计-研究　Ⅳ.①TU111.4

中国版本图书馆 CIP 数据核字（2021）第 177023 号

责任编辑：张文胜
责任校对：张　颖

建筑领域碳达峰碳中和技术丛书
透光围护结构节能技术研究与工程应用
刘月莉　曾晓武　袁　涛　编著
*
中国建筑工业出版社出版、发行（北京海淀三里河路9号）
各地新华书店、建筑书店经销
北京科地亚盟排版公司制版
北京建筑工业印刷厂印刷
*
开本：787毫米×1092毫米　1/16　印张：16　字数：398千字
2021年8月第一版　　2022年11月第二次印刷
定价：**56.00元**
ISBN 978-7-112-26512-1
（37656）

序

自 20 世纪 70 年代末开始，经过近 40 年的发展，我国门窗、玻璃幕墙行业从引进国外技术到自行设计发展至今，走过了发达国家曾用近一个世纪走过的历程，已具备了建设节能环保幕墙、门窗工程的能力，并有了参与国际工程竞争的能力，缩小了与国外先进水平的差距，为进一步发展奠定了基础。

目前中国是全世界最大的建筑幕墙制造国和使用国，近些年建筑幕墙的年竣工面积超过 1 亿 m²。幕墙产业的发展带动建筑施工向轻型、快捷、节能方向发展，同时也带动了建筑玻璃、铝型材、建筑密封胶、门窗五金配件、加工设备等相关产业的综合发展。

回顾这段发展历程，可归结为如下几个阶段：

（1）引进、学习阶段。20 世纪的 70 年代末至 80 年代初，我国铝门窗行业还处于空白，通过国外考察、劳务合作、购买专利技术和加工生产线，引进国外先进的技术和管理经验，如引进上百条的挤压、氧化生产线和喷涂生产线，以及门窗、玻璃幕墙的深加工设备及相应的门窗系列和 150 幕墙系列等产品，基本掌握了门窗幕墙的加工和安装能力。

（2）消化吸收国外引进的技术阶段。从基本原理入手，在设计系统结构和制造安装方面进行研究，通过实践达到消化吸收、融会贯通的目的，并陆续完成了许多较大的建筑工程。

（3）创新、与国际接轨阶段。通过此前对国外先进技术的引进、消化吸收，经业内专家与同行积极努力，根据各地区地理、气候、环境、经济条件、审美观念等方面均衡发展的设计理念，结合我国国情，创新性地研发高性能的门窗、幕墙系统及配套五金系统。特别是在国家节能减排政策指引下，为满足不同地区、不同建筑节能的要求，研发出了断热铝合金、复合材料等不同型材的节能门窗、隐框幕墙、单元幕墙、点支式玻璃幕墙等。其中点支式玻璃幕墙、单元幕墙的某些关键技术，均已达到或超过了国外技术水平。

近年来，随着国内建筑门窗、幕墙市场需求急速增长，国外企业纷纷介入国内市场，国内门窗、幕墙企业也积极向国际市场拓展，市场国际化趋势愈来愈强。目前，门窗幕墙行业已形成以大型企业为主导、中小企业为辅助的市场结构。以 100 多家大型企业为主体、50 多家产值过亿元的骨干企业为代表的技术创新体系，在国家重点工程、大中城市形象工程、城市标志性建筑、外资工程以及国外工程建设中，为全行业树立了良好的市场形象，成为全行业技术创新、市场开拓的主力军，这批大型骨干企业完成的工业产值占全行业工业总产值的 50% 左右。

建筑围护结构是指构成建筑空间即建筑物及房间各表面的围护部分，是能够抵御外界环境不利影响的建筑构件。按照是否与室外空气直接接触，建筑围护结构可分为外围护结构和内围护结构；按照是否能够透过太阳辐射光线（包括可见光部分和红外波段光部分），分为透光围护结构和不透光围护结构两大类。

根据《透光围护结构太阳得热系数测试方法》GB/T 30592—2014，透光围护结构可以定义为：太阳光可直接透入室内的建筑外围护构件，如建筑外窗、透明幕墙及外门、采光顶和玻璃砖砌体等结构。

一般情况，透光围护结构有玻璃幕墙、外窗、天窗、采光顶、阳台门等。能够经由透光围护结构进入室内的太阳能量，包括通过透光围护结构透过的太阳辐射得热和传热进入室内的得热两部分。表征透光围护结构隔绝太阳辐射热性能的参数 SHGC，其值为通过透光围护结构进入室内的太阳得热量与入射的太阳辐射能量之比值，即太阳光总透射比，称为太阳得热系数。

随着"一带一路"建设倡议的不断展开，一批高铁、高速公路、机场等基础设施项目将陆续兴建，这为门窗幕墙行业提供了发展机遇。将课题多项创新性研究成果和积累的经验介绍给业内的同行，为"一带一路"倡议提供有力的技术支撑，为门窗幕墙强国的发展提供动力，是本书出版的目的。

前　言

能源消耗对生态环境的影响极为严重。全球变暖，海平面上升，气候灾害频发，人类健康和生物多样性受到威胁。2009 年哥本哈根国际气候变化大会上，中国政府做出庄重承诺：到 2020 年单位国内生产总值二氧化碳排放比 2005 年减少 40％～45％。2013 年，党的十八大报告中提出的"全面落实经济建设、政治建设、文化建设、社会建设、生态文明建设五位一体整体布局"，也是对建筑节能工作的一项明确要求。2020 年 9 月 22 日，国家主席习近平在第七十五届联合国大会一般性辩论上指出"中国将提高国家自主贡献力度，采取更加有力的政策和措施，二氧化碳排放力争于 2030 年前达到峰值，努力争取 2060 年前实现碳中和"。可见，为实现碳中和，中国的建筑业和能源行业将发生革命性改变。

透光围护结构（门窗、幕墙和采光顶等）是建筑外围护结构中热工性能最薄弱的环节，通过这些部位的能耗，在整个建筑能耗中占有相当可观的比例。

经过近 40 年的发展，通过业内专家和从业人员的努力，我国建筑门窗幕墙工业得到了快速的发展，至 21 世纪初已成为世界第一幕墙生产大国和世界第一幕墙使用大国。在我国，大型公共建筑广泛应用了玻璃幕墙，从 1985 年建成的长城饭店，到新保利大厦的悬挂网索幕墙、奥运游泳场馆"水立方"全部外墙的结构膜技术应用等更是国际上鲜有的幕墙构造。目前，仅北京市就有大型公共建筑（机场候机楼、高铁车站、高档办公建筑、综合商用建筑、星级宾馆、城市综合体、大型商场和文体活动中心等）667 座。近年来，也有一些居住建筑立面较大面积地采用了玻璃幕墙。

由于玻璃幕墙的设计不合理、施工质量差和缺乏相关节能产品等原因，致使玻璃幕墙建筑的供暖、空调能耗剧增。建筑门窗、幕墙等保温性能不好，既浪费能源，又可能产生结露，造成室内热环境质量不佳；隔热性能差，不但使空调能耗居高不下，还会影响室内热舒适度。与世界先进水平相比，目前我国门窗产品物理性能尚有很大差距，保温性能、气密性能、隔声性能和防雨水渗漏性能均较差，提高建筑外窗系统物理性能技术研究和产品开发势在必行。

透光围护结构的热工性能达不到建筑节能设计的要求，势必导致建筑能耗与 CO_2 排放量增加，不符合国家的节能减排政策。

从源头处实现建筑节能，降低建筑用能，缓解城市能源供应压力，开展透光围护结构在热、光、通风等性能上的综合节能关键技术研究及工程示范，引导新型透光围护结构产品研发、应用，以及对既有玻璃幕墙进行节能改造，不仅具有巨大的市场需求，同时，也具有良好的社会意义和环境意义。

根据清华大学建筑节能研究中心统计数据，截至 2018 年，我国民用建筑总面积已达 601 亿 m^2，其中公共建筑 128 亿 m^2，城镇住宅建筑 244 亿 m^2。因此，研究透光围护结构的节能关键技术，促进新型建筑构件、材料和节能产品的研发及推广应用，是一段时期内我国建筑节能领域的重点工作。未来几年，我国的门窗幕墙行业将会逐渐进入平静发展期，门窗、幕墙市场总量将继续保持稳步增长的趋势。

"一带一路"倡议为门窗幕墙行业和产品走出去搭建了很好的平台，"一带一路"沿线国家基础设施建设将带来无限商机。

我国是门窗幕墙世界第一大国，但不是门窗幕墙的强国，工程质量总体水平与发达国家相比还有一定差距。下一步，环保、节能将成为门窗幕墙行业发展的主题，门窗幕墙行业需要适应市场变化，方能生存和发展。

本书内容主要来自国家科技支撑计划课题"华北合院型村镇小康住宅技术集成与示范"、北京市科技计划课题"大型公共建筑透光围护结构的节能技术与示范工程"和"高性能建筑外窗系统产品开发与示范"、北京市建委重点专项"院落建筑围护结构节能改造与室内物理环境质量提升技术研究"以及中国建筑科学研究院有限公司应用技术研究课题"既有工业建筑改造前场地评估方法研究"等多项研究成果。

上述课题针对透光围护结构本身的动态热过程特点，展开建筑物外墙的窗墙比、节能玻璃的选用和研发、窗框及幕墙支撑的材料以及可调节遮阳装置的使用、新型开窗器和新风通风器等影响建筑能耗的主要方面的研究。本书是在开展了上述内容的深入研究与分析的基础上，理论性与实用性相结合，通过具体的工程案例，用理论来分析与解决工程中的一些疑难问题。其内容新颖，所选工程实例均为工程实际与科学研究工作的经验总结。

希望本书能为广大从事建筑节能领域技术研究与设计的工作者提供有益的参考和借鉴。

在本书编写过程中，得到建筑节能领域专家的大力支持和深入指导，在此表示感谢。本书为多位研究者的共同成果，主要由中国建筑科学研究院有限公司、中森（深圳）建筑幕墙咨询有限公司和清华大学建筑学院完成，并得到其他单位专家学者的支持。本书由刘月莉、曾晓武、袁涛编著，其他参编人员及所著章节如下：

清华大学建筑学院：林波荣（第一章、第二章）

北京市可持续发展促进会：章永洁（第三章、第五章、第六章）

山东省建筑设计研究院：谢勇（第五章）

河南龙旺钢化真空玻璃有限公司：李宏彦（第六章）

中国建筑装饰装修材料协会建筑遮阳分会：王军（第七章）

清华大学建筑节能研究中心：赵勇（第八章）

北京当代置业有限公司：陈音（第九章）

北京清华同衡规划设计院有限公司：肖伟（第九章）

建学建筑与工程设计所有限公司：田山明（第九章）、陈峥嵘（第九章）、于天赤（第十章）

中国建筑科学研究院有限公司：杜争（第八章）、袁杨（第十章）

中国建筑集团装饰公司：孙茂（第十章）

在本书编写过程中，河南理工大学硕士研究生王营、惠豪振和黄雨函同学在文献查阅等方面付出了辛勤劳动，并为本书作了精心的文字加工，这里一并表示衷心感谢。

因为编写时间仓促，编者水平有限，书中存在诸多不足之处，希望广大读者提出宝贵意见。

目　　录

第一篇　节　能　技　术

第二篇 节 能 产 品

第三篇 工 程 应 用

第一篇

节能技术

第一章

透光围护结构节能技术效果评价

第一节　热性能分析指标体系构建

现有的研究在围护结构热性能方面取得了较大进展，开发了各种详细的热模拟软件，但是面对方案阶段信息不全、设计时间短、方案更改频繁的特点却并不是都适用。更重要的是，模拟计算工具通过"黑箱"似的数值模拟直接提供的逐时负荷结果并不能直接反映建筑热过程的本质规律，也就不能为设计提供方向性的建议，进而不能在方案阶段实现对公共建筑围护结构节能的控制。

本章为北京市科技计划项目中"大型公共建筑透光围护结构的节能技术与示范工程"课题的一项研究成果。针对现有成果应用在方案阶段的困难和问题，以稳态计算方法为基础，提出能反映建筑不同类型/朝向围护结构对能耗的贡献率的热性能综合评价指标，揭示建筑热过程的本质规律，为方案的决策提供技术支持。

围护结构热性能分析详细研究思路见图 1.1-1，主要内容包括：研究方案阶段可获得的与围护结构热性能有关的建筑信息和建筑师的设计需求；以前人的研究为基础对稳态计算方法进行改进，研究"综合得热系数"反映围护结构部件对能耗的贡献率，提出围护结构热性能评价的综合指标——热体形系数；将该研究的方法体系应用到工程实践中，完成多方案比较和单方案完善的设计任务。

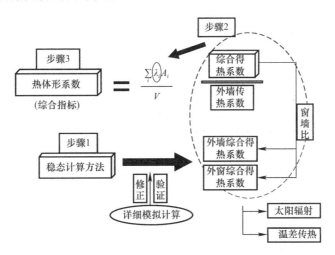

图 1.1-1　围护结构热性能分析研究思路

一、建筑设计需求

影响建筑全年供暖空调能耗的参数包括体形系数、窗墙比、建筑朝向、房间布局、围护结构热工参数、空调系统形式、空调设备容量、空调作息时间、室内温度设定值、室内热扰（人员、灯具、设备发热量和作息时间）等。以上信息在初步设计和详细设计阶段基本可获得，可以通过建筑能耗模拟软件（例如 DeST、EnergyPlus 等）建立物理模型，通过全年逐时动态模拟计算预测供暖空调负荷。然而，建筑方案设计阶段，建筑设计刚刚开始，很多内容都还没有考虑，建筑信息的可获得情况与初步设计/详细设计阶段不尽相同。理清方案阶段进行围护结构热性能分析的已知信息状况，有助于确定适宜的分析研究方法，做到有的放矢。

（一）建筑方案设计阶段的已知信息

1. 建筑造型

不同造型建筑的体形系数和各朝向立面面积不同，建筑通过外围护结构的得热/散热量不同。对建筑师而言，建筑造型对建筑方案至关重要，需要从围护结构热性能的角度进行重点分析研究。

2. 建筑朝向

建筑师根据建筑周边环境、日照要求等因素确定建筑的主要朝向，不同的方案差异一般不会很大。由于不同朝向的外围护结构太阳得热情况不同，因此建筑朝向和建筑造型将最终决定每个朝向外围护结构的面积。

3. 内部空间

内部空间设计包括竖向空间（层数、层高、中庭等）和平面布局设计。竖向空间的设计是建筑师在方案阶段重点考虑的环节，其相关信息基本可以获得。平面布局的设计往往先从大区域的功能划分开始，功能区域是宏观层面的尺寸和位置关系，离具体的"房间"还有一定的距离，而且后续设计过程会经常调整房间的尺寸和位置。由于缺少详细的房间布局信息，而且后续设计变动性较大，因此进行细致的房间划分并不现实，也没有必要。如果将整层平面简化为一个房间又会忽略掉许多重要因素，从而可能导致颠覆性的错误。房间负荷的差异与是否受外围护结构的影响和所处的朝向相关，因此可以将建筑平面按照内外区和朝向进行划分，既反映主要的物理规律，又不需已知详细的房间布局信息。距离外围护结构 6m 以内区域和建筑顶层内设定为外区（图 1.1-2），分析围护结构热性能的时候仅计算外区的负荷。

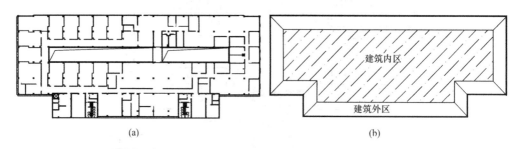

图 1.1-2　建筑平面划分示意图

（a）原始建筑平面图；（b）按照内外分区划分后的建筑平面图

4. 建筑类型

根据建筑功能的差异，建筑可分为公共建筑和居住建筑，公共建筑又可分为办公建筑、商场、医院建筑、学校建筑、宾馆建筑等，在进行建筑方案设计的时候，建筑类型为已知信息。不同类型的建筑在室内热扰、空调作息时间、室内温度设定值等方面均在较大差异，而同类型建筑之间则差异很小。同一类型的建筑尽管会包括多种功能房间（例如办公建筑包括普通办公室、高档办公室、会议室、餐厅、大厅等），但是主要功能房间往往占大多数，是影响建筑围护结构热性能的主要因素。因此，从分析建筑整体性能的角度出发，可以忽略建筑内部不同功能房间的差异，而根据调研和实际经验确定该类建筑的相关信息。

5. 空调作息时间、建筑内扰、室内温度设定值

空调作息时间、建筑内扰和室内温度设定值与房间的具体功能有关，一旦房间功能确定，这些参数均可按照经验或者调研结果设置。尽管方案设计阶段具体的房间位置和尺寸还没有确定，但是建筑类型一旦确定后，建筑的主要功能房间也就确定了，在方案设计阶段可以根据建筑类型的差异，确定建筑整体的空调作息时间、建筑内扰、室内温度设定值等相关参数，这与详细模拟时对每一个房间进行参数设置不同。

（二）建筑方案设计阶段的未知信息

1. 围护结构热工参数

围护结构热工参数一般在单体方案完善设计阶段或者初步设计阶段最终确定，建筑大的尺寸和位置关系在单体方案初步设计阶段还没有确定，建筑师一般不会过多考虑具体的围护结构热工参数。但是，鉴于节能设计标准对围护结构热工参数的取值进行了限定，同一地区建筑的围护结构热工参数不会与节能设计标准有较大的差异，其取值范围基本确定。

2. 窗墙比

窗墙比是建筑立面设计元素中影响建筑能耗的重要参数。当建筑设计没有完成时，并不能获得十分精确的窗墙比数据。但是建筑师往往会对立面的开窗面积有倾向性的选择（例如玻璃幕墙和小面积开窗的选择），对外窗的尺寸也有大致的要求，因此可获得窗墙比的模糊信息。实际操作时，可以对窗墙比进行初略估算。

方案设计阶段是整个建筑设计过程的重要决策阶段，建筑师往往关心影响建筑整体围护结构热性能的宏观问题，而暂时忽略建筑细节。根据建筑设计的需求，围护结构热性能分析应该在方案阶段满足以下要求：

（1）能分析建筑造型、体形系数、建筑朝向、平面布局等对围护结构热性能的影响；

（2）能分析不同围护结构热工参数（外墙、外窗、屋顶）的差异；

（3）能反映某个热工参数对热性能的贡献率以及不同参数间的权衡关系；

（4）建模方便、计算快捷，不过分依赖现有的详细模拟软件；

（5）能获得与详细模拟软件结果规律性一致的结论。

建筑方案设计变更性大，因此建模要方便、计算要快捷。随着个人计算机计算能力的提高，计算时间缩短，而建模所需时间所占的比例反而增加。于是，建模时间的长短、建模过程的方便性逐渐成为影响整个模拟计算时间的重要因素，在方案设计阶段尤为突出。

建筑方案设计过程中，围护结构热工参数取值方向的建议有助于帮助建筑师一开始就明确应该关注的重点，例如，是倾向于保温好还是不保温好、是遮阳重要还是保温重要、东向遮阳重要还是南向遮阳更重要等。围护结构热工参数较多、系统复杂，应用详细模拟软件需要通过大量案例的计算分析才能提供有用信息，计算时间长、工作代价大，很难适应方案设计的特点。如果能够研究新的围护结构热性能分析方法，直接反映各参数对围护

结构热性能的贡献率，并能方便地进行不同参数间的权衡比较，将大大提高工作效率，从而向建筑师提供重要的设计参考，并帮助建筑师明确设计方向。

方案阶段的设计相对粗糙，但需要把握正确的方向，避免策略的失误。相应的，方案阶段的围护结构热性能分析也不需要达到详细模拟软件的精确度，但要能揭示本质规律、获得与模拟软件规律性一致的结论。此外，分析方法不应过分依赖详细模拟软件，否则将与详细模拟软件没有本质的区别，失去方案阶段模拟计算工具的优势。

二、评价指标和计算方法

建筑围护结构热性能的主要参数包括建筑体形系数、窗墙比、外墙传热系数、外窗传热系数、外窗遮阳系数等，它们是影响建筑全年供暖空调能耗的重要因素。

（一）现有稳态计算方法

尽管详细模拟软件可以较为精确地预测室内详细的逐时负荷，但是计算机模拟是类似"黑箱"的运作方式，无法帮助使用者准确地掌握建筑热特性。稳态计算方法尽管在瞬时负荷预测上有较大的误差，但在计算建筑全年累计负荷时与详细模拟软件的误差并不太大，文献［1］的研究结果表明误差不超过20%。稳态计算方法基于最基本的热平衡方程，在揭示热过程本质规律方面比详细模拟软件更有优势，而且计算快捷、建模简便，更符合建筑方案设计的要求。

曾剑龙[2]提出利用稳态计算方法对性能可调节围护结构进行分析评价，计算公式为：

$$q_{AC} = \left[\frac{\sum_i A_i K_i}{F_{total}} + \frac{C_p \rho h \cdot ACR}{3600} \right] \cdot \Delta T + \frac{\sum_i A_i q_{solar,i} \cdot \alpha_{si}}{F} \tag{1.1-1}$$

$$+ q_{lighting} + q_{human} + q_{equipment}$$

公式中室内热扰、太阳辐照度、室内外温差均取一周的平均值。

如图 1.1-3 所示办公建筑，窗墙比为 0.4，围护结构参数设置参照《公共建筑节能设计标准》GB 50189—2005[3]。分别利用式（1.1-1）的稳态计算方法和非稳态（DeST 模拟软件）计算方法计算该建筑位于北京和广州时外区空调季建筑冷负荷。

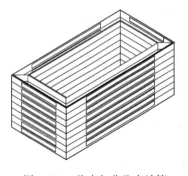

图 1.1-3　稳态与非稳态计算
比较案例

比较空调季稳态与非稳态计算得到的室内显热负荷（图 1.1-4），夏季稳态计算值略低于非稳态计算值，过渡季稳态计算值略高于非稳态计算值，但是累计负荷的误差较小（北京为 −1%，广州为 8%）。

改变建筑外墙传热系数，北京地区外墙传热系数为 0.4W/(m² · ℃)、0.6W/(m² · ℃)、0.8W/(m² · ℃) 和 1.0W/(m² · ℃)，广州地区外墙传热系数为 1.2W/(m² · ℃)、1.5W/(m² · ℃)、1.8W/(m² · ℃) 和 2.1W/(m² · ℃)，计算不同外墙传热系数下外区累计室内冷负荷。根据图 1.1-5 所示计算结果可得，随着外墙传热系数的增加，非稳态计算得到的累计负荷变小。这主要是因为办公建筑室内发热量大，全年空调时间长，空调季内室外平均温度低于室内温度，外墙以向外散热为主。然而稳态计算结果则是外墙传热系数越大，累计冷负荷越大，与非稳态计算结果背离。

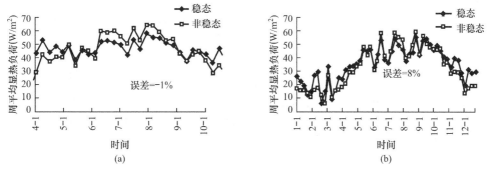

图 1.1-4　稳态与非稳态计算室内显热负荷比较（周平均值）

（a）北京；（b）广州

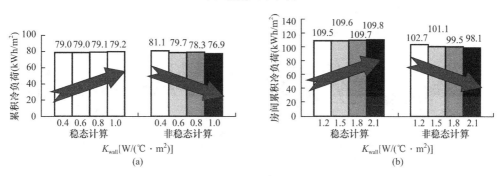

图 1.1-5　稳态与非稳态计算比较

（a）北京累计冷负荷（不含新风和室内潜热负荷）；（b）广州累计冷负荷（不含新风和室内潜热负荷）

根据以上分析，尽管文献［1］的计算方法得到的累计负荷与非稳态计算结果差异不大，但是用于分析外墙传热系数对办公建筑负荷的影响时却出现规律性的错误。此外，该方法主要用于研究围护结构部件的性能，当应用在方案设计阶段研究建筑造型、平面布局等因素时存在一定的局限性。

（二）改进的稳态计算方法

稳态计算方法能够揭示建筑热过程的本质规律，但是现有方法在计算以供冷为主建筑的累计冷负荷时可能出现规律性的背离现象，同时该方法主要以研究单个部件为主，在分析整个建筑的热性能，尤其是建筑造型、平面布局的影响时不是很方便。本节从以下几个方面进行改进：

1. 重新整理公式

式（1.1-1）在描述热平衡方程时，将各种影响因素按照温差和辐射分类，即将与室内外温差相关的项整理在一起，与太阳辐射相关的项整理在一起。这种整理方式能够非常清楚地区分室外空气温度和太阳辐照度对围护结构得热的影响。在此基础上，文献［1］提出等效温差传热系数和等效太阳得热系数的概念，能够方便地分析围护结构部件的热特性。但是，建筑方案设计关注的焦点是建筑本身，即建筑造型、平面布局、窗墙比等因素，采用该方法不能方便地抓住方案设计过程中的主要矛盾。

本节在相关文献的基础上对房间得热方程的各项与透明围护结构和非透明围护结构的关系进行重新整理，同时利用窗墙比将同一立面的各项统一在一起。于是，建筑在 τ 时刻通过单面外围护结构稳态传热获得的热量（$q_{envelop}$，τ）可重新表示为：

$$q_{\text{envelop},\tau} = \frac{A(1-\omega)\left(K_{\text{wall}}\Delta T_{\tau} + q_{\text{solar},\tau}\dfrac{K_{\text{wall}}e}{a_{\text{out}}}\right) + A\omega\left(K_{\text{win}}\Delta T_{\tau} + q_{\text{solar},\tau}\cdot SHGC\right)}{F} \tag{1.1-2}$$

式（1.1-2）中，$\left(K_{\text{wall}}\Delta T_{\tau} + q_{\text{solar},\tau}\dfrac{K_{\text{wall}}e}{a_{\text{out}}}\right)$ 表示建筑通过外墙单位面积的得热，而 $\left(K_{\text{win}}\Delta T_{\tau} + q_{\text{solar},\tau}\cdot SHGC\right)$ 表示建筑通过外窗单位面积的得热，而外墙和外窗的得热又通过窗墙比 ω 统一为该立面的得热。整个公式的表述均与建筑本身相关，便于对建筑设计元素进行分析。

2. 考虑夜间传热

将图 1.1-3 中北京地区办公建筑稳态和非稳态计算负荷按照日平均值统计，并计算两者误差。计算结果见图 1.1-6。

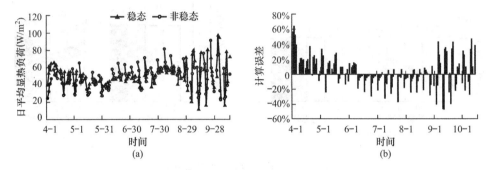

图 1.1-6　稳态与非稳态计算室内显热负荷负荷日平均值
(a) 负荷日平均值；(b) 计算误差

从图 1.1-6 可以看出，室外温度较低月份（如 4 月、5 月）的夜间室外空气温度较低，建筑向外散热，外墙被冷却，夜里外墙蓄存冷量使得非稳态计算负荷小于稳态计算值。误差产生的原因是稳态计算中不考虑夜间的传热过程，而非稳态计算则会详细计算夜间的传热过程，并将前一天夜里的传热影响带入到第二天白天房间负荷的计算中。由于夜间室外温度较低，且没有太阳辐射的影响，温差传热方向可能与白天相反，即夜间建筑主要以向外散热为主。此时外墙传热系数越大，则越利于降低建筑负荷，这是导致应用稳态计算方法对外墙敏感性分析出现规律性错误的主要因素。

本节提出"带夜间传热修正的稳态计算方法"，在原有稳态计算方法的基础上考虑夜间围护结构温差传热对房间负荷的影响，具体做法如下：

（1）假设夜间室内温度与白天室内空调控制温度相同（26℃）；

（2）计算前一天白天空调关闭后到第二天早上空调开启前时间段内室内空气通过围护结构与室外空气换热的得热量；

（3）将（2）的得热量直接加到第二天白天的得热量中。

过渡季和冬季夜间室外温度低，白天围护结构蓄热量小，夜间围护结构降温速度快，室内空气温度可能低于白天空调控制温度（26℃）；夏季，夜间室外温度较高，白天围护结构蓄热量较大，夜间围护结构降温慢、向室内释放热量，室内空气温度可能大于白天空调控制温度（26℃）；综合整个空调季，夜间室内温度有时高于 26℃，有时低于 26℃，因此该研究取 26℃ 既避免了计算上的操作难度，同时也不会导致较大的误差。

对图 1.1-6 的案例进行夜间传热计算的修正，修正后的计算结果如图 1.1-7 所示。经过修正后，过渡季两者误差有所改善，空调季基本不会出现稳态计算负荷大于非稳态计算负荷的情况。

3. 考虑周末蓄热

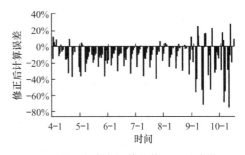

图 1.1-7 考虑夜间传热修正后稳态与
非稳态计算误差

经过考虑夜间传热的修正后，过渡季稳态计算负荷大于非稳态计算负荷的情况得以改善，但是由于周末蓄热影响导致稳态计算负荷小于非稳态计算负荷的误差则依然没有解决。

办公建筑周末空调停止运行，室内温度升高，围护结构蓄存热量，工作日空调运行时需要多带走围护结构的蓄热量，从而增大工作日的空调负荷。因此，图 1.1-6 中室外温度较高月份（如 6 月、7 月、8 月）的稳态计算负荷小于非稳态计算负荷，且误差从周一到周五逐渐减小。

该部分误差可通过引入"周末蓄热修正系数"β 直接对计算结果进行修正，通过模拟计算研究可得到各地区的修正系数（表 1.1-1）。

修正系数 β 的取值　　　　　　　　　　　　　　表 1.1-1

地区	北京	上海	广州
β	1.15	1.11	1.12

利用改进后的稳态计算方法计算建筑通过围护结构贡献的单位建筑面积全年累计负荷 Q_{BE}（单位：$\mathrm{kWh/m^2}$）为：

$$
\begin{aligned}
Q_{BE} &= \beta \frac{\sum_{i=1}\left[A_i(1-\omega_i)\left(K_{\mathrm{wall},i}\Delta\overline{T}+\frac{K_{\mathrm{wall},i}e_i}{a_{\mathrm{out}}}\overline{Q}_{\mathrm{solar},i}\right)+A_i\omega_i\left(K_{\mathrm{win},i}\Delta\overline{T}+\overline{Q}_{\mathrm{solar},i}\cdot SHGC_i\right)\right]}{1000F}\cdot\tau_{\mathrm{cooling}} \\
&= \beta \frac{\sum_{i=1}\left\{\left[(1-\omega_i)\left(K_{\mathrm{wall},i}+\frac{K_{\mathrm{wall},i}e_i}{a_{\mathrm{out}}}\cdot\frac{\overline{Q}_{\mathrm{solar},i}}{\Delta\overline{T}}\right)+\omega_i\left(K_{\mathrm{win},i}+SHGC_i\cdot\frac{\overline{Q}_{\mathrm{solar},i}}{\Delta\overline{T}_\tau}\right)\right]A_i\Delta\overline{T}\right\}}{1000F}\cdot\tau_{\mathrm{cooling}}
\end{aligned}
$$

$$(1.1-3)$$

由于考虑了夜间传热的影响，$\Delta\overline{T}$ 的计算需要考虑夜间不开启空调时刻的室内外温差，但是 $\overline{Q}_{\mathrm{solar},i}$ 的计算仅考虑空调时刻的太阳辐照度。τ_{cooling} 为空调季的工作小时数。

根据稳态计算方法，可近似计算建筑由于围护结构得热消耗的空调系统耗电量 E_{BE}：

$$E_{BE}=\frac{Q_{BE}}{\overline{COP}} \qquad (1.1-4)$$

其中，$\overline{COP}$ 为考虑冷机耗电和输配能耗后的空调系统平均效率，一般取 3.0。

建筑空调季的长短受当地气象参数和建筑类型的影响，同时对围护结构热性能有重要的影响。如果假设同一地区、同一建筑类型（全年以供冷为主）、不同设计方案的建筑的空调季长短一样，且该假设对建筑全年累计冷负荷的计算影响不大，那么 $\Delta\overline{T}$ 和 $\overline{Q}_{\mathrm{solar},i}$ 就仅与气象参数和建筑类型有关，不受建筑围护结构参数、建筑造型、平面布局的影响，式（1.1-3）就可大大简化。

运用案例分析的方法，研究围护结构热工参数对空调季长短以及累计冷负荷的影响。公共建筑与居住建筑不同，公共建筑室内发热量较大，如果建筑体量较大，则存在明显的内外区差异。对内区而言，全年可能都需要供冷，而对外区而言则存在明显的供暖季和空调季的差异。公共建筑空调季的长短不仅与当地气候有关，还与建筑特点有关。研究空调季时间时遵循以下原则：

（1）仅仅考虑建筑外区的供冷/供热需求：建筑外围护结构主要影响外区，在方案阶段研究围护结构热性能时应重点关注建筑外区的负荷特点。

（2）时间步长取1周：实际运行过程中，建筑空调周期比较长，往往以一周或者半个月作为计算时间单位，本节对逐时动态模拟计算结果按照一周为时间步长进行重新整理，从而确定空调时间。

（3）分析方法：对于同一地区同种类型的建筑，方案设计阶段可以认为室内热扰、空调运行时间、室内设定温度相同，因此影响供冷供热时间的因素主要是建筑的体形系数、围护结构参数和窗墙比等。本节将针对不同地区、不同围护结构参数、不同体形系数和不同窗墙比的办公建筑进行逐时能耗动态模拟计算，分析空调季的差异。模拟工具采用DeST逐时能耗动态模拟软件。

（4）研究对象：全年以供冷为主的办公建筑，重点研究北京、上海和广州三个地区的建筑物。

模拟过程中的相关设置如下：

1）建筑类型为办公建筑。

2）室内照明功率密度、设备发热量和人员密度参照《公共建筑节能设计标准》GB 50189—2015设置，同时考虑建筑实际使用过程中空调面积的比例占建筑面积的比例大约为70%，确定人员密度为0.17人/m^2，照明功率密度为7.7W/m^2，设备发热量为14W/m^2。

3）工作日空调运行时间为7：00～19：00，节假日空调系统关闭。

4）空调和采暖房间的温度设定值如表1.1-2所示。

空调和供暖房间的温度　　　　　　　　　　　　　　　表1.1-2

时段		0：00～7：00	7：00～8：00	8：00～19：00	19：00～24：00
工作日	空调	37	28	26	37
	供暖	12	18	20	12
节假日	空调	37	37	37	37
	供暖	12	12	12	12

5）照明开关时间、人员逐时在室率和电器设备逐时使用率如表1.1-3所示。

照明开关时间、人员逐时在室率和电器设备逐时使用率（单位：%）　　表1.1-3

时段	0：00～7：00	7：00～8：00	8：00～9：00	9：00～12：00
工作日	0	10	50	95
节假日	0	0	0	0

时段	12：00～14：00	14：00～18：00	18：00～20：00	20：00～24：00
工作日	80	95	30	0
节假日	0	0	0	0

　　选择图 1.1-8 所示的建筑（a）和建筑（b），比较不同体形系数建筑的空调季时间的差异。如图 1.1-9 所示，尽管建筑（a）和建筑（b）的体形系数相差较大，但是在围护结

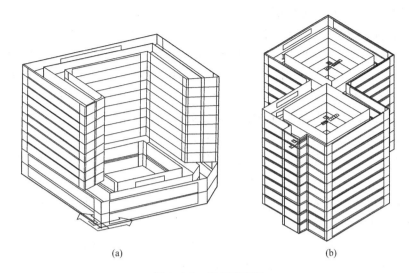

(a)　　　　　　　　　　　　　　(b)

图 1.1-8　案例示意图

(a) 体形系数：0.21；北向窗墙比 0.3；其他朝向窗墙比 0.7；
(b) 体形系数：0.14；北向窗墙比 0.3；其他朝向窗墙比 0.7

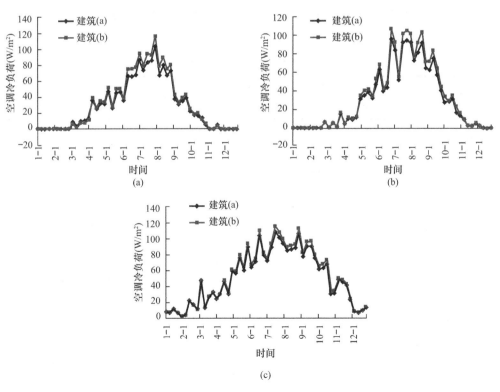

图 1.1-9　不同地区外区显热负荷逐周分布

(a) 北京；(b) 上海；(c) 广州

构参数和窗墙比相同的情况下，两种建筑仅在较热时段存在外区冷负荷大小的差别，而外区空调时间几乎没有差别。也就是说，在分析同一地区同类型建筑的空调季时间时，可以忽略体形系数的影响，重点考虑围护结构参数的影响。

公共建筑室内发热量大、空调时间较长，空调耗能占建筑能耗的比重较大，而围护结构参数、建筑窗墙比又是影响空调时间长短和供冷量大小的关键。在空调季开始和结束时段，室外温度低于室内温度，因此围护结构保温性能越差越利于缩短空调时间；遮阳系数越小，获得太阳辐射热量越少，也利于缩短空调时间；受太阳辐射热的影响，窗户主要为得热构件，因此窗墙比越小也越利于缩短空调时间。由于围护结构热工参数的选定和立面窗墙比取值基本会遵循《公共建筑节能设计标准》GB 50189—2015 的相关规定，一般而言不会偏离标准太远。尽管围护结构参数和建筑窗墙比对全年的空调时间有影响，但是对于常见的参数组合，如果空调时间的差异对累计冷负荷的影响在允许的误差范围内，可以忽略不同围护结构参数和窗墙比引起的空调时间差异。这样处理便于抓住主要矛盾，降低方案设计阶段分析建筑性能的复杂程度。

为了分析常见围护结构参数和窗墙比组合建筑的空调时间差异，对图 1.1-8 中的建筑（b）在不同情况下的全年冷负荷进行模拟计算，并统计逐周冷负荷，其中窗墙比在 0.3～0.7 范围内变化，围护结构参数符合国家节能设计标准的要求。同时，为了分析极端情况下的空调时间差异，在图 1.1-8 建筑（b）的基础上，提高围护结构保温性能作为"保温好"案例，降低围护结构保温性能、降低窗墙比、降低外窗 SC值作为"优化"案例，而建筑（b）原有的设置作为"原始"案例。相关的参数设置见表 1.1-4。

空调季计算案例相关设置   表 1.1-4

地区	序号	案例名称	外墙传热系数 W/(m²·℃)	屋顶传热系数 W/(m²·℃)	外窗	
					东/南/西	北
北京	1	原始	0.6	0.55	$\omega=0.7$, $K=2.0W/(m^2 \cdot ℃)$, $SC=0.5$	$\omega=0.3$, $K=3.5W/(m^2 \cdot ℃)$, $SC=0.7$
	2	保温好	0.4	0.4	$\omega=0.7$, $K=1.5W/(m^2 \cdot ℃)$, $SC=0.5$	$\omega=0.3$, $K=1.5W/(m^2 \cdot ℃)$, $SC=0.7$
	3	优化	1.0	1.0	$\omega=0.3$, $K=3.5W/(m^2 \cdot ℃)$, $SC=0.5$	$\omega=0.3$, $K=3.5W/(m^2 \cdot ℃)$, $SC=0.5$
	4～8	$\omega=0.3～0.7$	0.6	0.55	对应窗墙比，按照《公共建筑节能设计标准》GB 50189 2015 取值	
上海	1	原始	1.0	0.7	$\omega=0.7$, $K=2.5W/(m^2 \cdot ℃)$, $SC=0.4$	$\omega=0.3$, $K=4.7W/(m^2 \cdot ℃)$, $SC=0.7$
	2	保温好	0.6	0.55	$\omega=0.7$, $K=1.5W/(m^2 \cdot ℃)$, $SC=0.4$	$\omega=0.3$, $K=1.5W/(m^2 \cdot ℃)$, $SC=0.7$

地区	序号	案例名称	外墙传热系数 W/(m²·℃)	屋顶传热系数 W/(m²·℃)	外窗	
					东/南/西	北
上海	3	优化	1.5	1.5	$\omega=0.3$, $K=3.5W/(m^2 \cdot ℃)$, $SC=0.4$	$\omega=0.3$, $K=3.5W/(m^2 \cdot ℃)$, $SC=0.4$
	4～8	$\omega=0.3\sim0.7$	1.0	0.7	对应窗墙比，按照《公共建筑节能设计标准》GB 50189—2015 取值	
广州	1	原始	1.5	0.9	$\omega=0.7$, $K=3.0W/(m^2 \cdot ℃)$, $SC=0.35$	$\omega=0.3$, $K=6.5W/(m^2 \cdot ℃)$, $SC=0.7$
	2	保温好	1.0	0.7	$\omega=0.7$, $K=3.0W/(m^2 \cdot ℃)$, $SC=0.35$	$\omega=0.3$, $K=6.5W/(m^2 \cdot ℃)$, $SC=0.7$
	3	优化	2.0	2.0	$\omega=0.3$, $K=4.7W/(m^2 \cdot ℃)$, $SC=0.35$	$\omega=0.3$, $K=4.7W/(m^2 \cdot ℃)$, $SC=0.35$
	4～8	$\omega=0.3\sim0.7$	1.5	0.9	对应窗墙比，按照《公共建筑节能设计标准》GB 50189—2015 取值	

实际运行过程中，当建筑冷负荷较小时，可以通过适当提高室内控制温度或者利用自然通风减少供冷量。因此在统计空调季时，仅仅考虑冷负荷大于 10W/m² 的情况。同时，实际运行中供冷开始或者结束往往会选择月中或者月末，因此本节在统计空调季时以半个月为时间步长。图 1.1-10 所示空调季"差异 1"包含所有案例，"差异 2"包含除"保温好"和"优化"案例外的其他的案例，详细分析可得：

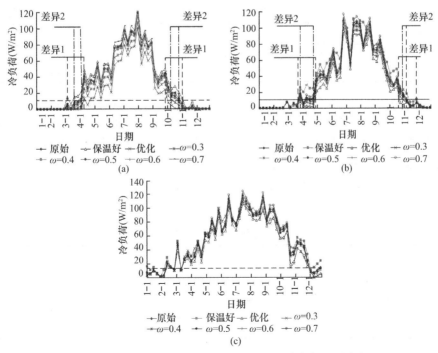

图 1.1-10　不同地区不同围护结构下全年冷负荷逐周分布

(a) 北京；(b) 上海；(c) 广州

（1）不同围护结构参数的空调时间差异随着纬度的降低而减小，广州地区 3 种围护结构参数的建筑全年均需要供冷；

（2）当窗墙比在 0.3～0.7 之间变化，且围护结构参数满足节能标准要求时，空调季的差异很小（对应图中"差异 2"），除上海地区供冷开始时段外，其余地区的供冷开始和结束时段的差异均不超过半个月；

（3）上海地区不同案例在空调季开始阶段曾有接近 1 个月的时间冷负荷在 $10W/m^2$ 附近变化，因此统计出来的供冷开始时间差异超过半个月；

（4）提高围护结构保温性能使得空调季变长，而通过降低保温性能、降低窗墙比和降低 SC 值可以使得空调季变短，两者空调时间的差异（对应图中"差异 1"）相对于窗墙比不同导致的差异要大。

空调季开始和结束时间尽量取不同案例计算结果的中间时间，则不同地区空调季统计结果如表 1.1-5 所示。

不同地区空调季时间　　　　　　　　　　　　表 1.1-5

城市	需求状态	时间段	累计小时数（h）
北京	供冷	4.1～10.15	1692
上海	供冷	4.1～10.31	1836
广州	供冷	全年	3132

按照表 1.1-5 统计的空调季计算的累计冷负荷与各案例全年实际累计冷负荷的差异如表 1.1-6 所示，误差绝对值最大不超过 7%（广州空调季为全年，因此误差为 0），且不同案例的差异较小。

空调季累计冷负荷与全年累计冷负荷误差　　　　　　表 1.1-6

城市	原始	保温好	优化	$\omega=0.3$	$\omega=0.4$	$\omega=0.5$	$\omega=0.6$	$\omega=0.7$
北京	−4.1%	−6.9%	−0.2%	−1.3%	−2.3%	−2.9%	−3.3%	−4.0%
上海	−4.3%	−5.4%	−3.8%	−3.8%	−3.9%	−4.1%	−4.2%	−4.4%

尽管围护结构参数不同使瞬时冷负荷差异较大，同时空调时间也略有差异，但是在表 1.1-5 规定的空调时间内累计冷负荷与实际冷负荷的误差却很小。也就是说，不同地区的办公建筑在方案阶段按表 1.1-5 所示数据设定空调季开始和结束不仅符合方案阶段的设计需求，也不会对累计冷负荷的计算有较大影响。

根据各地空调季时间和室外气象参数，可计算得到不同地区室外平均温度和室外平均辐射强度（表 1.1-7）。

不同地区空调季气象参数　　　　　　　　　表 1.1-7

城市	时间段	室外平均温度（℃）	太阳辐射得热量（W/m²）				
			东	南	西	北	屋顶
北京	4.1～10.15	16.0	154.9	161.1	196.1	83.7	374.3
上海	4.1～10.31	19.2	151.0	133.5	156.0	85.9	332.2
广州	全年	18.3	115.3	134.5	138.0	89.8	259.4

（三）稳态计算的验证

利用修正后的稳态计算方法对图 1.1-11 所示的建筑在不同气候条件、不同围护结构参数下的空调季累计负荷（不含新风负荷和潜热负荷）进行计算，并与非稳态计算结果进行如下两方面的对比分析：

1. 稳态计算与非稳态计算结果相对误差是否控制在±20％以内；

2. 利用稳态计算方法对围护结构参数进行敏感性分析时得到的变化规律是否与非稳态计算方法一致，敏感程度是否有较大差异。

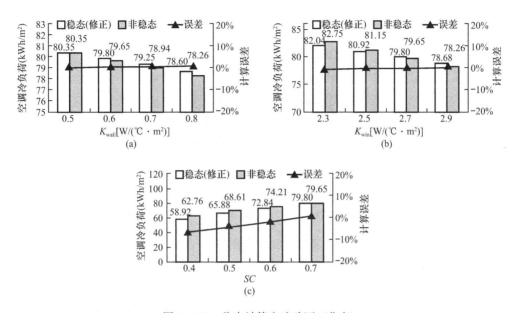

图 1.1-11　稳态计算方法验证（北京）

（a）外墙传热系数；（b）外窗传热系数；（c）外窗遮阳系数

同样选择北京和广州地区的建筑，验证计算结果分别见图 1.1-11 和图 1.1-12，分析可得：

（1）应用修正后的稳态计算方法对外墙传热系数的敏感性分析得到结论与非稳态计算方法的结论一致，修正了原有稳态计算方法的局限；

（2）修正后的稳态计算方法分析得到的外墙和外窗传热系数敏感性与非稳态计算方法得到的结论差异不大；

（3）对于纬度较低的广州地区，稳态计算方法得到的外窗遮阳系数敏感性比非稳态计算的结论要大；

（4）修正后的稳态计算方法得到的累计负荷与非稳态计算结果之间的误差控制在±10％内（图 1.1-12）。

其他气候区域代表城市的分析结论与上述分析基本一致，由此可以判定，考虑夜间传热和围护结构蓄热影响以后的稳态计算方法与非稳态计算方法不仅相对误差在允许范围内，而且应用这两种方法对围护结构参数进行敏感性分析时得到的结论一致，数值差异不大。

三、综合得热系数

将实体墙和玻璃的综合得热系数（K_{wall}^e 和 K_{win}^e）的定义为：单位室内外温差下，室外环境通过温差传热和太阳辐射两种途径由某材质围护结构单位面积传向室内的热量，单位为 W/(℃·m²)。

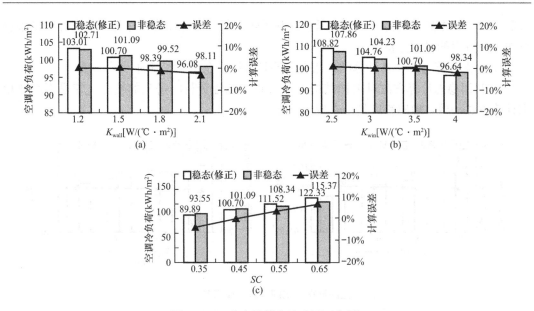

图 1.1-12　稳态计算方法验证（广州）

（a）外墙传热系数；（b）外窗传热系数；（c）外窗遮阳系数

单一朝向围护结构的综合得热系数（K^e）的定义为：单位室内外温差下，室外环境通过温差传热和太阳辐射两种途径由该面围护结构（包括透明和非透明围护结构）单位面积传向室内的热量，单位为 W/(℃·m²)。

综合得热系数表征在室内外温差和太阳辐射共同作用下通过该围护结构与室内空气的单位面积换热量。

根据式（1.1-3），外墙、屋顶和外窗的综合得热系数可按照下式计算：

$$K^e_{wall} = \left(1 + \frac{e}{a_{out}} \cdot \frac{\overline{Q}_{solar}}{\overline{\Delta T}}\right) K_{wall} \tag{1.1-5}$$

$$K^e_{win} = \left(1 + \frac{SHGC \cdot \overline{Q}_{solar}}{K_{win}\overline{\Delta T}}\right) K_{win} \tag{1.1-6}$$

同朝向非透明和透明围护结构的综合得热系数 K^e_{wall} 和 K^e_{win} 可通过窗墙比 ω 统一为该面外围护结构的综合得热系数 K^e，具体计算公式如下：

$$K^e = (1 - \omega)K^e_{wall} + \omega K^e_{win} \tag{1.1-7}$$

由表 1.1-7 所示，空调季室外温度均低于室内温度要求（26℃），$\overline{\Delta T}$ 为负数，也就是说，综合得热系数可能为正也可能为负，具体的数值取决于太阳辐射得热量与室内外平均温差的大小。

综合得热系数所表征的物理意义为：

（1）K^e_{wall} 和 K^e_{win} 同时包含太阳辐射和温差传热的影响；

（2）某朝向围护结构的 K^e 反映透明（外窗）和非透明（外窗）围护结构共同的影响；

（3）当 K^e 大于 0 时，得热量为负，建筑通过该朝向围护结构以散热为主；当 K^e 小于 0 时，得热量为正，建筑通过该朝向围护结构以得热为主；

（4）K^e 的绝对值大小反映不同类型/朝向围护结构对房间冷负荷的的贡献大小。

假设建筑各朝向窗墙比为 0.5，不同地区的围护结构热工参数如表 1.1-8 所示，计算各个朝向的综合得热系数（图 1.1-13），并分析不同地区建筑不同朝向综合得热系数的特点。

不同地区建筑围护结构热工参数　　　　　　　　　　表 1.1-8

地区	K_{wall}	K_{win}	SC
北京	0.6	2.3	0.60
上海	1	2.8	0.50
广州	1.5	3	0.50

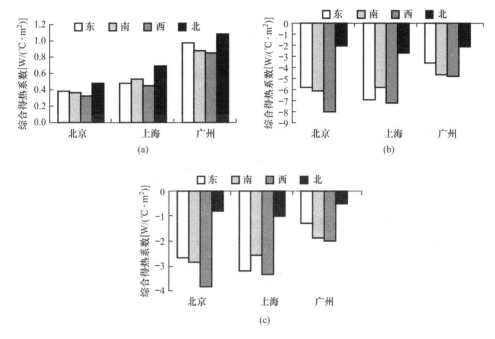

图 1.1-13　综合得热系数计算分析

（a）外墙综合得热系数（K^e_{wall}）；（b）外窗综合得热系数（K^e_{win}）；（c）单一朝向围护结构综合得热系数（K^e）

根据综合得热系数的计算结果，分析可得：

（1）外墙空调季综合得热系数为正，以散热为主，北向外墙散热能力最强；

（2）外窗空调季综合得热系数为负，以得热为主，西向外窗散热能力最强；

（3）外窗的综合得热系数绝对值远比外墙大，减小窗墙比有助于降低空调季冷负荷；

（4）考虑墙和窗的共同作用后，综合得热系数为负，主要以得热为主。

综合得热系数不仅可以反映围护结构参数对全年累计负荷的贡献率，还可以方便地得到不同围护结构之间的权衡关系。例如：北京地区西向外墙和外窗综合得热系数的比值为 1：（-24.8），表征每有 1m² 的外墙改为外窗，建筑将由向外界散 1 份的热量变为从外界得到 24.8 份的热量；北京地区南向外窗和北向外窗的综合得热系数之比为 3.8：1，表征南向外窗增大 1m² 时，为了保证全年累计负荷不变，北向外窗面积得减小 3.8m²。

四、热体形系数

引入综合得热系数的概念后，式（1.1-2）可表示为：

$$Q_{\text{envelope}} = \beta \frac{\sum_{i=1}\left\{\left[(1-\omega_i)K_{\text{wall},i}^{\text{e}}+\omega_i K_{\text{win},i}^{\text{e}}\right]A_i\Delta\overline{T}\right\}}{1000F} \cdot \tau_{\text{cooling}}$$

$$= \beta \frac{\sum_{i=1}(K_i^{\text{e}}A_i)}{1000F}\Delta\overline{T}\cdot\tau_{\text{cooling}}$$

$$= \frac{1}{1000}\beta K_{\text{wall}}\left(\frac{\sum_i\dfrac{K_i^{\text{e}}}{K_{\text{wall}}}A_i}{V}\overline{h}\right)\cdot(-\Delta\overline{T})\cdot\tau_{\text{cooling}} \qquad (1.1\text{-}8)$$

$$= \frac{1}{1000}\beta K_{\text{wall}}\left(\frac{\sum_i\lambda_i A_i}{V}\overline{h}\right)\cdot(-\Delta\overline{T})\cdot\tau_{\text{cooling}}$$

$$= \frac{1}{1000}\beta K_{\text{wall}}\left(TSC_{\text{cooling}}\cdot\overline{h}\right)\cdot(-\Delta\overline{T})\cdot\tau_{\text{cooling}}$$

其中，λ_i 为该面围护结构的综合得热系数和外墙传热系数的比值，是反映不同朝向围护结构对室内得热量贡献大小的权重因子。

TSC（Thermal Shape Coefficient）为"热体形系数"，其定义为：考虑各朝向温差传热和太阳辐射影响的权重因子（λ）修正以后的体形系数。

热体形系数与常规的围护结构热性能分析指标相比有以下特点：

（1）计算热体形系数时，首先根据建筑特点和当地气候特征划分出空调季，然后计算不同类型/朝向围护结构对累计负荷的贡献（综合得热系数），接着计算各朝向的权重因子，最后可直接计算出热体形系数；

（2）热体形系数的量纲与体形系数相同，均为 $1/\text{m}$；

（3）体形系数仅仅反映建筑的几何关系，即外表面积与体积的比值，热体形系数计算中用权重因子（λ）区别不同朝向外表面的差异，考虑了建筑热特性和建筑几何关系的共同作用；

（4）热体形系数计算综合考虑建筑造型、平面布局、窗墙比与热工参数的影响；

（5）各朝向的综合得热系数一般小于 0，因此热体形系数一般大于 0，表示整个空调季围护结构以得热为主，只有在非常极端的情况下热体形系数才会小于 0，表示空调季围护结构以散热为主；

（6）利用热体形系数可直接计算供冷季通过围护结构的得热量。

基于"热体形系数"的分析方法能够方便快捷地对不同方案的围护结构热性能进行分析，同时还能直接反映各参数对热性能的贡献大小，从而为围护结构热工参数的优化设计提供参考方向。引入热体形系数后，整个方案设计阶段对围护结构热性能的分析步骤如图 1.1-14 所示。

在单体方案初步设计阶段，比较不同方案的热体形系数后挑选出较优的方案，然后继续利用热体形系数对挑选出的方案进行参数优化，确定围护结构热工参数。

热体形系数计算步骤如图 1.1-15 所示，具体操作方法为：

（1）根据当地气象条件、建筑类型和热工参数可能的取值范围（参照《公共建筑节能设计标准》GB 50189—2015），可确定当地不同类型建筑空调季开始/结束时间；

（2）根据空调季时间，计算平均室内外温差和平均太阳辐照度；

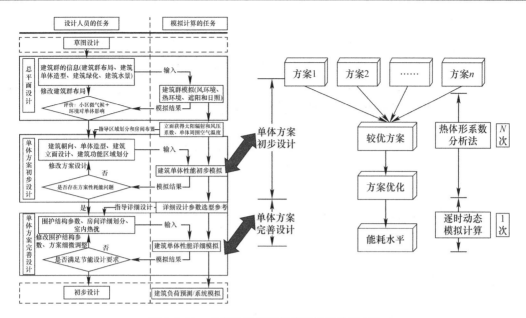

图 1.1-14 方案阶段围护结构热性能分析方法

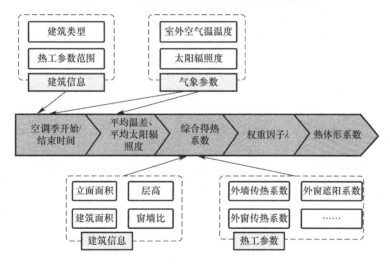

图 1.1-15 热体形系数计算步骤

（3）根据可获得的建筑信息和热工参数取值，计算不同类型/不同朝向围护结构的综合得热系数；

（4）计算各朝向立面的权重因子 λ；

（5）计算热体形系数。

在单体方案完善设计阶段，在确定了较优的参数组合后，利用逐时能耗模拟软件预测建筑全年的负荷，并审查是否满足相关标准要求。

利用本节提出的基于热体形系数的围护结构热性能分析方法，在方案设计阶段经过多次稳态计算和一次非稳态计算辅助建筑方案设计。该方法不仅大大简化了操作流程、缩短了计算时间，而且利用热体形系数法进行参数优化还能避免"通过案例"的盲目模拟计算，符合方案设计的特点。

五、应用分析

在进行方案设计时，往往会经历两个步骤：多方案比较和单方案优化。多方案比较实际是对建筑设计方案进行决策，确定采用何种设计方案；单方案优化是对挑选出的方案进一步完善，确定具体的设计参数。本节将通过具体的案例，讨论如何应用本节提出的热体形系数方法辅助建筑方案阶段的围护结构热性能分析。

（一）多方案比较

建筑 A 位于北京某大学校园内，依据大学校园总体规划的要求，该项目的初步规划设计为：

(1) 用地面积：3640m²；

(2) 建筑控制高度：45m；

(3) 总容积率（含地下）：≤4；

(4) 绿地率：≥30%；

(5) 总建筑面积：20000m²；

(6) 建筑主要功能：办公。

建筑师通过初步分析，提出如图 1.1-16 所示的 6 个可行方案（其中方案 0 为参考方案），外墙传热系数为 0.6W/(℃·m²)，屋顶传热系数为 0.55W/(℃·m²)。北向窗墙比为 0.3，外窗传热系数为 3.5W/(℃·m²)，遮阳系数为 0.8；其他朝向窗墙比为 0.7，外窗传热系数为 2.0W/(℃·m²)，遮阳系数为 0.5。

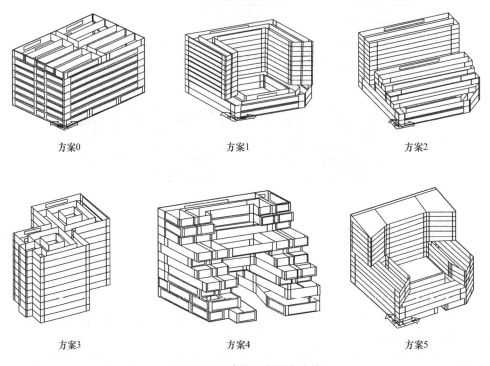

图 1.1-16　建筑 A 的可行方案

统计各方案的建筑信息（表 1.1-9），比较该建筑不同朝向立面和屋顶面积占外表面总面积比例，以及各方案的体形系数。

各方案建筑信息统计

表 1.1-9

	方案 0	方案 1	方案 2	方案 3	方案 4	方案 5
东	14.2%	19.9%	10.1%	19.6%	19.0%	19.2%
南	22.0%	16.2%	23.4%	21.3%	16.7%	17.0%
西	14.2%	19.6%	9.7%	19.6%	19.0%	17.8%
北	22.0%	16.6%	26.5%	21.3%	16.5%	20.0%
屋顶	27.5%	27.7%	30.3%	18.2%	28.8%	26.0%
体形系数	0.11	0.21	0.17	0.14	0.20	0.16

根据北京空调季室外平均温度（16℃）和平均辐射强度（东：154.9W/m²；南：161.1W/m²；西：196.1W/m²；北：83.7W/m²；屋顶：374.3W/m²）可计算不同朝向透明和非透明围护结构的综合得热系数，并根据窗墙比计算单一朝向围护结构的综合得热系数，最后计算不同方案的热体形系数（图 1.1-17）。

除了参考方案（方案 0）外，方案 2 的热体形系数最小，方案 4 的热体形系数最大。方案 2 体形系数较小、西向面积较小，因此热体形系数较小；方案 4 体形系数较大，西向面积较大，因此热体形系数较大。

分析体形系数，方案 2（0.17）大于方案 3（0.14）；分析热体形系数，方案 2（1.82）反而小于方案 3（2.47）。也就是说，在围护结构参数相同的情况下，利用体形系数和热体形系数有可能得到完全相反的结论。详细分析方案 2 和方案 3 各朝向面积，方案 2 西向面积比例为 9.7%，方案 3 则为 19.6%。图 1.1-18 为各立面的综合得热系数，其中西向综合得热系数的绝对值最大，对热体形系数的影响最大。尽管方案 2 的体形系数大于方案 3，但是由于方案 2 西向面积比例较小，使得方案 2 的热体形系数小于方案 3。

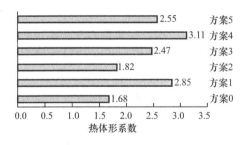

图 1.1-17 不同方案的热体形系数

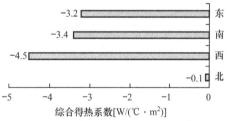

图 1.1-18 各立面综合得热系数

进一步对比热体形系数和体形系数与计算累计冷负荷（DeST 软件计算得到的空调季累计冷负荷）的关系（图 1.1-19），热体形系数与计算冷负荷几乎呈线性关系，而体形系数则分布较散。由此可见，体形系数仅仅反映建筑的造型差异，并不能揭示由此导致建筑热特性的变化，而热体形系数则能反映不同造型所引起的热特性的差异。

（二）单方案完善设计

如果仅仅考虑方案围护结构热性能，可确定图 1.1-16 中的方案 2 为最优可方案，本节将对该方案的围护结构设计和热工参数的选取

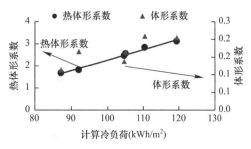

图 1.1-19 热体形系数与体形系数的比较

进一步优化分析。优化过程中需要考虑不同围护结构参数的组合，如果应用软件对每个案例都进行逐时能耗模拟，将消耗大量的时间，延误设计进程。实际上，在方案完善的过程中，只需要知道不同案例之间的相对大小，即可判断方案的优劣，当确定最后的方案后，再利用软件进行逐时能耗模拟计算，整个过程中只需要进行一次复杂计算和多次简单计算，大大缩短了工作时间。

对于确定的方案 2，将从以下两个步骤对初步确定的方案进行优化计算，从而完善原有方案。

1. 不同朝向外窗优化选值，在保证能耗不增大的前提下，降低成本。

外窗热工参数是影响建筑能耗的重要因素，原方案东、南、西三个朝向外窗的热工性能相同。分析图 1.1-18 中的综合得热系数，西向综合得热系数绝对值最大，对负荷的贡献率最大，而南向和东向综合得热系数绝对值相对较小。同时，西向的外窗面积为 805m²，小于南向外窗（1948m²）和东向外窗面积（839m²）之和。

西向外窗面积相对较小，但对能耗影响大，将西向外窗遮阳系数降低到 0.4；东向和南向外窗面积大，但对能耗影响相对较小，遮阳系数可提高到 0.6。此外，减小外窗传热系数有利于降低能耗，因此将东、南和西三个朝向的外窗传热系数调整为 3.0W/(℃·m²)。

经过优化后，南向和东向 K^e 绝对值增加，使得空调能耗有增大的趋势；西向 K^e 绝对值减小，使得空调能耗有所降低；综合作用下，热体形系数由 0.54 变为 0.51，减小 5.7%。

对外窗进行优化后，通过降低西向仅 805m² 面积的玻璃遮阳系数，可提高南向和东向共 2787m² 面积玻璃的遮阳系数，降低了窗户的投资成本，同时空调能耗略有降低。见图 1.1-20。

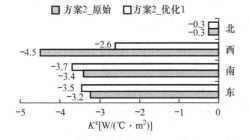

图 1.1-20　第一步优化后综合得热系数变化

低窗墙比在有效控制空调能耗上的积极作用，则有助于帮助建筑师尽早取消大面积玻璃幕墙的设计。

2. 减小窗墙比，提高西向外窗遮阳系数

大面积的玻璃幕墙往往是建筑师经常采用的设计手法，但玻璃面积太大会使得空调能耗过高，不利于节能。如果能够在方案阶段分析评价窗墙比变化对能耗的影响，告诉建筑师和甲方降

在第一步优化的基础上，东、西、南三个朝向的窗墙比由原来的 0.7 降低为 0.6，同时在保证空调能耗不增加的前提下，将西向外窗的遮阳系数由 0.4 提高到 0.6。

西向 K^e 绝对值增加，使得空调能耗有升高的趋势；南向和东向 K^e 绝对值减小，使得空调能耗有降低的趋势；综合作用下，热体形系数由 5.1 变为 4.9，绝对值减小 2.2%。

降低窗墙比后，西向外窗遮阳系数可以由 0.4 提高到 0.6，避免采用高性能的玻璃，同时空调能耗略有降低。见图 1.1-21。

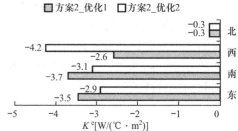

图 1.1-21　第二步优化后综合得热系数变化

六、小结

本节依据方案设计阶段的特点选择稳态计算方法分析围护结构热过程，并在改进的稳态计算方法的基础上提出热体形系数作为方案阶段围护结构热性能的评价指标，进而研究基于热体形系数的围护结构热性能分析方法体系：

（1）对现有的稳态计算方法进行三步改进（公式重新整理、夜间传热修正和周末蓄热修正），使计算公式更符合方案设计阶段的特点，并解决了稳态计算方法分析外墙对累计冷负荷影响的规律性错误。

（2）分析同一地区、同一类型、不同围护结构参数空调季开始/结束时间的差异，以及对累计冷负荷的影响，从而确定建筑空调季时间。

（3）提出综合得热系数反映不同类型/朝向围护结构对建筑累计冷负荷的贡献率，该系数同时考虑了围护结构温差传热和太阳辐射的影响。

（4）提出热体形系数作为围护结构热性能的评价指标，并研究整套方案阶段围护结构热性能分析的方法体系。

（5）以北京某大学校园建筑的方案设计为例，验证了方法的适用性。

第二节　天然采光性能及节能评价

天然采光是有效降低照明能耗设计手法，现有的模拟计算工具（如 Daysim 软件）在方案阶段的天然采光分析方面已经取得了一定成绩。本节将在原有研究的基础上，总结提炼简便的计算公式，进而分析建筑整体的采光性能，以及与建筑造型的关系。

首先分析天然采光模拟可获得的输入信息以及设计需求，并根据已有研究成果确定评价指标；接着介绍选用的模拟计算软件和研究方法；然后分别研究侧窗和中庭采光效果经验计算公式；最后研究建筑整体的天然采光节能率，并分析与建筑造型的关系。如图 1.2-1 所示。

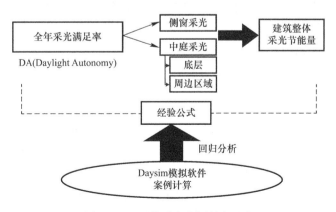

图 1.2-1　天然采光分析研究思路

一、设计需求

通过设计中庭、光井、侧窗、天窗提高室内天然采光水平是建筑师常用的节能设计手法之一，也是不同建筑方案之间的重要差别。从建筑方案设计阶段开始，就对建筑造型、平面设计、内部空间设计（中庭、光井的设计）、立面设计以及围护结构参数等对天然采光效果进行分析，是实现建筑方案阶段节能设计的关键之一。

建筑方案阶段与天然采光相关的已知信息不多，缺少室内房间布局、室内表面反射率、详细的结构尺寸等信息。从设计需求的角度分析，方案阶段天然采光模拟计算需要向建筑师提供以下技术支持：

（1）预测全年天然采光条件下室内的照度满足情况（天然采光全年满足率）以及节省的照明耗电量；

（2）建模简单、计算快捷、能反映主要规律；

（3）分析窗墙比、可见光透过率和中庭对采光性能的影响；

（4）反映建筑造型、平面布局（内外区建筑面积比）、朝向的差异。

常用天然采光性能评价指标为采光系数（Daylight Factor），该参数为室外全阴天最不利情况下室内照度与室外照度的比值，主要用于设计计算，无法用于天然采光全年节省照明电耗的预测。全年采光满足率 DA 则主要反映天然采光条件下室内照度满足照度要求的小时数占照明总小时数的比例，DA_{con} 反映灯具连续调节控制下的全年采光满足率，可用于评价全年采光性能。

各种采光方式的 DA 值可以通过 Daysim 软件模拟计算获得，但是需要重新对建筑进行建模，参数设置繁杂，模拟计算较长。事实上，影响采光性能的参数不多，非线性关系不强，可以抓住主要影响参数，通过经验公式计算 DA 值。本节基于 Daysim 模拟软件的计算结果回归得到两种主要采光方式（侧窗和中庭采光）DA 值的计算公式。

侧窗和中庭仅仅是建筑的一个采光部件，方案阶段还关心整个建筑的采光性能。提出建筑整体天然采光节能率的评价指标，并研究与建筑造型（体形系数）和平面布局（内外区面积比例）的关系。

二、Daysim 软件

Daysim 是由加拿大建设研究所开发的专门用于预测建筑全年天然采光性能的模拟计算软件，该软件基于 Radiance 计算核心，以 DA 作为全年天然采光评价指标。该软件以室外散射和直射辐照度为输入条件，引入采光因子（DC，Daylight Coefficient）的思想计算室内照度值，室内照度的计算公式为[3]：

$$
\begin{aligned}
L_{in} = & \sum_{i=1}^{145} DC_{diffuse,i} I_{diffuse,i} \Delta S_{diffuse,i} \\
& + \sum_{i=1}^{3} DC_{ground,i} I_{ground,i} \Delta S_{ground,i} \\
& + \sum_{i=1}^{65} DC_{direct,i} I_{direct,i} \Delta S_{direct,i}
\end{aligned}
\tag{1.2-1}
$$

其中下标 diffuse、ground 和 direct 分别表示天空散射光、地面反射光和太阳直射光对室内 P 点的作用，ΔS 为立体角，I 为亮度，DC 通过调用 Radiance 的采光计算模块计算。

与其他计算方法的比较中，Daysim 采用的计算方法的精确度较高。在文献［4］中，作者对 10000 次室外工况下带遮阳百叶房间室内照度进行了实测，收集到 80000 个实测数据，将 Daysim 软件的模拟计算结果与实验结果对比发现，工作台高度的室内照度误差不超过 10%，可以用于方案阶段全年天然采光性能的模拟计算。

利用 Daysim 软件进行采光模拟计算时的具体设置如下：

（1）模拟用气象参数选用 DeST 能耗模拟软件的气象文件，Daysim 可根据逐时直射和散射数据自动计算当地室外照度数据（主要以北京为研究对象）；

（2）室内照明时间参照《公共建筑节能设计标准》GB 50189—2015 的规定设置，为 7：00～20：00（13h）；

（3）室内照度允许值为 300Lx；

（4）建筑设置内遮阳百叶，根据前人的研究，当工作面的太阳直射辐照度超过 50W/m² 时放下遮阳百叶，此时百叶的可见光透过率为 25%；

（5）根据文献 [5]，方案设计阶段室内顶棚表面反射率可按 0.8 计算，内墙表面反射率可按 0.6 计算，地板反射率可按 0.4 计算。

侧窗采光和中庭采光（平天窗形式）是较为常见的两种采光方式，利用 Daysim 模拟计算软件回归分析得到这两种采光方式的 DA 计算经验公式，其他采光方式的 DA 值则可以利用 Daysim 软件模拟计算得到。

三、侧窗采光

影响建筑侧窗采光性能的因素包括窗墙比、窗台高、玻璃可见光透过率、室内墙体表面反射率、朝向、遮阳百叶设置等参数，方案阶段主要研究窗墙比、玻璃可见光透过率和朝向对采光性能的影响，其中建筑朝向和窗墙比将影响建筑方案的选择。

房间层高、进深和开间是影响采光性能的主要因素，而这些信息在方案阶段还不能获得。办公建筑的标准层层高变化不大，而房间进深一般都超过天然采光的主要影响区域，因此本节重点研究房间开间对采光的影响。

如图 1.2-2 所示为两种不同开间的房间，图 1.2-2（a）房间开间 5m（对应小型办公室），图 1.2-2（b）开间 15m（对应开

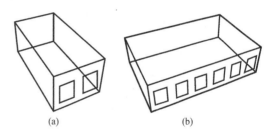

图 1.2-2　不同开间房间采光性能分析模型
(a) 小开间；(b) 大开间

敞办公室），房间进深均为 10m，层高 4m，室内工作平面高 750mm。窗户高 2m，宽 1.5m，窗墙比 0.3，窗户可见光透过率 0.7。

选取气象参数差异较大的北京和广州比较气候条件的差异，利用 Daysim 软件对图 1.2-2 所示两种房间进行全年采光性能模拟，模拟中记录房间中心线上与外窗不同距离点的 DA 值（间隔 1m）。北京和广州地区四个朝向的 DA 分布值分别如图 1.2-3 和图 1.2-4 所示，当距离外窗超过 4m 后，北京地区四个朝向两种房间和广州地区小开间房间全年采光满足率均小于 15%，广州地区大开间房间全年采光满足率略高。因此，以距离外窗 4m 以内区域作为采光外区，4m 以外区域认为几乎不受天然采光的影响。该假设与文献 [5] 研究侧窗采光选取的外区距离（3.7m）接近。

北京和广州地区小开间和大开间房间采光外区（距离外墙 4m 以内区域）的 DA 平均值如表 1.2-1 所示，大开间房间的 DA 值略高于小开间，但误差均小于 15%。

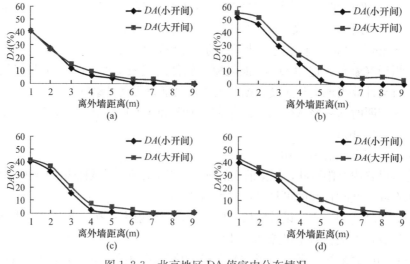

图 1.2-3　北京地区 DA 值室内分布情况

（a）东向；（b）南向；（c）西向；（d）北向

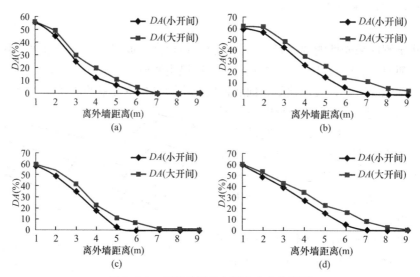

图 1.2-4　广州地区 DA 值室内分布情况

（a）东向；（b）南向；（c）西向；（d）北向

北京和广州地区大开间与小开间房间 *DA* 值差异　　　　　　　　　表 1.2-1

地区	全年采光满足率	朝向	误差	地区	全年采光满足率	朝向	误差
北京	*DA*	东	6.9%	广州	*DA*	东	11.4%
		南	10.7%			南	10.9%
		西	14.3%			西	10.2%
		北	14.2%			北	8.7%
	DA_{con}	东	6.3%		DA_{con}	东	4.4%
		南	8.5%			南	7.5%
		西	11.5%			西	7.0%
		北	10.8%			北	5.1%

注：误差＝（大开间－小开间）/小开间。

考虑到敞开式办公室越来越常见，因此计算天然采光时的物理模型统一选用图 1.2-2（b）中所示模型。同时，假设光照度传感器放置在距离墙 2m 和 4m 的工作面上，全年采光满足率为这两点照度满足率的平均值。实际操作中，只需要知道建筑单体造型、窗墙比和外窗可见光透过率，无需知道具体的平面设计就可以进行采光性能分析，这符合方案阶段的实际情况。

模拟计算中，对不同窗墙比 ω（$0.3 \leqslant \omega \leqslant 0.7$）和不同玻璃可见光透过率 τ（$0.4 \leqslant \tau \leqslant 0.8$）组合的案例进行详细模拟计算，并进行回归分析，总结经验计算公式（详细设置见表 1.2-2）。

不同案例设置说明 表 1.2-2

序号	窗墙比	窗户高（mm）	窗户宽（mm）	窗台高（mm）
1	0.30	2000	1500	800
2	0.35	2000	1750	800
3	0.40	2400	1667	800
4	0.45	2400	1875	800
5	0.50	3000	1667	600
6	0.55	3000	1833	600
7	0.60	3200	3750	200
8	0.65	3200	4063	200
9	0.70	3200	4375	200

根据模拟计算分析，全年采光满足率 DA 与窗墙比 ω 和窗户可见光透过率 τ 的关系可表示为：

$$DA = DA_0(1 - x_1 e^{x_2 \omega \tau}) \tag{1.2-2}$$

式中，DA_0 为工作时间段内，室外照度满足室内照度要求的时间比例，与气象参数和工作时间段有关，与具体建筑无关；x_1 和 x_2 为拟合系数，x_1 大于 0，x_2 小于 0，x_1 和 x_2 与朝向、气象参数以及照明灯具控制方式有关。

由式（1.2-2）可知：随着（$\omega\tau$）的增大，DA 值呈负指数增大；$\omega\tau$ 无限大时，DA 值等于 DA_0，即 DA_0 表示无任何遮挡平面全年天然采光满足率，与建筑无关。以北京为例，相应的系数见表 1.2-3，拟合计算公式与模拟计算结果之间的相关性分析结果见图 1.2-5。两者相关性较大，拟合公式能反映实际采光性能的随（$\omega\tau$）值的变化关系。

不同朝向拟合参数（北京） 表 1.2-3

朝向	照明控制方式	DA_0	x_1	x_2
东	通断（DA）	0.62	1.047	−1.471
	连续（DA_{con}）	0.62	0.835	−2.799
南	通断（DA）	0.62	0.932	−2.410
	连续（DA_{con}）	0.62	0.634	−3.768
西	通断（DA）	0.62	1.075	−1.659
	连续（DA_{con}）	0.62	0.851	−3.172
北	通断（DA）	0.62	1.057	−1.768
	连续（DA_{con}）	0.62	0.769	−2.903

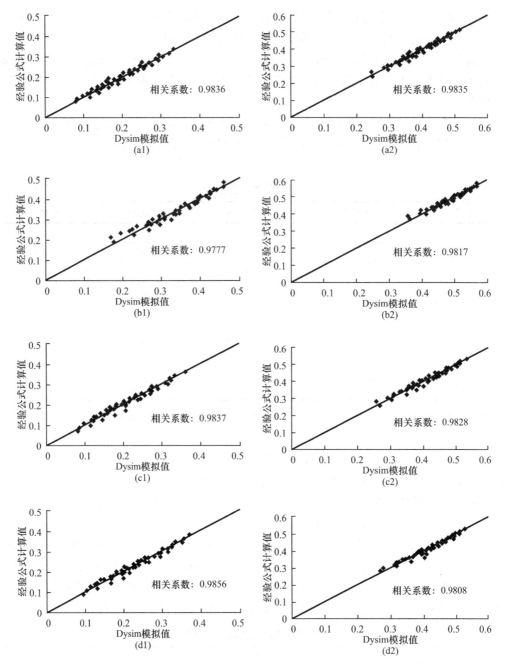

图 1.2-5　模拟值与经验公式计算值比较（北京）

（a1）东向 DA 值（通断控制）；（a2）东向 DA_{con} 值（连续调节）；（b1）南向 DA 值（通断控制）；
（b2）南向 DA_{con} 值（连续调节）；（c1）西向 DA 值（通断控制）；（c2）西向 DA_{con} 值（连续调节）；
（d1）北向 DA 值（通断控制）；（d2）北向 DA_{con} 值（连续调节）

比较北京地区不同朝向在相同的 $\omega\tau$ 值下的 DA 值（图 1.2-6），可以发现：

（1）东向的 DA 值最小，西向和北向其次，南向的 DA 值最大；

（2）北向 DA 值高于东向和西向的主要原因是内遮阳设置的考虑，当室外辐射值较大时，东向和西向需要使用遮阳百叶，而北向主要受到散射辐射的影响，不需要遮阳，因此室内照度值较高，照明满足率较高；南向 DA 值最大的主要原因是该朝向可获得的照度较大，遮阳百叶使用时间相比东向和西向要少；

（3）室内照明灯具可连续调节时，照明满足小时数比通断调节时高出 $10\%\sim20\%$，其中南向差异最小，西向和北向差异较大。

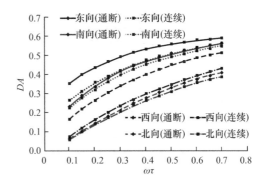

图 1.2-6 DA 随不同 $\omega\tau$ 值的变化（北京）

四、中庭采光

中庭是解决内区采光的重要手段，中庭采光影响的区域包括中庭底层和各层与中庭相邻的区域。影响中庭采光性能的因素较多，主要包括中庭形式（光井指数 WI）、中庭四壁开口面积、天窗开口面积、天窗玻璃可见光透过率、天窗形式、中庭底层反射率、中庭四壁平均反射率。中庭内表面的反射率可以按照经验取值，方案设计阶段主要关心对建筑内部空间和围护结构参数影响较大的中庭形式、天窗开口面积、玻璃可见光透过率、天窗形式、周边区开口面积对采光的影响，这也是本节研究的重点。天窗形式对采光效果的影响较为复杂，本节首先从相对简单的平天窗形式（设内遮阳）研究入手，其他形式天窗的采光效果可通过 Daysim 软件模拟计算得到。

（一）中庭底层采光

建筑各层往往通过向中庭开窗，以获得充足的太阳光，提高与中庭相邻区域的照度，开窗面积、玻璃材料和壁面材料将影响光线在中庭内的透射和反射情况。在方案阶段分析中庭底层采光性能时，如果对这些参数进行详细建模分析，将使得模拟计算难以操作。因此，本节使用中庭壁面平均反射率（$\bar{R}$）反映中庭四壁的反射和透过情况对中庭底层采光效果的影响。

文献 [6] 表明，$\bar{R}$ 一般取值范围为 $0.3\sim0.4$，本节对 $\bar{R}$ 在 $0.2\sim0.5$ 范围内变化时的情况进行模拟计算分析。计算模型如图 1.2-7 所示，建筑层高 4m，层数 6 层，中庭长 20m，宽 20m 的建筑，顶部为平开窗，玻璃可见光透过率 0.6。

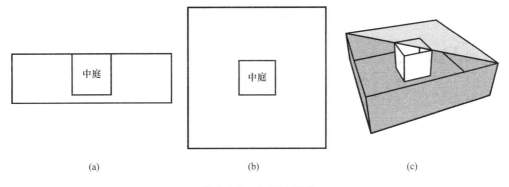

(a)	(b)	(c)

图 1.2-7 中庭示意图
（a）剖面图；（b）平面图；（c）轴测图

模拟计算结果如图 1.2-8 所示，当 $\bar{R}$ 在 $0.2\sim0.5$ 范围内变化时，DA 的变化范围为 $49\%\sim54\%$，DA_{con} 的变化范围为 $60\%\sim62\%$，即 $\bar{R}$ 对全年采光满足率的影响很小。因

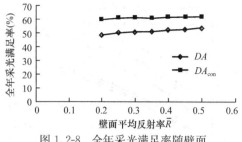

图 1.2-8 全年采光满足率随壁面
平均反射率的变化

此，在后续计算分析中，壁面平均反射率 $\bar{R}$ 取值均按 0.35 考虑。

以往研究表明，屋顶可见光等效透过率 τ_{roof}（天窗可见光透过率与屋顶天窗面积比例的乘积）、光井指数 WI 对中庭底层采光影响较大。

设 $\tau_{\text{roof}}=0.6$，计算如表 1.2-4 所示不同中庭形式的 DA 和 DA_{con} 值，北京地区的计算结果如图 1.2-9 所示。对表 1.2-4 中序号 20 的案例（$WI=1.0$），计算不同 τ_{roof} 值下的 DA 变化规律，北京地区的计算结果如图 1.2-10 所示。

不同 WI 值的中庭尺寸　　　　　　　　　　表 1.2-4

序号	长	宽	高	WI	序号	长	宽	高	WI
1	20	20	4	0.20	18	20	40	20	0.75
2	20	20	8	0.40	19	20	50	20	0.70
3	20	20	12	0.60	20	20	30	24	1.00
4	20	20	16	0.80	21	20	40	24	0.90
5	20	20	20	1.00	22	20	50	24	0.84
6	20	20	24	1.20	23	20	30	28	1.17
7	20	20	28	1.40	24	20	40	28	1.05
8	20	20	32	1.60	25	20	50	28	0.98
9	20	20	36	1.80	26	30	20	20	0.83
10	20	20	40	2.00	27	40	20	20	0.75
11	20	20	44	2.20	28	50	20	20	0.70
12	20	20	48	2.40	29	30	20	24	1.00
13	20	20	52	2.60	30	40	20	24	0.90
14	20	20	56	2.80	31	50	20	24	0.84
15	20	20	60	3.00	32	30	20	28	1.17
16	20	20	64	3.20	33	40	20	28	1.05
17	20	30	20	0.83	34	50	20	28	0.98

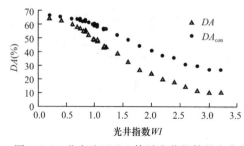

图 1.2-9　北京地区 DA 值随光井指数的变化　　图 1.2-10　北京地区 DA 值随 τ_{c} 的变化曲线
　　　　　　（$\tau_{\text{roof}}=0.6$）　　　　　　　　　　　　　　　（$WI=1.0$）

随着 WI 值的增大，DA 值降低，下降的趋势分两个不同的阶段：当 WI 值小于 1.5 时，DA 开始下降缓慢，随后下降迅速；当 WI 值大于 1.5 时，DA 下降趋势则由快变慢；随着 τ_{roof} 的增大，DA 呈负指数增大。根据 DA 变化特点，采用分段函数进行拟合。当 τ_{roof}

不变时，$WI=0$ 时，相当于中庭高度无限小，此时中庭四壁获得可见光最小，底层 DA 值最大；随着 WI 的增大，中庭四壁分得的可见光增多，底层 DA 值逐渐减小；当 WI 增大到一定程度以后，基本只有垂直入射的直射光和部分散射光对底层有影响，即 DA 值逐渐逼近其最小值。

基于以上分析，当 WI 小于 1.5 时可选用式（1.2-3）计算；当 WI 值大于等于 1.5 时，可选用式（1.2-4）计算。

$$DA = (x_1 - x_2 e^{x_3 \mathrm{WI}})(x_4 - x_5 e^{x_6 \tau_{\mathrm{roof}}}), WI < 1.5 \tag{1.2-3}$$

$$DA = x_1 e^{x_2 \mathrm{WI}}(x_3 - x_4 e^{x_5 \tau_{\mathrm{roof}}}), WI \geqslant 1.5 \tag{1.2-4}$$

以北京地区为例，选用不同 WI（$0.2 \leqslant WI \leqslant 3.2$）和 τ_{roof}（$0.2 \leqslant \tau_{\mathrm{roof}} \leqslant 0.6$）值组合的案例，按照式（1.2-3）和式（1.2-4）的形式进行回归分析，得到系数 $x_1 \sim x_6$ 的取值如表 1.2-5 所示，DA 和 DA_{con} 的模拟计算值和经验公式计算值之间的相关系数对分别为 0.9965 和 0.9951（图 1.2-11），相关性较高，利用拟合公式能反映中庭底层采光效果。

中庭底层 DA 和 DA_{con} 值计算公式系数（北京）　　　　　　　表 1.2-5

区间	指标	x_1	x_2	x_3	x_4	x_5	x_6
$0.2 \leqslant WI \leqslant 1.5$	DA	31.192	27.867	0.045	25.490	19.413	−3.277
	DA_{con}	42.624	6.296	0.748	27.197	25.748	−0.036
$WI > 1.5$	DA	46.670	−0.930	43.946	43.323	−0.101	—
	DA_{con}	32.561	−0.487	35.963	34.473	−0.092	—

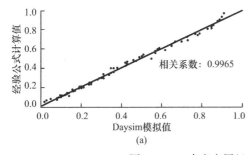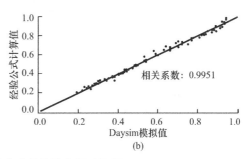

图 1.2-11　中庭底层经验公式相关性分析（北京）

(a) DA；(b) DA_{con}

（二）中庭周边区域

中庭周边区域可通过设置透明玻璃隔断或者直接开口获得由中庭顶部天窗射入的太阳光，从而提高各层邻近中庭区域的照度值（图 1.2-12）。中庭周边区域获得的太阳光比外区通过外窗获得的太阳光要少，天然采光主要作用区域一般不会超过 4m[7]，因此本节主要研究中庭周边各层距离中庭 4m 区域内的采光效果。方案设计阶段建筑师主要关心中庭形式和屋顶天窗的设计，其他信息可以按照工程经验取值。为了获得尽可能多的太阳光，中庭周边区域与中庭之间一般会设计尽量大的开口，按

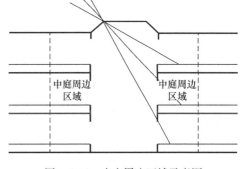

图 1.2-12　中庭周边区域示意图

照一般工程经验，取 80% 的开口面积，窗户（单层玻璃）可见光透过率按照 80% 取值。

中庭光井指数（WI）和屋顶可见光等效透过率（τ_{roof}）是影响中庭周边区域采光效果的主要影响因素。

选择如图 1.2-13 所示模型，设置两种案例：

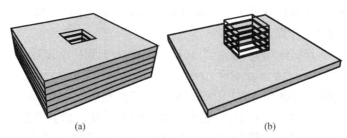

图 1.2-13　中庭周边区域采光计算案例图

(a) 轴测图 1；(b) 轴测图 2（隐去除底层外的楼层）

1. τ_{roof} 值取 0.7，改变不同的中庭尺寸使 WI 值在 0.67~2.7 之间变化，详细设置参见表 1.2-6。

中庭周边区采光效果计算案例 WI 值设置参数　　　　　表 1.2-6

序号	中庭长(m)	中庭宽(m)	层数	WI	序号	中庭长(m)	中庭宽(m)	层数	WI
1	20	20	4	0.80	10	20	30	5	0.83
2	20	20	5	1.00	11	20	30	6	1.00
3	20	20	6	1.20	12	20	30	7	1.17
4	20	20	7	1.40	13	10	20	4	1.20
5	20	20	8	1.60	14	10	20	5	1.50
6	20	20	9	1.80	15	10	20	6	1.80
7	20	20	10	2.00	16	10	20	7	2.10
8	20	20	11	2.20	17	10	20	8	2.40
9	20	30	4	0.67	18	10	20	9	2.70

2. 中庭截面尺寸为 20m×20m，层数为 6 层的，τ_{roof} 值在 0.3~0.7 之间变化。利用 Daysim 采光模拟软件计算全年的 DA 和 DA_{con} 值，计算结果如图 1.2-14 和图 1.2-15 所示。随着 WI 值的增大，DA 和 DA_{con} 值降低，且当 WI 大于 2.0 以后，DA 和 DA_{con} 几乎不变；随着屋顶等效可见光透过率的增大，DA 和 DA_{con} 值呈线性增加。根据 DA 和 DA_{con} 随 τ_{roof} 和 WI 的变化特点，计算公式可以表示如下：

$$DA = x_1 \cdot (\tau_e + x_2) \cdot (1 + x_3 e^{x_4 \cdot WI}) \tag{1.2-5}$$

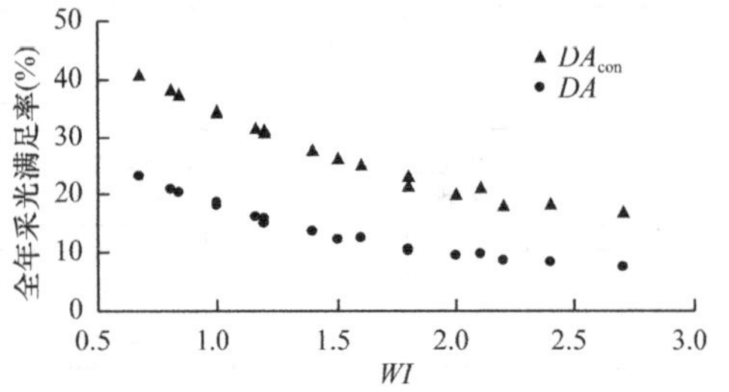

图 1.2-14　全年采光满足率随 WI 值的变化情况 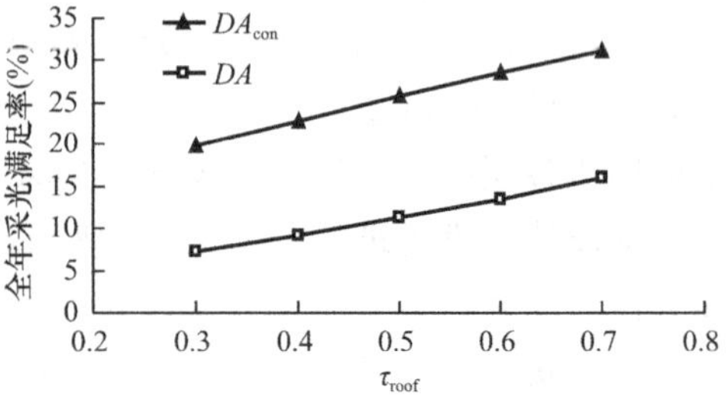　　图 1.2-15　全年采光满足率随 τ_{roof} 值的变化情况

以北京为例，当 WI 在 $0.67\sim2.7$ 之间变化、τ_{roof} 值在 $0.3\sim0.7$ 之间变化时，利用 Daysim 对不同 WI 和 τ_{roof} 组合的案例进行模拟计算，对计算结果回归分析可得式（1.2-5）中的系数 $x_1\sim x_4$ 取值（表 1.2-7），模拟计算结果与拟合公式计算结果的相关系数分别为 0.992 和 0.96（图 1.2-16）。

中庭周边区 DA 和 DA_{con} 值计算公式相关系数　　　　表 1.2-7

地区	指标	x_1	x_2	x_3	x_4
北京	DA	0.1	0	7.6	-1.54
	DA_{con}	0.16	0.35	8.133	-1.956

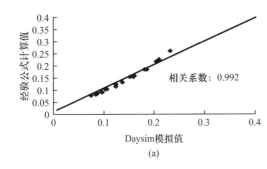
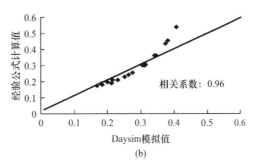

图 1.2-16　中庭周边区经验公式相关性分析（北京）

(a) DA；(b) DA_{con}

五、建筑整体天然采光分析

（一）天然采光节能率

对整个建筑而言，天然采光性能除了与侧窗和中庭设计有关外，还与建筑造型以及平面布局有关，研究建筑整体天然采光节能率能为方案阶段的决策提供有力的支持。

前文介绍了全年采光满足率（DA 和 DA_{con}）的计算方法，根据全年采光满足率还不能直接获得实际照明输出功率，需要考虑具体的照明控制方式和照明设备的情况。DA 对应照明灯具通断开启的情况，此时 DA 与照明额定耗电量的乘积可以近似认为等于全年照明实际耗电量；DA_{con} 对应照明灯具采用连续调光控制的情况，照明实际耗电量的计算需要考虑灯具光亮与电子镇流器输入功率的关系。

调光式电子镇流器可调节灯具的输入功率改变输出光量，但是光亮和输入功率并非简单的正比关系[8]。根据对 5 个厂家的 18 种产品进行的实测分析，总结出灯具的相对输入功率 hp（实际输入功率与额定功率的比值）和相对输出光量 h_1（实际输出光量与额定输出光量的比值）之间的相关性。当考虑全年采光情况时，可认为相对输出光量 h_1 与 DA_{con} 的近似关系为 $h_1=1-DA_{\mathrm{con}}$。

根据相关研究成果，可得：

$$h_{\mathrm{p}} = g(h_1) = \begin{cases} 0.83h_1 + 0.17, & h_1 > 0 \\ 0, & h_1 = 0 \end{cases} \tag{1.2-6}$$

定义建筑采光外区为距离外墙 4m 以内区域，外区建筑建筑面积为 F_{p}，其余为建筑采光内区，内区建筑面积为 F_1。

当灯具采用通断控制方式时，建筑整体全年天然采光照明节能率可按下式计算：

$$\eta_{\text{daylight}} = \frac{DA_{\text{P}} \cdot F_{\text{P}} + DA_{\text{I}} \cdot F_{\text{I}} \cdot r}{F_{\text{P}} + F_{\text{I}}} = DA_{\text{P}} f_{\text{P}} + DA_{\text{I}} f_{\text{I}} r \qquad (1.2\text{-}7)$$

当灯具采用连续调光控制方式时，建筑整体全年天然采光照明节能率可按下式计算：

$$\eta_{\text{daylight}} = 1 - g(1 - DA_{\text{con,P}}) f_{\text{P}} - g(1 - DA_{\text{con,I}}) f_{\text{I}} r \qquad (1.2\text{-}8)$$

式中，DA_{I} 为内区被太阳光照射到区域的全年采光满足率；DA_{P} 为采光外区的全年采光满足率；f_{P} 和 f_{I} 为外区和内区建筑面积比例；r 为内区能获得天然光部分的面积与内区总面积的比例。

由式（1.2-7）和式（1.2-8）可知，建筑天然采光利用节能率与内外区采光满足率有关。由于 DA_{P} 远大于 DA_{I}，建筑外区面积越大，天然采光节能率越高，同时提高内区的天然采光利用率对照明节能量有重要影响。

（二）与体形系数关系

设 $\overline{DA_{\text{P}}}$ 为建筑外区各朝向 DA_{P} 的面积加权平均值，则 $E_{\text{IV,D}}$ 计算公式可表示为：

$$
\begin{aligned}
\eta_{\text{daylight}} &= \frac{\overline{DA_{\text{P}}} \cdot F_{\text{P}} + DA_{\text{I}} \cdot F_{\text{I}} \cdot r}{F_{\text{P}} + F_{\text{I}}} \\
&\approx \frac{\overline{DA_{\text{P}}} \cdot A \cdot \dfrac{4}{h} + DA_{\text{I}} \cdot \left(F - A \cdot \dfrac{4}{h} \right) \cdot r}{F} \\
&= \overline{DA_{\text{P}}} \cdot \frac{A - A_{\text{roof}}}{V} \cdot 4 + DA_{\text{I}} \cdot \left(1 - \frac{A - A_{\text{roof}}}{V} \cdot 4 \right) \cdot r \\
&= DA_{\text{I}} \cdot r + (\overline{DA_{\text{P}}} - DA_{\text{I}} \cdot r) \cdot \left(SC - \frac{A_{\text{roof}}}{V} \right) \cdot 4
\end{aligned}
\qquad (1.2\text{-}9)
$$

如果建筑外区各朝向的全年采光满足率和立面面积差异不大，则 η_{daylight} 与建筑体形系数近似呈线性关系。建筑外区是获得天然采光的主要区域，而体形系数越大，建筑外区面积越大，因此照明节能率越大。

对图 1.1-16 建筑 A 的可行方案，设照明功率密度为 7.7W/m²，每天按照 13h 计算，考虑表 1.2-3 所示的照明开关时间，则全年照明能耗为 19kWh/m²（周末不照明）。按照式（1.2-9）可计算不同朝向外区的 DA 值，并计算全年照明能耗。如图 1.2-17 所示，北外区的 DA 值最小（$DA=0.13$），照明耗电量最高；南外区 DA 值最大（$DA=0.37$），照明耗电量最低；东外区和西外区差异不大。

各方案建筑照明能耗如图 1.2-18 所示，其中方案 1 的照明能耗最低，照明节能率为 14.8%，参考方案（方案 0）的照明能耗最高，照明节能率为 8.1%。

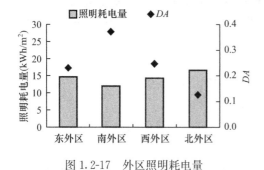

图 1.2-17　外区照明耗电量

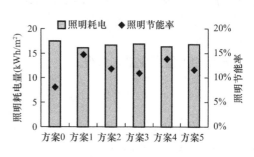

图 1.2-18　各方案照明耗电量与节能率

分析照明节能率与建筑体形系数的关系（图1.2-19），体形系数与照明节能率近似呈线性关系，与式（1.2-9）推导的结论一致。

六、总结

本节结合天然采光模拟计算的特点（影响因素少、非线性关系弱），提出利用经验公式计算全年采光满足率，并进而计算建筑整体采光节能量：

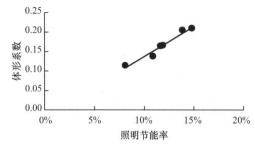

图1.2-19　照明节能率与体形系数的关系

（1）分析方案阶段天然采光设计的建筑信息和设计需求情况，指出总结计算全年采光满足率的经验公式是模拟辅助采光设计的有效途径，并确定天然采光全年满足率的评价指标（DA）和模拟计算软件（Daysim）；

（2）基于Daysim模拟计算结果回归分析得到侧窗和中庭全年采光满足率的经验计算公式，指出方案阶段侧窗采光主要考虑窗墙比和外窗可见光透过率的影响，中庭采光主要考虑中庭形式和屋顶可见光等效透过率的影响，并且中庭底层采光的经验公式宜采用分段函数描述；

（3）在侧窗和中庭全年采光满足率的基础上，进一步研究建筑整体天然采光节能率的计算，发现建筑节能率与体形系数近似呈线性关系。

重点研究较为常见的侧窗和中庭（平天窗）采光方式的采光效果，对于设置外遮阳的侧窗和其他天窗形式的中庭，可利用Daysim软件模拟或者单独研究外遮阳和其他天窗的遮阳系数，近似折算为外窗和天窗的可见光透过率的修正系数。

第三节　固定外百叶的遮阳效果评价

遮阳设施对透光型围护结构的重要性前面已经提及。对于玻璃幕墙围护结构形式的公共建筑来说，外百叶遮阳是一种用的最多的遮阳形式。然而，现在对这种遮阳形式的遮阳效果的评价手段并不多。

《夏热冬暖地区居住建筑节能设计标准》JGJ 75—2012[9]中只是给出了水平板、垂直板和挡板遮阳构件的遮阳系数计算方法。《公共建筑节能设计标准》GB 50189—2015规定了幕墙百叶遮阳的遮阳系数的计算方法，但只是根据水平板和垂直板遮阳的计算方法作简单的改进而得到的，计算得到的结果与实际情况有较大的偏差，而且一般只给出了夏季的一个遮阳系数值，不能反映全年遮阳系数变化的情况。国外学者如P. Pfrommer[10]研究了计算百叶体系的透过率的方法。国内的一些学者也做过这方面的研究，如华南理工大学的张磊[5]编制了用于计算透光系数和太阳辐射得热量的计算机程序——VS（Visual Shade），研究了广州地区水平板、垂直板和屋顶遮阳的情况；清华大学的唐振中[6]提出了水平百叶体系透过模型的计算方法，并进行了实验验证，给出了百叶透过率与太阳高度角、百叶张角的关系。为了对遮阳外百叶的遮阳效果有一个更完整的评价，笔者利用唐振中提出的百叶体系透过模型，并结合相关遮阳模拟软件进行分析计算，系统地给出不同朝向、不同形式（水平、垂直）的外百叶在不同季节时的遮阳效果。

一、百叶体系透过模型

百叶的遮蔽系数主要受百叶偏转角度、百叶表面特性（反射率）、百叶间距等因素的影响。其中百叶偏转角度、百叶间距等因素影响可以通过光线的几何关系进行求解，而对于百叶表面反射特性的影响则相对较复杂。一般情况下的百叶表面是一个定向漫反射表面，为了简化模型，可以把它分为镜面反射与漫反射两种情况。那么对于表面光滑的百叶来说，采用镜面反射模型来求解直射辐射的透过可以获得较好的结果；而对于比较粗糙的百叶，可以采用漫辐射模型进行求解。根据不同时刻太阳的位置，分析百叶上、下两个表面之间的能量平衡关系，则可以求出每个表面得到、反射的能量，以及透过百叶体系的能量，从而得到百叶体系的遮蔽系数。

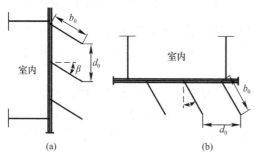

图 1.3-1 是水平和垂直百叶的结构示意图，其中：b_0 为百叶的宽度；d_0 为百叶的间距；$B = \dfrac{d_0}{b_0}$ 为百叶的间距系数，它反映百叶的密度大小；β 为百叶偏转角度。在后面的计算中假设垂直纸面方向百叶长度远大于 b_0，即忽略百叶两侧的漏光，这也符合实际情况。

图 1.3-1 外百叶结构示意图

（a）水平百叶；（b）垂直百叶

二、水平百叶遮阳效果评价

（一）不同百叶参数下水平百叶遮蔽系数比较

首先以寒冷地区的北京市为例，计算不同百叶参数条件下水平外百叶遮蔽系数的变化情况。

1. 不同偏转角度的比较

设定百叶间距系数 $B=1$，百叶表面材料反射率 $\rho=0$，计算不同百叶偏角 β 下的百叶综合遮蔽系数的结果如图 1.3-2 所示。

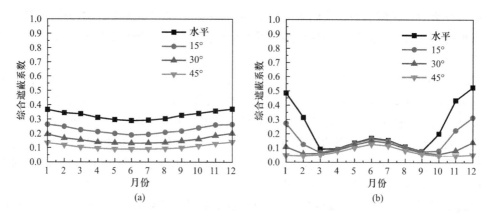

图 1.3-2 不同百叶偏转角度下的综合遮蔽系数

（a）东（西）立面；（b）南立面

由图 1.3-2 中结果可看出：

（1）随着百叶偏角增大，各立面水平百叶的综合遮蔽系数都会相应减小。这是因为百叶偏转角度越大，越容易遮挡住太阳光。

（2）东（西）立面的综合遮蔽系数在全年不同季节时段变化不大，但随着百叶偏转角度的增大，遮蔽系数明显减小。这是因为东（西）立面在上（下）午接受太阳辐射较多，而这两个时间段的太阳高度角在一年四季中均较低，所以其遮蔽系数也都变化不大，夏季比冬季稍小。但如果百叶偏转角度增大，则能有效遮挡太阳直射光，所以遮蔽系数会明显减小。从这里也可以看出，在东（西）立面选用水平外遮阳效果一般。因为该工况中百叶的间距系数已经很小了（即百叶密度很大），遮蔽系数也只有 0.3～0.4。所以东、西立面不适合选用水平外遮阳，即使要选用，也最好将百叶向下偏转一定角度。

（3）南立面的综合遮蔽系数随着季节变化和偏转角度的不同，变化情况比较复杂。当百叶在水平位置时，总的来说，从冬季到夏季，遮蔽系数明显减小。这是因为在中午前后南立面接收太阳辐射较多，而冬季这个时候太阳高度角低，随着季节推移，太阳高度角逐渐变大，所以水平外遮阳对直射光的遮挡也更加有效，遮蔽系数也会明显的减小（图 1.3-3）。但同时还发现，遮蔽系数最小值并没有出现在太阳高度角最大的月份，而是出现在 3 月和 9 月。这是因为如前面提到的，太阳辐射分为直射辐射和散射辐射两部分，而综合遮蔽系数是对这两部分辐射遮挡的一个综合结果。其中直射辐射的遮蔽系数随着太阳高度角的变化而变化明显，而散射辐射的遮蔽系数仅与百叶的几何尺寸和偏转角度有关，所以全年基本不随季节而变化。1～7 月，开始由于直射辐射的遮蔽系数减小，综合遮蔽系数减小，但同时直射辐射量在总辐射量中的比例也是减小的（图 1.3-4）。所以到了 3 月份以后，虽然直射辐射遮蔽系数进一步减小，但由于其所占比例的进一步减小而散射辐射遮蔽系数的不变，使得综合遮蔽系数不再进一步减小，甚至还会有所增加。

（4）从图 1.3-2 中还可以看出，百叶角度偏转对夏季各月份的遮蔽系数影响不大，这是因为夏季中午时分太阳高度角较大，所以百叶角度不偏转就已经能很好地遮挡太阳直射了。百叶角度偏转只是对冬季月份的遮蔽系数影响较大。而对于北京地区，冬季希望能多获得太阳辐射，角度偏转反而不利于获得太阳辐射热。所以对那些寒冷地区，南立面选用固定不偏转角度的水平外百叶即可。

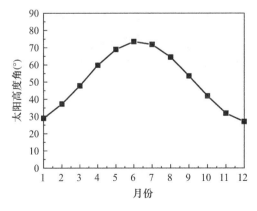
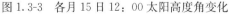

图 1.3-3　各月 15 日 12：00 太阳高度角变化

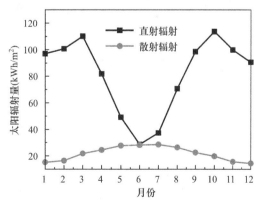

图 1.3-4　南立面各月太阳累计辐射量

2. 不同间距系数的比较

设定百叶偏转角度 $\beta=0°$（即百叶平行墙面法线），百叶表面材料反射率 $\rho=0$。比较不同百叶间距系数 B 条件下综合遮蔽系数如图 1.3-5 所示。

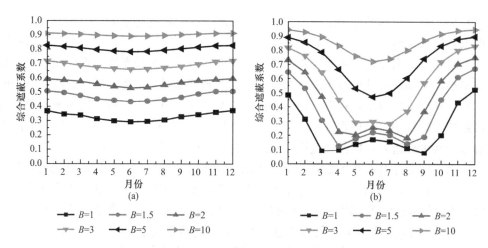

图 1.3-5　不同百叶间距系数下的综合遮蔽系数
(a) 东 (西) 立面；(b) 南立面

可以看出，百叶间距系数越小，遮蔽系数也越小。东、西立面由于太阳高度角低，所以如果选用水平百叶，且间距系数较大时（大于 3 时），遮阳效果将会很差；而南立面由于太阳高度角大的缘故，当百叶间距系数较大时，夏季也能保持良好的遮阳效果。

3. 不同表面反射率的比较

设定百叶偏转角度 $\beta=0°$（即百叶平行墙面法线），百叶间距系数 $B=1$。比较不同的百叶表面反射率 ρ 的条件下全年各月综合遮蔽系数的结果如图 1.3-6 所示。

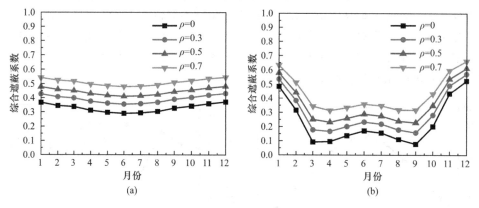

图 1.3-6　不同百叶表面反射率下的综合遮蔽系数
(a) 东 (西) 立面；(b) 南立面

可见随着百叶自身反射率的提高，其综合遮蔽系数也是增加的，在南立面这种变化尤为明显。因为太阳照射到南立面时太阳高度角较高，所以大多数直射光都是先照射到百叶面上，再反射进入室内。而对于东、西立面，多数太阳光则是直接穿过百叶射到立面上，所以百叶表面反射率的影响相对较小。

（二）百叶透过模型与两款遮阳软件模拟结果的比较

本小节将比较百叶体系透过模型计算的结果与两款软件计算的结果。这两款软件分别是清华大学建筑学院开发的 SUNSHINE[11] 和英国的 ECOTECT[12]。其中前者可计算建筑日照小时数和建筑立面太阳辐射得热；后者可对模型的太阳辐射进行逐时或分季节的综合分析。

计算中百叶的参数都设为：$\beta=0°$，$\rho=0$，$B=1$，对比的结果如图 1.3-7 和图 1.3-8 所示。

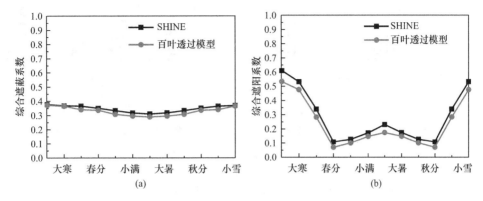

图 1.3-7　百叶透过模型与 SUNSHINE 软件模拟计算结果比较
(a) 东（西）立面；(b) 南立面

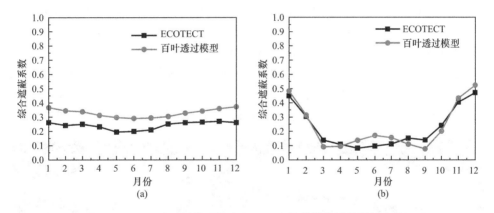

图 1.3-8　百叶透过模型与 ECOTECT 软件模拟计算结果比较
(a) 东（西）立面；(b) 南立面

可以看出，两款软件的计算结果与百叶透过模型算法的计算结果基本吻合。其中 ECOTECT 由于用到的是实测典型年天空辐射数据，所以计算的结果与理想天空辐射数据下的结果有些差别，但趋势一致。

（三）百叶透过模型与标准中介绍方法计算结果的比较

百叶透过模型与国家标准《建筑采光设计标准》GB 50033—2013[13]中介绍的方法，这两种计算方法下的夏季（6、7、8 月份）在百叶不同偏转角度、不同间距系数情况下的平均遮蔽系数结果对比如图 1.3-9 所示。由于一般百叶板表面的反射率不会为 0，也不会很大，所以为考虑一般情况，取反射率 $\rho=0.3$。

根据图 1.3-9 中的结果可以看出：

（1）对于东（西）立面，当百叶间距系数大于 2 时，两种算法计算得到的结果偏差较小；

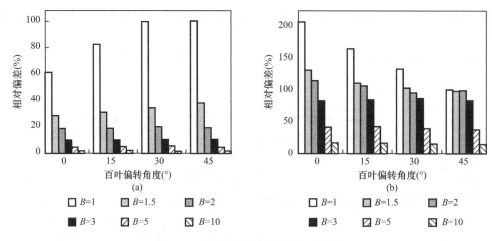

图 1.3-9　两种算法计算结果相对偏差

（a）东（西）立面；（b）南立面

注：图中的相对偏差是指以百叶透过模型算法得到的结果为基准值的

（2）对于南立面，当百叶间距系数大于 10 时，两种算法计算得到的结果偏差较小。一般情况下，《公共建筑节能设计标准》GB 50189—2015 中介绍算法的计算结果都偏大。

《公共建筑节能设计标准》GB 50189—2015 中介绍方法计算的结果之所以大于百叶透过模型计算的结果，主要是因为该标准中的方法是直接套用水平挡板遮阳系数的计算方法，而水平挡板遮阳系数的计算中，从挡板两则漏进去的光对结果影响很明显。对于这种百叶形式的遮阳，由于百叶板长度一般都很长，所以从两侧漏进的光对整体的影响就不明显了，如图 1.3-10 中水平挡板和水平百叶的遮挡效果的对比情况。所以如果简单地套用计算水平挡板遮阳系数的方法来计算百叶的遮阳系数，必然会使得计算结果偏大。

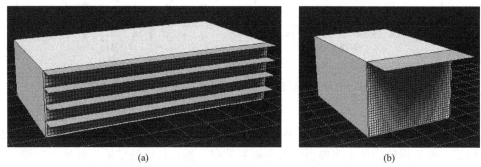

图 1.3-10　水平百叶与水平挡板的遮阳效果模拟比较

（a）水平百叶遮阳；（b）水平挡板遮阳

（四）其他气候分区下典型城市的结果

以夏热冬冷气候区域的上海和夏热冬暖气候区域的广州这两个城市为例，比较百叶体系透过模型与《公共建筑节能设计标准》GB 50189—2015 中介绍的方法这两种计算方法下的水平百叶遮蔽系数的计算结果。

百叶参数的设定考虑一般情况，即：$\beta=0°$，$\rho=0.3$，$B=1$。

1. 夏热冬冷地区结果（以上海市为例）

图 1.3-11 是夏热冬冷地区（上海市）百叶体系透过模型与《公共建筑节能设计标准》

GB 50189—2015 中介绍方法的计算结果的比较。

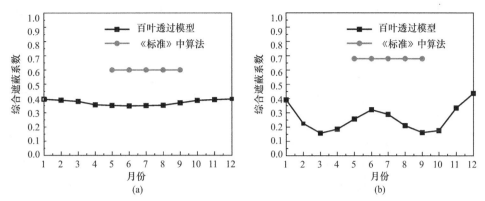

图 1.3-11　夏热冬冷地区百叶透过模型与《公共建筑节能设计标准》
GB 50189—2015 中算法的计算结果比较
（a）东（西）立面；（b）南立面
注：因为《公共建筑节能设计标准》GB 50189—2015 中只给出了夏季遮蔽系数的计算方法，
所以图中对应的曲线只有夏季时间段的值

夏热冬冷地区由于纬度较寒冷地区低，所以夏季太阳高度角也要大于寒冷地区。这样就会使得夏季南立面接受的太阳直射辐射占总辐射的比例进一步减小，从而使得夏季南立面水平百叶遮蔽系数增大，与冬季月份相当。同时也可以看出，《公共建筑节能设计标准》GB 50189—2015 中介绍的方法计算的结果都要大于百叶透过模型的计算结果。

2. 夏热冬暖地区结果（以广州市为例）

图 1.3-12 是夏热冬暖地区（广州市）百叶体系透过模型与《公共建筑节能设计标准》GB 50189—2015 中介绍方法的计算结果比较。

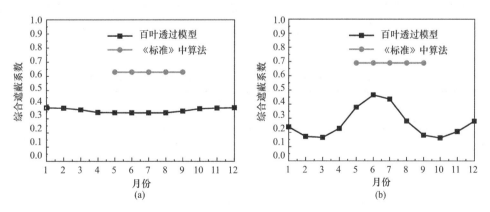

图 1.3-12　夏热冬暖地区百叶透过模型与《公共建筑节能设计标准》
GB 50189—2015 中算法的计算结果比较
（a）东（西）立面；（b）南立面

从图 1.3-12 中可以看出，对于广州这样的夏热冬暖地区，南立面夏季水平百叶的遮蔽系数要高于其他时间段。这是因为随着地区纬度的进一步减小，太阳高度角在夏季正午附近接近 90°，甚至出现太阳直射北立面的情况。所以夏季南立面接受的太阳直射辐射量会非常小，因而遮蔽系数主要取决于散射部分的值，而散射辐射的遮蔽系数只取决于百叶的尺寸及偏转角度，与太阳方位无关。

所以对于夏热冬暖地区，夏季南立面水平百叶遮阳效果一般，建议配套选用低透玻璃幕墙或使用挡板遮阳。

（五）小结

1. 东、西立面水平遮阳百叶的综合遮蔽系数随季节变化不大，但随着百叶偏转角度的增大，遮蔽系数明显减小。所以东、西立面不适合选用固定水平外遮阳，宜选用角度可调节的水平外遮阳或其他遮阳形式。

2. 南立面水平遮阳百叶的综合遮蔽系数随着季节变化在不同气候分区下变化情况不同。对于寒冷地区，冬季遮蔽系数明显大于夏季和过渡季；对于夏热冬冷地区，夏季和冬季综合遮蔽系数相当，过渡季最小；对于夏热冬暖地区，夏季综合遮蔽系数反而大于其他季节。

3. 百叶角度偏转对南立面夏季各月份的遮蔽系数影响不大，只是对冬季月份的遮蔽系数影响较大。所以对那些夏热冬冷或寒冷地区，南立面选用固定水平的外百叶就足够了，夏季遮阳效果好，冬季和过渡季还能获得较多的太阳辐射。而对于夏热冬暖地区，外百叶宜偏转一定角度，或选用活动外百叶，同时做好对散射辐射的遮挡。

4. 百叶间距系数越小，遮蔽系数也越小。东、西立面如果选用水平百叶间距系数大于 3 时，遮阳效果将会较差。而南立面在较大的间距系数下，夏季的遮蔽系数也能保持在一个较小的值。

5. 随着百叶自身反射率的提高，其综合遮蔽系数也是增加的，在南立面这种变化尤为明显。

6. 《公共建筑节能设计标准》GB 50189—2015 中计算水平外百叶遮蔽系数的方法适用于百叶较疏的情况（南立面间距系数大于 10，东、西立面间距系数大于 2 时）。当百叶密度较大时，计算结果偏差大。表 1.3-1 是利用百叶透过模型计算结果与标准中算法计算结果的对比，百叶设置考虑一般工况，即：$\beta=0°$，$\rho=0.3$，$B=1$，取 5～9 月份遮蔽系数的平均值。

与《公共建筑节能设计标准》GB 50189—2015 中计算结果的对比　　　　表 1.3-1

地区	朝向	遮蔽系数		相对偏差
		《公共建筑节能设计标准》中算法	百叶透过模型	
寒冷	东（西）	0.59	0.38	−35.6%
	南	0.63	0.21	−66.7%
夏热冬冷	东（西）	0.61	0.36	−41.0%
	南	0.68	0.25	−63.2%
夏热冬暖	东（西）	0.64	0.35	−45.3%
	南	0.69	0.3	−56.5%

三、垂直百叶遮阳效果评价

（一）不同百叶参数下垂直百叶遮蔽系数比较

同样首先以北京为例，计算不同百叶参数条件下垂直外百叶遮蔽系数的变化情况。

1. 不同偏转角度的比较

此时设定百叶间距系数 $B=1$，百叶表面材料反射率 $\rho=0$，计算不同百叶偏角 β 下的百叶综合遮蔽系数的结果如图 1.3-13 所示。

从图 1.3-13 中可以看出，东（西）立面垂直百叶的遮蔽系数夏季大于冬季，而南立面的结果刚好相反，冬季比夏季大。这是由于太阳在冬季和夏季的方位角不同的缘故。对于垂直百叶来说，影响其对太阳直射光遮挡的主要因素是太阳的方位。太阳在水平面上的投影与该朝向法线方向夹角越小，直射光的透过率越大，反之越小。图 1.3-14 是 1～6 月每月 15 日上午 8：00～12：00 太阳在水平面上的投影与东立面和南立面法线夹角变化情况，可以看出冬季太阳方位与东立面法线夹角大于夏季，所以冬季东立面垂直百叶对太阳光遮挡较多，而南立面情况刚好相反，夏季时太阳与南立面法线夹角大于冬季，所以南立面垂直百叶夏季对太阳光遮挡较多。

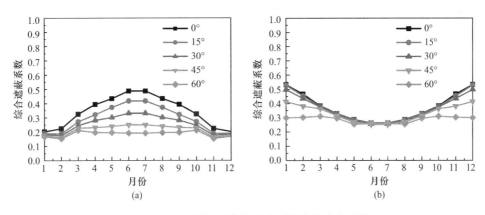

图 1.3-13　不同百叶偏转角度下的综合遮蔽系数
（a）东（西）立面；（b）南立面

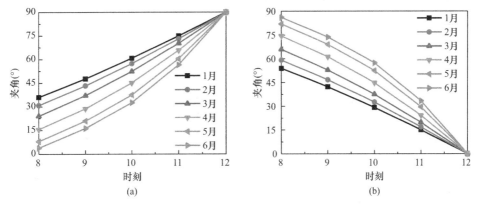

图 1.3-14　太阳在水平面上的投影与立面法线夹角
（a）东立面；（b）南立面

从图 1.3-14 中还可以看出，垂直百叶偏转角度对东（西）立面夏季遮蔽系数影响较明显，当偏转角度较大时，夏季的遮蔽系数也能维持在一个很小的值，遮阳效果良好。所以东（西）立面的垂直百叶不宜设置成平行于墙面法线方向，应该向北偏转一定的角度，这样能有较好的遮阳效果；而南立面若用垂直百叶，会有一些时刻太阳光完全直射室内而造成室内眩光问题，所以南立面用水平百叶较合适。

2. 不同间距系数的比较

此时设定百叶偏转角度 $\beta=0°$（即百叶平行墙面法线），百叶表面材料反射率 $\rho=0$。比较不同百叶间距系数 B 条件下综合遮蔽系数如图 1.3-15 所示。

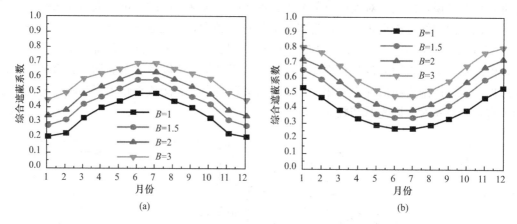

图 1.3-15　不同百叶间距系数下的综合遮蔽系数
（a）东（西）立面；（b）南立面

百叶间距系数越大，遮蔽系数也越大。一般来说，固定垂直百叶的间距系数大于 2 时，遮阳效果就比较一般了。

3. 不同表面反射率的比较

此时设定百叶偏转角度 $\beta=0°$（即百叶平行墙面法线），百叶间距系数 $B=1$。比较不同的百叶表面反射率 ρ 的条件下全年各月综合遮蔽系数的结果如图 1.3-16 所示。可见随着百叶表面反射率的增加，遮蔽系数也会随之增大。

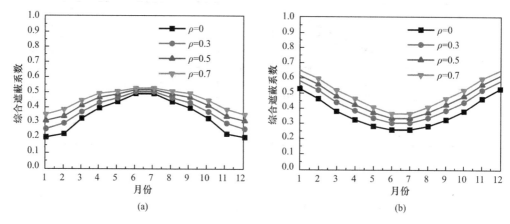

图 1.3-16　不同百叶表面反射率下的综合遮蔽系数
（a）东（西）立面；（b）南立面

（二）百叶透过模型与标准中方法计算结果的比较

图 1.3-17 是寒冷地区（北京市）百叶体系透过模型与《建筑采光设计标准》GB 50033—2013 中介绍方法的计算结果的比较。百叶参数的设定考虑一般情况，即：$\beta=0°$，$\rho=0.3$，$B=1$。

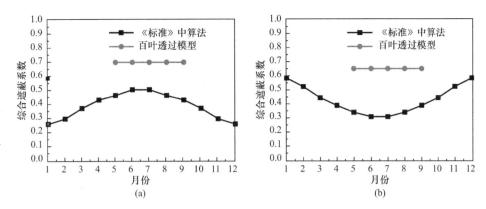

图 1.3-17 寒冷地区百叶透过模型与《公共建筑节能设计标准》
GB 50189—2015 中算法的计算结果比较
（a）东（西）立面；（b）南立面

可见标准中计算得到的结果均偏大，其中东（西）立面偏差相对较小，而南立面则偏大约 1 倍。

（三）其他气候分区下典型城市的计算结果

同样，以夏热冬冷气候区域的上海和夏热冬暖气候区域的广州这两个城市为例，比较百叶体系透过模型与《公共建筑节能设计标准》GB 50189—2015 中介绍的方法这两种计算方法下的垂直百叶遮蔽系数的计算结果。

百叶参数的设定仍考虑一般情况，即：$\beta=0°$，$\rho=0.3$，$B=1$。

1. 夏热冬冷地区结果（以上海市为例）

图 1.3-18 是夏热冬冷地区（上海市）百叶体系透过模型与《公共建筑节能设计标准》GB 50189—2015 中介绍方法的计算结果的比较。

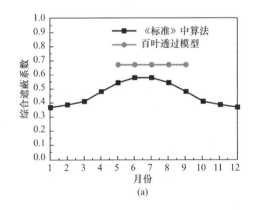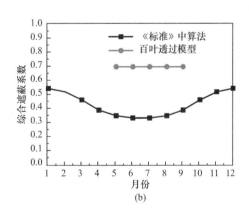

图 1.3-18 夏热冬冷地区百叶透过模型与《公共建筑节能设计标准》
GB 50189—2015 中算法的计算结果比较
（a）东（西）立面；（b）南立面

相对于夏热冬冷地区而言，东（西）立面的遮蔽系数有所增大，与《公共建筑节能设计标准》GB 50189—2015 中计算结果较接近，南立面遮蔽系数冬季有所减小，夏季稍有增大。

2. 夏热冬暖地区结果（以广州市为例）

图 1.3-19 是夏热冬暖地区（广州市）百叶体系透过模型与《公共建筑节能设计标准》GB 50189—2015 中介绍方法的计算结果的比较。此时东立面计算结果基本与《公共建筑节能设计标准》GB 50189—2015 中方法计算的结果相吻合。同时还发现，夏热冬暖地区垂直外百叶夏季在各朝向遮蔽系数都较大，所以垂直百叶在夏热冬暖地区遮阳效果一般。

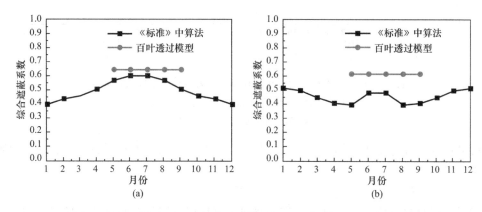

图 1.3-19　夏热冬暖地区百叶透过模型与《公共建筑节能设计标准》
GB 50189—2015 中算法的计算结果比较
(a) 东（西）立面；(b) 南立面

（四）小结

1. 东（西）立面垂直百叶的遮蔽系数夏季大于冬季，而南立面则是冬季大于夏季。

2. 垂直百叶偏转角度对东（西）立面夏季遮蔽系数影响较明显，当偏转角度较大时，遮阳效果良好，所以东（西）立面的垂直百叶不宜设置成平行于墙面法线方向，应该向北偏转一定的角度。

3. 百叶间距系数越小，遮蔽系数也越小。为了保证良好的遮阳效果，固定垂直百叶的间距系数一般不超过 2。

4. 随着百叶自身反射率的提高，其综合遮蔽系数也是增加的。

5. 《公共建筑节能设计标准》GB 50189—2015 中介绍的方法计算的结果都偏大。表 1.3-2 是利用百叶透过模型计算结果与标准中算法计算结果的对比，百叶设置考虑一般工况，即：$\beta=0°$，$\rho=0.3$，$B=1$，取 5～9 月份遮蔽系数的平均值。

与《公共建筑节能设计标准》中计算结果的对比　　　　　　表 1.3-2

地区	朝向	遮蔽系数		相对偏差
		标准中算法	百叶透过模型	
寒冷地区	东（西）	0.70	0.45	−35.7%
	南	0.66	0.36	−45.5%
夏热冬冷地区	东（西）	0.66	0.57	−13.6%
	南	0.69	0.34	−50.7%
夏热冬暖地区	东（西）	0.65	0.60	−7.7%
	南	0.62	0.50	−19.4%

四、水平板百叶遮阳效果评价

除了上面提到的水平遮阳百叶和垂直遮阳百叶外，还有一种形式的遮阳百叶现在应用也较多，这就是水平挡板形式的遮阳百叶，其结构形式如图 1.3-20 所示。由于这种百叶形式的水平挡板相对于普通挡板而言更为轻盈和美观，所以深受建筑师的青睐。图 1.3-21 是清华大学校园内的水平板百叶遮阳的应用情况，多是一些新建的办公建筑。

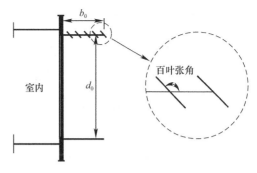

图 1.3-20　水平板百叶结构示意

通过观察发现，这些水平板百叶的百叶张角各不相同，有的向外偏（张角小于 $90°$），有的向内偏（张角大于 $90°$），还有的百叶基本是垂直的。那么，不同的百叶张角对其遮阳效果的影响如何呢？下面将做这方面的分析。

图 1.3-21　清华大学校园内水平板百叶的应用

为了简化计算，不考虑通过百叶片之间的反射而进入的部分。考虑一般情况，设百叶挡板的外挑系数 $F = \dfrac{b_0}{d_0}$ 为 1/3。这样就很容易根据太阳的位置和立面的朝向计算得到不同百叶张角情况下的遮蔽系数，如图 1.3-22 和图 1.3-23 所示。

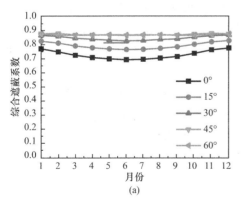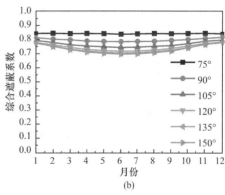

图 1.3-22　东（西）立面各月份遮阳效果

（a）百叶张角 $0°\sim60°$；（b）百叶张角 $75°\sim150°$

从图 1.3-22 中可以看出，东（西）立面水平板百叶的张角对遮阳效果的影响不是很明显，基本上都是在 $0.7\sim0.9$ 之间变化，张角在 $60°\sim70°$ 时遮阳效果最差，张角大于 $120°$ 时遮阳效果基本和普通挡板一样。从这里也可以看出，东（西）立面用水平挡板遮阳效果很差。

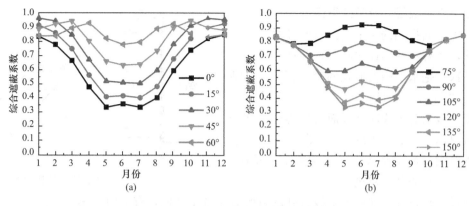

图 1.3-23 南立面各月份遮阳效果
(a) 百叶张角 0°~60°；(b) 百叶张角 75°~150°

从图 1.3-23 中可以看出，南立面水平板百叶的张角对遮阳效果的影响很明显。当张角 0°到 60°变化时，冬季的综合遮蔽系数稍有增加，而夏季的则增加明显。当张角为 75°时，夏季的综合遮蔽系数达到最大，即此时的遮阳效果最差。张角继续增大时，夏季的综合遮蔽系数迅速减小，当张角大于 150°时，基本和普通挡板的遮阳效果相同。

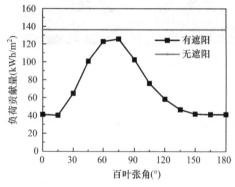

图 1.3-24 南立面使用百叶后的效果

由于建筑冬夏对热的需求情况是不同的，冬季需要多得到太阳辐射热，而夏季需要尽量遮挡太阳辐射，所以仅仅从遮阳的遮蔽系数的大小很难说明百叶张角为多少时全年的综合使用效果最好。图 1.3-24 是对于北京地区普通公共建筑（室内发热量设为 $10W/m^2$，外窗为中空 Low-E 玻璃）南立面使用不同百叶张角的水平板百叶后的效果对比，可看出当百叶张角小于 30°或大于 120°的时候对减小外窗的负荷贡献量方面效果明显。所以对于这种水平板百叶，百叶的张角应小于 30°或大于 120°。

表 1.3-3 是清华大学校园内使用这种水平板百叶的具体情况统计。大部分情况下建筑的各个朝向的立面都装有这种水平板百叶，这是因为建筑师对建筑的美观性和统一性的追求。事实上由前面的分析可知，只有在南立面安装这种百叶才有比较好的遮阳效果。所调研建筑大部分的百叶张角在 120°以上，符合前面提的张角选择原则，但是也有少部分建筑的张角选择不合适。

清华大学校园内水平板百叶使用情况统计 　　　　　　　　　　　　　　表 1.3-3

建筑名称	六教	设计中心	FIT 楼	游泳馆	C 楼	环境楼
使用朝向	四个朝向	东、南	四个朝向	四个朝向	四个朝向	南
百叶张角	105°	120°	90°	45°	120°	135°

五、总结

本节详细分析了水平百叶和垂直百叶在不同的百叶参数、不同季节及不同的地区的遮阳系数变化情况，如表 1.3-4 所示。总的来说，水平百叶在南立面的使用效果较好，冬季可以透过较多的太阳辐射，而夏季则能有效地遮挡太阳直射辐射。对于东（西）立面，普通的水平百叶和垂直百叶的遮阳效果都一般，需要将百叶向下或向北偏一定的角度才能比较有效地遮挡太阳直射，或者使用挡板遮阳的形式。另外，对于低纬度地区，由于太阳高度角大，直射辐射能量比较小，所以百叶遮阳效果一般。

百叶遮蔽系数计算结果汇总

表 1.3-4

百叶形式	地区	朝向	遮蔽系数
水平百叶	寒冷	东（西）	夏：0.38，冬：0.41
		南	夏：0.18～0.25，冬：0.20～0.60
	夏热冬冷	东（西）	夏：0.36，冬：0.40
		南	夏：0.20～0.35，冬：0.15～0.40
	夏热冬暖	东（西）	夏：0.35，冬：0.38
		南	夏：0.20～0.50，冬：0.20～0.45
垂直百叶	寒冷	东（西）	夏：0.45～0.50，冬：0.25～0.38
		南	夏：0.32～0.37，冬：0.45～0.58
	夏热冬冷	东（西）	夏：0.54～0.57，冬：0.36～0.40
		南	夏：0.35～0.38，冬：0.47～0.54
	夏热冬暖	东（西）	夏：0.56～0.58，冬：0.40～0.45
		南	夏：0.40～0.50，冬：0.47～0.52

在与《公共建筑节能设计标准》GB 50189—2015 中的方法计算结果进行比较中发现，标准中计算百叶遮蔽系数的方法是简单套用水平或垂直挡板遮阳的计算方法，所得到的结果都偏大，即弱化了百叶的遮阳效果。

最后，对一种现在应用较多的水平板百叶形式的遮阳系统的遮阳效果进行了分析评价，结果表明，该遮阳形式用于东（西）立面时遮阳效果较差，而用于南立面时，百叶的张角小于 30°或大于 120°时使用效果最好。

本章参考文献

[1] 清华大学 DeST 开发组. 建筑环境系统模拟分析方法——DeST [M]. 北京：中国建筑工业出版社，2006.

[2] 曾剑龙. 性能可调节围护结构研究 [D]. 北京：清华大学，2006.

[3] 中华人民共和国住房和城乡建设部，中华人民共和国国家质量监督检验检疫总局. GB 50189—2015 公共建筑节能设计标准 [S]. 北京：中国建筑工业出版社，2005.

[4] Wienold J. Dynimic simulation of blind control strategies for visual comfort and energy balance analysis [C]. In：Proceedings of Building Simulation 2007. Peking：Department of Building Science & Technology of Tsinghua University [M]，2007，1197-1204.

[5] 张磊. 建筑外遮阳系数的确定方法 [D]. 广州：华南理工大学，2004.

[6] 唐振中. 活动外百叶的采光遮阳性能研究 [D]. 北京：清华大学，2006.

[7] 陈红兵. 办公建筑的天然采光与能耗分析 [D]. 天津：天津大学，2004.

[8] 颜俊. 生态视角下的建筑遮阳技术研究 [D]. 北京：清华大学，2004.

[9] 中华人民共和国住房和城乡建设部. JGJ 75—2012. 夏热冬暖地区居住建筑节能设计标准 [S]. 北京：中国建筑工业出版社，2013.

［10］ Pfrommer P，Lomas K J，Kupke C. Solar radiation transport through slat-type blinds：A new model and its application for thermal simulation of buildings［J］. Solar Energy，1996，57：77-91.

［11］ 王洁. 清华大学建筑学院计算机辅助建筑日照分析软件,《清华建筑日照 V3.0》［CP］. 北京：中国建筑工业出版社，2006.

［12］ 云朋. ECOTECT 建筑环境设计教程［M］. 北京：中国建筑工业出版社，2007.

［13］ 中华人民共和国住房和城乡建设部，中华人民共和国国家质量监督检验检疫总局. GB 50033—2013 建筑采光设计标准［S］. 北京：中国建筑工业出版社，2012.

第二章

通风式双层玻璃幕墙技术

第一节　通风式双层玻璃幕墙的构造及分类

一、关于通风式双层玻璃幕墙

由于通风式双层玻璃幕墙具有提高建筑物室内物理环境质量的特点，这种形式的幕墙在公共建筑工程中的采用正逐渐成为一种趋势，目前国内采用双层玻璃幕墙构造形式的建筑物已有数十座。双层玻璃幕墙中均安装可调节百叶，深入研究其传热机理和运行模式，从全生命周期角度进行热工性能设计，从而可以保证有效地发挥其优势。

双层玻璃幕墙[1]（Double-Skin Facade）最早出现在 20 世纪 70 年代的欧洲。为了解决大面积玻璃幕墙建筑在夏季出现过热的问题，建筑师在原有的玻璃幕墙上增设一层玻璃，从而形成一个温度缓冲层，利用间层中百叶的遮挡与间层内通风，有组织地将过多的太阳辐射得热排走，以减少建筑物的空调能耗，同时有效地保证了室内物理环境质量[2]。

二、通风式双层玻璃幕墙的构造及分类

随着建筑设计理念的发展和建筑技术的不断提升，双层玻璃幕墙衍变出多种构造形式，有宽通道和窄通道、自然通风和机械通风之分。但是，它们构造的共同特点是在两层玻璃幕墙之间留有一定宽度的通风间层，形成温度缓冲空间。通风间层的存在，为双层玻璃幕墙提供了设置遮阳设施（如活动式百叶、固定式百叶或者其他阳光控制构件）的空间，进而能够通过调整间层内设置的遮阳百叶和外层幕墙上下部分开口的自然通风或机械通风，获得更低的太阳辐射得热量，使其较普通内遮阳具有更好的遮阳、隔热效果[3,4]。典型双层玻璃幕墙构造形式见图 2.1-1。

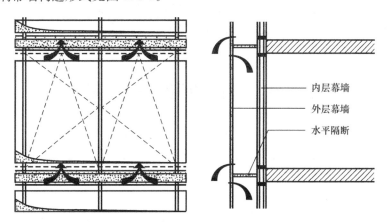

内层幕墙
外层幕墙
水平隔断

图 2.1-1　双层玻璃幕墙典型构造示意图

根据间层空腔的通风方式不同，双层玻璃幕墙基本可以分为三种类型，即外循环自然通风、外循环机械通风和内循环机械通风式双层玻璃幕墙，其结构见图 2.1-2。外循环通

风式双层玻璃幕墙内层一般由保温性能好的玻璃幕墙组成，其外层通常为单层玻璃幕墙，其空气间层宽度一般为 400～1500mm 之间。其主要特点是利用吸收太阳辐射热后形成的烟囱效益，驱动夹层空间与室外进行换气，利用设置在外层立面上的开口调节间层的通风状况，从而达到减小太阳辐射得热的目的，具有较好的通风效果。

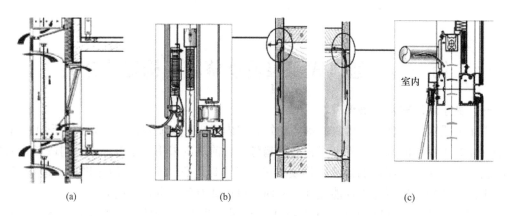

图 2.1-2　不同类型双层玻璃幕墙构造
(a) 外循环自然通风；(b) 外循环机械通风；(c) 内循环机械通风

三、双层玻璃幕墙的特点

双层玻璃幕墙由内外两层立面构造组成，形成一个室内外之间的空气缓冲层。外层可由明框、隐框或点支式幕墙构成。内层可由明框、隐框幕墙或具有开启扇和检修通道的门窗组成。也可以在一个独立支承结构的两侧设置玻璃面层，形成空间距离较小的双层立面构造。双层玻璃幕墙结构均具有通风间层和可调节的遮阳百叶，因此，可以通过调整双层玻璃幕墙间层的遮阳百叶以及间层通风效果，改变太阳辐射能量的透过，协调冬季需要太阳得热而夏季需要遮阳隔热的矛盾；通过调节内、外层幕墙上的开口，可以改变过渡季节建筑物对自然通风的不同需求；通过调整间层内百叶的角度，可以解决玻璃幕墙夏季时既需要自然采光又需要遮阳隔热的矛盾，保温隔热性能优良[5]。

根据双层玻璃幕墙的特点，调节双层玻璃幕墙的热工性能参数，通过通道的选择、通风方式的确定，可以减小建筑物能耗，达到建筑节能的目的。

第二节　遮阳百叶的控制策略

建筑中如安装了可调节遮阳百叶，则需要对其控制策略进行优化研究。本节以可调节遮阳白叶为例，研究如何综合解决遮阳、采光的节能和改善室内光环境的矛盾。即根据太阳位置的变化和室内对热的需求情况的不同来自动调节百叶的偏转角度，使得采光和遮阳都能达到比较好的效果。

利用 Desktop Radiance 软件，以清华大学建筑节能研究中心办公楼（以下简称"超低能耗示范楼"）为研究对象，通过模拟不同时间段、不同天气状况、不同百叶偏转角度下室内的采光情况，并综合考虑建筑对百叶遮阳要求的情况，提出一套全年不同时刻百叶偏转角度的控制策略。最后尝试对一种新型的自下往上升的百叶帘遮阳系统的效果进行分析。

一、模拟对象简介

超低能耗示范楼共使用了三种形式的遮阳外百叶，分别是东立面的水平百叶和垂直百叶以及南立面的垂直百叶（图 2.2-1），百叶的宽度为 600mm，间距也为 600mm。百叶的偏转角度可以 0°～180°调节。百叶材料为灰色铝板，反射率设定为 0.5。

二、采光模拟软件简介

常用的采光模拟软件有德国的 ADELIN、美国劳伦斯伯克利实验室开发的 SUPERLITE 和 Radiance。其中 Radiance 软件应用较广，许多能

图 2.2-1 节能楼外观图

耗预测软件的采光计算模块均在 Radiance 核心计算程序的基础上开发，例如 DOE-2.1E、EnergyPlus、Ecotect、Daysim 等。Radiance 软件由美国劳伦斯伯克利实验室开发，是建立在 AUTO CAD 画图软件上的一套采用 CIE 标准天空模型对室内的天然采光进行模拟计算的软件。前人做过 Radiance 软件计算结果的实验验证，结果表明 Radiance 软件的计算结果与实际情况能较好的吻合，所以在之后的分析中也采用 Radiance 软件来进行室内采光的模拟[6]。

按照实际图纸利用 Ecotect 软件搭建节能楼模型，如图 2.2-2 所示。模拟两个房间的情况，如图 2.2-3 中的房间 1 和房间 2。其中房间 1（20m×8m）东立面装有垂直外百叶，房间 2（12m×7.2m）的东立面和南立面均装有水平外百叶。为了更有效地分析不同朝向百叶对室内采光的影响情况，在模拟房间 2 时，关闭某一朝向的百叶以便于分析另一个朝向的百叶。

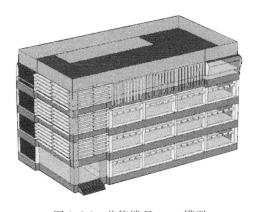

图 2.2-2 节能楼 Ecotect 模型

图 2.2-3 平面房间示意

模拟两种天空模型下的室内照度分布情况，分别为 CIE 标准晴天模型和 CIE 标准阴天模型[7]。

三、模拟结果

（一）东立面水平百叶模拟结果

1. 夏至日（6 月 22 日）

（1）晴天工况

百叶的控制是否合理，主要看它对太阳辐射的遮挡情况以及对室内自然采光的影响情

况。对太阳辐射的遮挡可以通过百叶的透过率这个参数来衡量，相对较简单。而室内自然采光的效果的评价则相对较复杂，这主要包括两个方面：一是照度能否满足人员工作的最低需求，二是照度的分布是否均匀，有没有出现局部区域照度值特别大的情况。下面就分别从这三个方面入手来分析百叶的偏转角度对各自的影响情况。

1）照度分布均匀性

简单来说，照度分布的均匀性主要是受直射光的影响。图 2.2-4 是上午 10 点百叶张角分别在 60°（即水平向下偏转 30°）和 120°（即水平向上偏转 30°）时室内照度的分布情况。

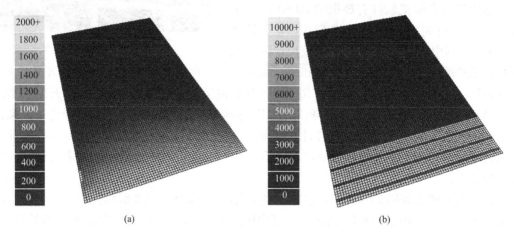

图 2.2-4　不同百叶张角下室内照度分布情况

(a) 百叶张角为 60°；(b) 百叶张角为 120°

由图可以看出，如果百叶能挡住太阳直射光入射，室内的照度分布比较均匀，随着距离窗的距离增加，照度值逐渐减小。但如果有直射光穿过百叶进入室内，则直射光照射处的照度值会达到几万 lx，远高于周围的照度值，形成明显的"亮斑"，会影响使用者工作。所以为了提高室内照度分布的均匀性，百叶的偏转角度应该首先保证遮挡太阳直射光。

对于水平百叶而言，能否遮挡直射光入射取决于太阳的高度。如图 2.2-5 所示，太阳入射方向在所选朝向上的高度角为 β'，则当百叶的张角为 α 时，能刚好遮挡住太阳光的直射部分。因此为了遮挡直射光，百叶的张角不应大于 α。根据几何关系容易得到，$\alpha=2\beta'$，即百叶张角的下限值为太阳在该朝向的高度角的 2 倍。

图 2.2-6 显示了太阳在某朝向上的高度角 β' 与太阳高度角 β 的关系，即

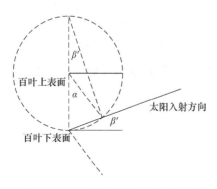

图 2.2-5　百叶张角与太阳高度角关系

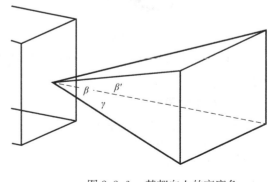

图 2.2-6　某朝向上的高度角

$$\tan\beta' = \frac{\tan\beta}{\cos\gamma} \qquad (2.2\text{-}1)$$

式中，γ 为太阳在水平方向上的投影与该朝向法线的夹角。

得到了 β' 与太阳位置的关系后，就可以根据不同时刻太阳的位置求出百叶张角的上限值 α。

表 2.2-1 是夏至日东立面方向不同时刻的太阳高度角 β' 以及对应的水平百叶张角的上限值。

东立面太阳高度角与百叶张角上限（夏至日）　　表 2.2-1

时刻	8：00	9：00	10：00	11：00	12：00
太阳东立面法线方向高度角（°）	37.4	49.3	62.1	75.8	90.0
百叶张角上限值（°）	74.8	94.6	124.2	151.6	180.0

2）百叶的透过率

建筑不同季节对冷热的需求也不同，所以对百叶的透过率的要求也不一样。夏季，建筑需要散热，所以希望百叶能尽可能地遮挡太阳辐射，透过率尽量小；而冬季，建筑需要得热，所以希望百叶在满足采光要求的同时，尽可能的让太阳辐射进入室内，提高百叶透过率。

图 2.2-7 是夏至日东立面水平百叶不同时刻、不同张角时的透过率。可以看出，当没有太阳直射光透过时，百叶透过率与百叶张角基本呈线性关系增加，当出现太阳直射光透过时，透过率陡然增大。所以从遮挡辐射的角度出发，百叶的张角越小越好。

3）室内照度水平

百叶张角越小，越有利于遮挡太阳辐射，但同时也会降低室内采光效果，使得室内照度不足[8]。图 2.2-8 是上午 10 点不同百叶张角下距离外窗不同距离的照度平均值。可以看出，百叶的张角越大，室内的照度值也越高。从图中还可以看出，百叶张角的变化对距离窗口 6m 内的影响较明显，对于 6m 外的影响较小。所以在后面的分析中，以距离窗口 6m 内的范围为对象。

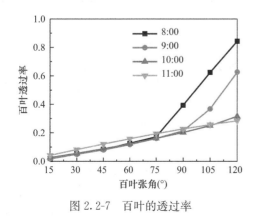

图 2.2-7 百叶的透过率

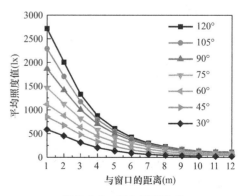

图 2.2-8 室内照度分布

《建筑采光设计标准》GB/T 50033—2013[9] 有不同类型建筑自然采光情况下照度的下限值的规定，对于办公建筑，室内天然光临界照度为 $100\sim150\text{lx}$。随着照度的增加，视功能疲劳的现象会得以改善。由于该建筑为学习研究场所，使用者会长时间接触书本和电脑显示屏，故对照度的要求会有所提高。为此，本章取300lx作为照度下限值标准。

对室内照度水平的评价可以用室内照度满足率这个参数，其定义如式（2.2-2）：

$$A = \frac{S_{E300+}}{S_{total}} \cdot 100\%$$ （2.2-2）

式中，A为照度满足率；S_{E300+}为照度值大于300lx部分的面积；S_{total}为评价的总面积，如前所述，是在距离窗口6m范围内的。

图2.2-9（a）是夏至日上午8：00～12：00照度满足率与百叶张角的关系曲线。可以看出，照度满足率基本上是随着百叶张角增大而呈线性关系增大的，即百叶张角越大，照度满足率也越大。所以单从满足室内照度水平的要求来说，百叶张角越大越好。但是百叶张角越大，对太阳辐射的遮挡效果也越差。为了综合考虑这两个方面的效果，规定照度满足率达到80%的时候，就判断为满足采光要求，百叶张角无须进一步增大。由此得到上午各时刻百叶张角的最佳值如表2.2-2所示，基本上9：00以后每隔1h百叶的张角增大10°。

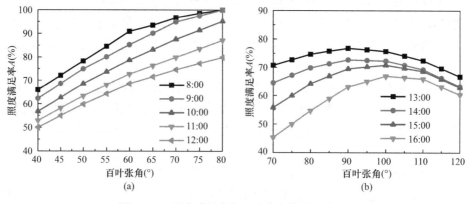

图2.2-9 照度满足率与百叶张角关系（晴天）

（a）上午时刻；（b）下午时刻

满足室内采光的百叶最佳偏角　　　　　　　　　　　　表2.2-2

时刻	8：00	9：00	10：00	11：00	12：00
百叶张角（°）	51.3	54.9	61.5	70.1	80.3

对比表2.2-1和表2.2-2，如果表2.2-2的数值小于表2.2-1中的对应值，则表2.2-2中的值就是百叶的最佳张角。如果表2.2-1的数值小于表2.2-2的对应值，则为了防止直射光入射，取表2.2-1的值。

到了下午，没有太阳光直射东立面，所以就不会出现局部照度值过大的情况，这时只用考虑室内照度水平和透过率这两个因素。图2.2-9（b）是下午13：00～16：00不同百叶张角下室内照度满足率情况。可以看出照度满足率最大值出现在张角为90～100°的时候，随着时间的推移，张角值略有增加。同时发现，下午室内照度满足率都没有超过80%，考虑到下午东立面没有直射辐射照射，总辐射量相对小很多（图2.2-10），而且不同百叶张角对透过率的影响不明显（图2.2-11），所以可以不考虑对遮阳的要求，而只需控制百叶张角，使其尽可能的提高室内照度满足率。

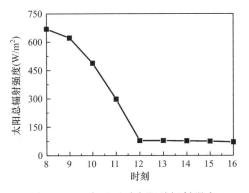

图 2.2-10　全天逐时太阳总辐射强度

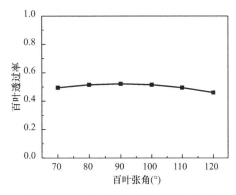

图 2.2-11　百叶透过率与张角的关系

同时考虑到百叶张角实际的可控性（每次调节值为 10°）和操作的难易程度（不宜频繁调节），就可以得到夏至日晴天工况东立面水平百叶全天的控制角度，如表 2.2-3 所示，上午时间推移 1h，百叶张角增大 10°，下午百叶张角维持在 100°，晚上百叶调到水平状态，以利于夜间开窗通风。

全天百叶张角控制策略（夏至日）　　　　　　　　　　　　　表 2.2-3

时刻	8：00	9：00	10：00	11：00	12：00	13：00	14：00	15：00	16：00
百叶张角（°）	50	60	70	80	90	100	100	100	100

（2）阴天工况

阴天情况下，由于没有太阳直射辐射，所以不会出现局部照度过大的情况，而且太阳辐射量较小，所以也不用考虑对遮阳的要求，主要关心室内照度水平。

图 2.2-12 是阴天的上午不同百叶张角下的室内照度满足率，下午的结果与上午是对称的。从图中可以看出，阴天情况下室内照度满足率最大值出现在百叶张角约为 110°时。这是因为 CIE 全阴天模型天空亮度分布是越靠近天顶亮度值越大，所以百叶从水平位置向上偏转会增大室内照度。但同时百叶越往上偏转，外窗对天空的角系数也越小，所以会减小室内照度。综合考虑这两个因素，阴天时百叶张角在 110°时室内照度满足率越高，所以阴天情况下百叶张角应调节为 110°。

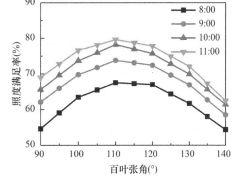

图 2.2-12　照度满足率与百叶张角的关系（阴天）

2. 冬至日（12 月 21 日）

（1）晴天工况

冬季与夏季相比，同样需要遮挡太阳直射以避免出现局部"光斑"，同样需要使室内的照度值大于 300lx 以满足人员使用需求，不同的是夏季需要尽量遮挡太阳辐射，而冬季则尽量希望获得太阳辐射。这就使得对于夏季来说是矛盾关系的遮阳与采光，在冬季成为一致关系了。所以冬季百叶控制相对较简单，即将百叶调整到刚好遮挡住直射光即可。表 2.2-4 就是冬至日东立面方向不同时刻的太阳高度角 β' 以及对应的水平百叶张角的上限值。可看出，冬季早上 8、9 点时太阳高度角很低，所以使得百叶张角很小时才能挡住太阳直射。

东立面太阳高度角与百叶张角上限（冬至日）　　　　　　表 2.2-4

时刻	8：00	9：00	10：00	11：00	12：00
太阳东立面法线方向高度角（°）	7.2	20.9	34.1	61.1	90.0
百叶张角上限值（°）	14.5	41.8	76.3	122.3	180.0

　　而对于下午，按同样的方法计算得到百叶的最佳张角为 110°，比夏季增大了 10°。这样就可以得到冬至日晴天工况东立面水平百叶全天的控制角度，如表 2.2-5 所示。上午按照表 2.2-4 中百叶张角上限值选取最接近的一个整数角度，下午维持在 110°，晚上关闭百叶，减少天空背景辐射散热。

全天百叶张角控制策略（冬至日）　　　　　　表 2.2-5

时刻	8：00	9：00	10：00	11：00	12：00	13：00	14：00	15：00	16：00
百叶张角（°）	10	40	70	120	110	110	110	110	110

　　（2）阴天工况

　　同样按照前面的方法来分析计算，发现当百叶张角为 120°时，室内照度水平最好。所以阴天白天百叶张角应调节为 120°，晚上关闭百叶。

　　（二）南立面水平百叶模拟结果

　　1. 夏至日（6 月 22 日）

　　（1）晴天工况

　　分析方法同东立面水平百叶。首先通过遮挡直射光来找出百叶张角的上限值，然后通过室内照度水平来找出适合采光的百叶张角，最后在两者之前取较小的那个值，就是百叶应该控制的角度。

　　表 2.2-6 即夏至日南立面方向不同时刻的太阳高度角 β' 以及对应的水平百叶张角的上限值。可以看出，由于太阳在南立面法线方向高度角大，所以对百叶的张角几乎没有限制。

南立面太阳高度角与百叶张角上限（夏至日）　　　　　　表 2.2-6

时刻	8：00	9：00	10：00	11：00	12：00
太阳南立面法线方向高度角（°）	84.6	82.0	77.1	74.7	73.9
百叶张角上限值（°）	177.1	164.0	154.2	149.4	147.9

　　图 2.2-13 是百叶不同时刻、不同张角时的透过率。可以看出除了 8：00 外，百叶透过率基本是随着百叶张角增大而线性增大的。8：00 时由于基本没有直射光照射南立面，所以百叶主要遮挡散射辐射，而 90°时百叶系统对天空的角系数最大，所以上午 8：00 之前张角为 90°时百叶透过率最大。

　　图 2.2-14 是上午 10：00 百叶不同张角时室内距离窗口不同位置处的平均照度值，也是离窗口距离越大，照度值越小。但对比图 2.2-8 可以看出，南立面水平百叶遮阳的室内照度变化比东立面要平缓。

　　图 2.2-15 是上午各时刻不同百叶张角时室内照度满足率的情况。下午的结果和上午是对称的。由此可以得到夏至日晴天工况下南立面水平百叶应选取的张角，如表 2.2-7 所示。

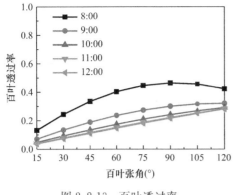

图 2.2-13 百叶透过率

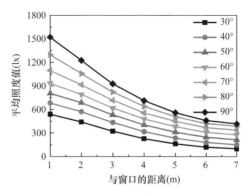

图 2.2-14 室内照度分布

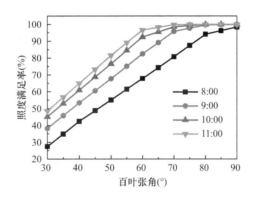

图 2.2-15 照度满足率与百叶张角关系（晴天）

全天百叶张角控制策略（夏至日） 表 2.2-7

时刻	8：00	9：00	10：00	11：00	12：00	13：00	14：00	15：00	16：00
百叶张角（°）	70	60	50	50	50	50	60	70	80

（2）阴天工况

分析结果同东立面一样，百叶张角为 110°时室内照度最好，这是因为所用的 CIE 全阴天天空亮度分布模型中，天空亮度只与天空元素高度角有关，与朝向没有关系。

2. 冬至日（12 月 21 日）

（1）晴天工况

表 2.2-8 是百叶张角的上限值，同样可以看出，由于冬季太阳高度角低，所以百叶的张角不能太大。下午的情况和上午是对称的，这里就不再列出。

南立面太阳高度角与百叶张角上限（冬至日） 表 2.2-8

时刻	8：00	9：00	10：00	11：00	12：00
太阳南立面法线方向高度角（°）	9.6	19.0	23.9	26.3	27.1
百叶张角上限值（°）	19.2	34.0	47.8	52.6	54.2

由此可以得到冬至日晴天工况下南立面水平百叶应选取的张角，如表 2.2-9 所示。

全天百叶张角控制策略（冬至日）								表 2.2-9
时刻	8：00	9：00	10：00	11：00	12：00	13：00	14：00	15：00	16：00
百叶张角（°）	20	30	40	50	50	40	30	20	10

（2）阴天工况

分析结果同东立面一样，百叶张角为120°时室内照度最好。

（三）东立面垂直百叶模拟结果

1. 夏至日（6月22日）

（1）晴天工况

同水平百叶的分析评价方法一样，仍是从照度分布均匀性、提高室内照度和较好的遮阳效果这三个角度来分析。

水平百叶能否遮挡住直射光，主要取决于太阳的高度角，而垂直百叶能否遮挡住直射光，则主要取决于太阳的方位角。如图 2.2-16 和图 2.2-17 所示，γ 为太阳在水平面上的投影与该朝向法线的夹角，则当百叶的张角 $\alpha \geqslant 180° - 2\gamma$ 时，百叶能挡住直射光，所以 $180° - 2\gamma$ 即垂直百叶遮挡直射光的张角下限值。

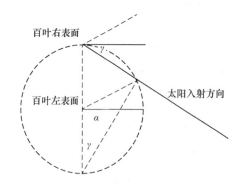 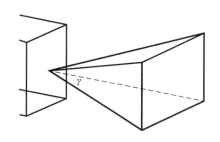

图 2.2-16　百叶张角与太阳方位夹角的关系　　图 2.2-17　太阳水平投影与立面法线夹角

表 2.2-10 是夏至日不同时刻的太阳在水平面上的投影与东立面法线的夹角 γ 以及对应的垂直百叶张角的下限值。可以看出，由于上午太阳几乎是直射东立面，所以为了遮挡直射光，9点之前百叶基本呈关闭状态，这也使得室内照度满足率很低。

东立面太阳方位夹角与百叶张角下限（夏至日）					表 2.2-10
时刻	8：00	9：00	10：00	11：00	12：00
太阳水平面投影与东立面法线夹角（°）	1.1	9.3	23.4	47.2	90.0
百叶张角下限值（°）	177.8	161.5	133.2	85.5	0.0

图 2.2-18（a）是上午不同时刻、不同百叶张角下室内照度满足率情况，也可看出，如果使 11：00 以前室内照度满足率大于80%，则百叶张角都会小于表 2.2-10 中的下限值，即会有直射光进入而造成眩光。

图 2.2-18（b）是下午不同时刻、不同百叶张角下室内照度满足率情况。在 80°～90°时室内照度满足率最高，随着时间的推移，张角值略有增加。所以为了保证室内有良好的自然采光，百叶的张角宜控制在 90°。

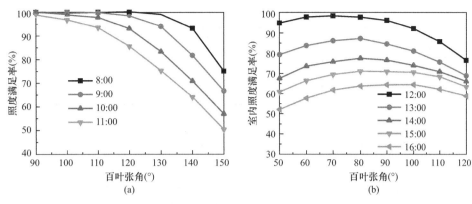

图 2.2-18 照度满足率与百叶张角关系（晴天）

(a) 上午时刻；(b) 下午时刻

这样就得到夏至日全天东立面垂直百叶张角的控制策略，如表 2.2-11 所示，即 11：00 以前每过 1h 百叶打开 20°，12：00 以后百叶保持平行于墙面法线方向即可。

全天百叶张角控制策略（夏至日）   表 2.2-11

时刻	8：00	9：00	10：00	11：00	12：00	13：00	14：00	15：00	16：00
百叶张角（°）	180	160	140	120	90	90	90	90	90

（2）阴天工况

图 2.2-19 是阴天上午不同百叶张角下的室内照度满足率，下午的结果与上午是对称的。对于阴天情况，东立面的垂直百叶的张角对室内照度影响不明显，百叶平行于墙面法线方向时室内采光效果最好，因为此时百叶系统对天空的角系数最大。所以阴天时垂直百叶调整到垂直于墙面时即可。对比图 2.2-12 和图 2.2-19 可以看出，同样是阴天情况，水平百叶的室内采光效果要稍好于垂直百叶。

2. 冬至日（12 月 22 日）

（1）晴天工况

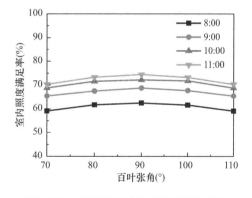

图 2.2-19 照度满足率与百叶张角的关系（阴天）

表 2.2-12 是冬至日不同时刻太阳在水平面上的投影与东立面法线的夹角 γ 以及对应的垂直百叶张角的下限值。由于冬季太阳升起时方位角较夏季小，所以百叶的张角下限值较夏季要大，室内采光效果也较夏季要好。

东立面太阳方位夹角与百叶张角下限（冬至日）   表 2.2-12

时刻	8：00	9：00	10：00	11：00	12：00
太阳水平面投影与东立面法线夹角（°）	37.0	44.0	60.5	74.7	90.0
百叶张角下限值（°）	106.0	84.1	54.9	30.5	0.0

同样方法计算得到下午时刻百叶的最佳张角为 90°，这样就得到冬至日全天东立面垂直百叶张角的控制策略，如表 2.2-13 所示。

全天百叶张角控制策略（冬至日）　　　表 2.2-13

时刻	8：00	9：00	10：00	11：00	12：00
百叶张角（°）	110	90	60	30	90
时刻	13：00	14：00	15：00	16：00	
百叶张角（°）	90	90	90	90	

（2）阴天工况

分析结果同夏至日情况，百叶张角为 90°时室内照度最好。

（四）控制策略及实现过程

对于其他月份的控制策略，分析方法同夏至日和冬至日，同样从室内照度分布均匀性、室内照度水平和遮阳这三个因素来综合考虑。当建筑需要散热时，百叶控制在尽量满足室内照度的角度；当建筑需要得热时，百叶控制在遮挡太阳直射的百叶张角的限值；当建筑既不需要热也不需要冷时，百叶控制在采光最佳角度和遮挡直射光限值角度之间某个值。

对于节能楼而言，其全年需要得热的区间为 12～2 月，需要散热的区间为 5～9 月。这样就可以得到其全年各个月典型日不同天气情况、不同朝向和形式的百叶的张角的控制策略，详见表 2.2-14～表 2.2-19。

晴天工况东立面水平百叶张角选取（单位：°）　　　表 2.2-14

月份＼张角＼时间	8：00	9：00	10：00	11：00	12：00	13：00	14：00	15：00	16：00	其他
1 月	20	40	80	120	110	110	110	110	110	0
2 月	30	60	90	130	110	110	110	110	110	0
3 月	40	70	90	90	90	110	110	110	110	0
4 月	50	60	70	80	90	100	100	100	100	90
5 月	50	60	70	80	90	100	100	100	100	90
6 月	50	60	70	80	90	100	100	100	100	90
7 月	50	60	70	80	90	100	100	100	100	90
8 月	50	60	70	80	90	100	100	100	100	90
9 月	40	70	90	90	90	110	110	110	110	90
10 月	30	60	90	90	90	110	110	110	110	90
11 月	20	40	80	120	110	110	110	110	110	0
12 月	10	40	70	120	110	110	110	110	110	0

阴天工况东立面水平百叶张角选取（单位：°）　　　表 2.2-15

月份＼张角＼时间	8：00	9：00	10：00	11：00	12：00	13：00	14：00	15：00	16：00	其他
1 月	120	120	120	120	120	120	120	120	120	0
2 月	120	120	120	120	120	120	120	120	120	0
3 月	120	120	120	120	120	120	120	120	120	0
4 月	110	110	110	110	110	110	110	110	110	90
5 月	110	110	110	110	110	110	110	110	110	90

月份 \ 时间 张角	8：00	9：00	10：00	11：00	12：00	13：00	14：00	15：00	16：00	其他
6 月	110	110	110	110	110	110	110	110	110	90
7 月	110	110	110	110	110	110	110	110	110	90
8 月	110	110	110	110	110	110	110	110	110	90
9 月	110	110	110	110	110	110	110	110	110	90
10 月	120	120	120	120	120	120	120	120	120	90
11 月	120	120	120	120	120	120	120	120	120	0
12 月	120	120	120	120	120	120	120	120	120	0

晴天工况南立面水平百叶张角选取（单位：°） 表 2.2-16

月份 \ 时间 张角	8：00	9：00	10：00	11：00	12：00	13：00	14：00	15：00	16：00	其他
1 月	30	40	50	60	60	60	50	40	30	0
2 月	60	70	70	80	80	80	70	70	60	0
3 月	100	100	100	100	100	100	100	100	100	0
4 月	90	90	90	90	90	90	90	90	90	90
5 月	70	60	50	50	50	50	60	70	80	90
6 月	70	60	50	50	50	50	60	70	80	90
7 月	70	60	50	50	50	50	60	70	80	90
8 月	70	60	50	50	50	50	60	70	80	90
9 月	70	60	50	50	50	50	60	70	80	90
10 月	60	70	70	80	80	80	70	70	60	90
11 月	30	40	50	60	60	60	50	40	30	0
12 月	20	30	40	50	50	40	30	20	10	0

阴天工况南立面水平百叶张角选取（单位：°） 表 2.2-17

月份 \ 时间 张角	8：00	9：00	10：00	11：00	12：00	13：00	14：00	15：00	16：00	其他
1 月	120	120	120	120	120	120	120	120	120	0
2 月	120	120	120	120	120	120	120	120	120	0
3 月	120	120	120	120	120	120	120	120	120	0
4 月	110	110	110	110	110	110	110	110	110	90
5 月	110	110	110	110	110	110	110	110	110	90
6 月	110	110	110	110	110	110	110	110	110	90
7 月	110	110	110	110	110	110	110	110	110	90
8 月	110	110	110	110	110	110	110	110	110	90
9 月	110	110	110	110	110	110	110	110	110	90
10 月	120	120	120	120	120	120	120	120	120	90
11 月	120	120	120	120	120	120	120	120	120	0
12 月	120	120	120	120	120	120	120	120	120	0

晴天工况东立面垂直百叶张角选取（单位：°）　　　　　表 2.2-18

月份＼张角＼时间	8：00	9：00	10：00	11：00	12：00	13：00	14：00	15：00	16：00	其他
1 月	110	90	60	30	90	90	90	90	90	0
2 月	130	100	70	40	90	90	90	90	90	0
3 月	140	120	90	50	90	90	90	90	90	0
4 月	160	140	110	90	90	90	90	90	90	90
5 月	180	150	130	120	90	90	90	90	90	90
6 月	180	160	140	120	90	90	90	90	90	90
7 月	180	150	130	120	90	90	90	90	90	90
8 月	160	140	110	110	90	90	90	90	90	90
9 月	140	130	120	110	90	90	90	90	90	90
10 月	130	100	70	40	90	90	90	90	90	90
11 月	110	90	60	30	90	90	90	90	90	0
12 月	110	90	60	30	90	90	90	90	90	0

阴天工况东立面垂直百叶张角选取（单位：°）　　　　　表 2.2-19

月份＼张角＼时间	8：00	9：00	10：00	11：00	12：00	13：00	14：00	15：00	16：00	其他
1 月	90	90	90	90	90	90	90	90	90	0
2 月	90	90	90	90	90	90	90	90	90	0
3 月	90	90	90	90	90	90	90	90	90	0
4 月	90	90	90	90	90	90	90	90	90	90
5 月	90	90	90	90	90	90	90	90	90	90
6 月	90	90	90	90	90	90	90	90	90	90
7 月	90	90	90	90	90	90	90	90	90	90
8 月	90	90	90	90	90	90	90	90	90	90
9 月	90	90	90	90	90	90	90	90	90	90
10 月	90	90	90	90	90	90	90	90	90	90
11 月	90	90	90	90	90	90	90	90	90	0
12 月	90	90	90	90	90	90	90	90	90	0

这样就可以得到智能百叶自动调节的控制过程，如图 2.2-20 所示。首先根据天空散射辐射量和直射辐射量的比例判断出天空状况是更接近于晴天还是阴天，然后根据日期、时间、朝向以及百叶形式的不同按照表 2.2-14～表 2.2-19 中相应的值来确定百叶的张角，如果选择的是自动模式，则将该张角选取值传达给执行器以执行，如果考虑到视野的要求，选择手动调节模式，则判断手动选取的角度是否能满足采光和遮挡直射光的要求，如果能满足就执行，如果不能满足，则提示或警告使用者是否执行。

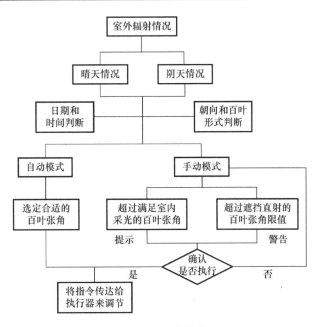

图 2.2-20 百叶调节的控制过程

四、自下向上升百叶系统的尝试

节能楼东立面的宽通道双层皮幕墙中计划尝试安装一种自下往上升的百叶系统。与屋顶一定距离的外层玻璃内安装金属反光板，其作用是将太阳光反射到室内顶棚上，然后再经顶棚折射进入室内，以加强天然采光的深度和提高室内的照度。靠近内层玻璃处安装一种自下向上升的电动遮阳百叶帘，可以根据太阳的位置来调节百叶帘的提升高度以遮挡太阳直射。相对于传统的自上向下落的百叶遮阳帘，该百叶系统不仅可以利用上方的反光板来提高室内照度，自下而上的设计还可以根据需求来调节百叶的遮挡高度，这样可以给人以良好的视野[10]。

下面以冬至日晴天工况为例，说明这种百叶系统的使用效果。表 2.2-20 是根据不同时刻遮挡直射光的要求而选择的百叶帘的提升高度。可以看到，9：00 之后，这种自下向上升的百叶帘就可以在满足遮挡直射光的条件下，而不影响室内人员的视野，如果使用普通的自上而下的百叶帘，则会因为遮挡直射光的需求而遮挡人员的视线。

冬至日不同时刻百叶帘的提升高度 表 2.2-20

时刻	8：00	9：00	10：00	11：00
百叶帘高度（m）	2.0	1.8	1.4	0.5

图 2.2-21 是上午不同时刻室内距离外窗不同距离处的平均照度值。可以看出，各时刻基本都能满足室内照度在 300lx 以上，照度水平良好。但同时也能发现，某些时刻室内出现了直射光斑，这是因为部分太阳直射光通过挡板上面的空间直接进入室内。直射光的进入会使得部分区域出现眩光，影响使用者的工作。为了解决这个问题，可以将百叶帘的上行止位置以上的玻璃选为遮光玻璃，或在玻璃表面贴一层半透明膜，其作用是将直射光变为散射光，从而避免眩光的出现。

图 2.2-22 是不同形式的遮阳在冬至日这一天全天室内采光满足度的对比情况，其中

水平百叶和垂直百叶都是按照刚好能遮挡直射光来选择百叶张角的。可以看出，上午10：00 之前，自下而上的百叶帘对室内的采光效果好于自上而下的百叶帘，而 10：00 以后两者的采光效果差不多，但是自下而上的百叶帘可以给使用者提供更好的视野环境。相比而言，上午 10：00 之前水平活动百叶由于要遮挡直射辐射而几乎处于关闭状态，所以室内的采光效果差；垂直活动百叶虽然在上午能取得较好的采光效果，但是下午由于百叶片的存在限制了外窗对天空的角系数，所以采光效果不如百叶片可以全部收起的自下而上或自上而下的百叶帘，同样，水平活动百叶也存在相同的问题。

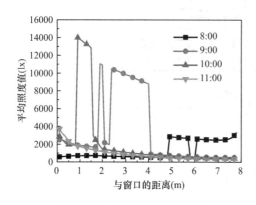

图 2.2-21　室内照度分布情况

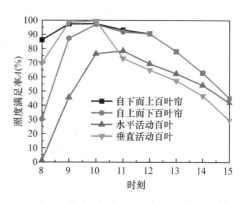

图 2.2-22　不同形式的遮阳采光效果比较

第三节　双层玻璃幕墙被动式太阳能技术

一、太阳能热利用技术

近 20 年来，国外工业发达国家和一些发展中国家都非常重视太阳能建筑技术的发展。其共同特点是都以太阳能的热利用技术开发和应用起步。至 20 世纪中后期，太阳能热水器等太阳能产品在一些国家的技术已很成熟，并在住宅小区中开始广泛推广使用。在太阳能产品的产业化、商业化、建材化等方面也取得了可喜的成果。美国在大力开发利用太阳能光热发电、光伏发电、太阳能建材化、太阳能建筑一体化、产品化等方面均处于世界领先水平。美国电力供应部和能源部合作推出太阳能建材化产品，如住宅屋顶太阳能屋面板、窗帘式墙壁等产品。日本、欧洲各国也出台了多项政策全力支持太阳能等新能源的发展，并积极推行"太阳能房屋计划"。

太阳能与建筑一体化是建筑低碳发展的有效途径和必然要求，其作为太阳能热利用的高端应用领域之一备受行业内外瞩目，俨然已经成为发展节能建筑的必然趋势，更得到了政府的人力支持。太阳能与建筑一体化可以把太阳能的利用纳入环境的总体设计，把建筑、技术和美学融为一体。太阳能设施成为建筑的一部分，相互间有机结合，取代传统太阳能的结构所造成的约束。在国内建筑行业中，建筑幕墙现已成为建筑外围护结构和建筑外立面的主要装饰手段，玻璃幕墙技术促使它易于与太阳能技术相结合。对于与建筑一体化的太阳能光热产品及系统的设计与施工，有着重要的指导意义[11,12]。

二、双层幕墙和被动式太阳能技术利用的有机集成

在冬季，双层玻璃幕墙外层幕墙的进出风口和内层幕墙的窗扇都保持关闭，通道

形成了一个缓冲层，从而减少内层幕墙的向外传热量；在夏季，外层幕墙的进出风口保持开启，百叶帘在白天大部分时间都降下来。通道内的空气被晒热的百叶显著加热，形成明显的垂直温度梯度，从而产生稳定的热压通风；在过渡季节，在白天室外气温适宜时打开内层幕墙，自然通风可以带走室内的多余热量，从而减少空调的使用。

外循环通风式双层幕墙运行管理科学合理，可达到良好的室内物理环境，提高住宅保温、隔热和隔声性能，满足室内环境舒适度的要求。根据清华大学袁圆的研究结论，北京地区双层幕墙全年运行合理的调节策略见表 2.3-1。

北京地区双层幕墙全年运行调节策略　　　　　　　　表 2.3-1

运行时间	调节措施			图例（解释）
第 1~9 周	白天		关闭全部开口，百叶收起或落下防眩光，室内照度最大	
	夜间		关闭全部开口，百叶落下	
第 10~15 周	白天		外开口打开，百叶落下防眩光，室内照度满足范围	
	夜间		外开口打开，百叶收起	
第 16~42 周	白天	百叶落下，室内照度最小	当 $T_w < T_n - 5℃$ 时，打开内外开口	
			当 $T_w \geq T_n - 5℃$ 时，仅开外开口	
	夜间	百叶收起	当 $T_w < T_n$ 时，打开内外开口	
			当 $T_w \geq T_n$ 时，关闭内外开口	
第 43~47 周	白天		关闭全部开口，百叶落下防眩光，室内照度满足范围	
	夜间		关闭全部开口，百叶落下	
第 48~52 周	白天		关闭全部开口，百叶收起或落下防眩光，室内照度最大	
	夜间		关闭全部开口，百叶落下	

注：由于夹层温度通常要比外温高 3~5℃，因此在白天的运行工况中，当 $T_w < T_n - 5℃$ 时才打开内外层幕墙的开口进行建筑与外界的自然通风。

充分利用双层幕墙与被动式太阳能技术的双重功能及特点，并吸取科学合理外循环通风式双层幕墙运行管理经验，创造良好的室内物理环境，在低成本的前提下，提高农宅保温、隔热和隔声性能，满足室内环境舒适度的要求。针对适合于北京农村的双层玻璃幕墙被动式太阳能利用技术进行研究，根据双层玻璃幕墙全年运行合理的调节策略，结合北京农村住宅现状，以改善农民生活环境、提高室内热舒适性为目的，运用生态的思想进行建筑设计研究。

（一）热压通风分析

双层玻璃幕墙被动式太阳能利用技术，本着低成本、低运行费用的原则，实现冬季提高建筑围护结构的保温性能，减少供暖热损失；夏季和过渡季，充分利用通过热压通风的方式改善室内热环境。采用太阳房结构，合理设计通风系统，解决华北地区村镇住宅室内热环境质量的问题，在降低空调电耗的同时，为居民创造一个健康舒适的居住环境。

为了达到低碳运行的目的，建筑夏季利用热压进行室内通风。图 2.3-1 所示为热压通风的基本原理。空间内空气被热源加热后，温度上升，密度降低，从而往上升。如果在建筑顶部和底部开口，被加热的空气会从顶部开口离开空间，而外界空气会从底部开口进入该空间。如此循环，室外空气就源源不断地通过该空间，带走热量。

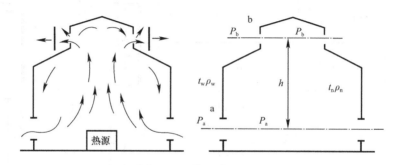

图 2.3-1　热压通风原理

注：a—进风口；b—排风口；h—进、排风口中心线间的垂直距离；t_w、t_n—室内、外空气温度；ρ_w、ρ_n—室内、外空气密度；P_a、P_b—进、排风口压力。

（二）示范项目概况

利用新型外窗、外墙和屋顶材料，进行合理的平面布局，通过被动式太阳能利用技术和双层玻璃幕墙技术的有机集成，减少冬季供暖负荷，改善室内热环境质量。

该建筑物为一合院式示范住宅，总建筑面积为 $331.5m^2$，其中庭院建筑面积约为 $68m^2$。图 2.3-2 为示范工程的建筑设计图，图 2.3-3 为其三维图。建筑的东、西、南侧设计为一层，北侧设计层数为两层，一层由南侧偏东设有户门，门厅连接庭院及厨房，南侧西为卧室及书房，西房设客卧及杂物间，东房为厨房及餐厅，一层北房为客厅及两间卧室，卧室与客厅相连又靠近餐厅（供老人使用），南房西侧设通向二层的楼梯，二层设有两间卧室及家庭室。通廊与东侧主卧的南墙全部由中空玻璃的幕墙围合，东、西两侧各设有通向露台的玻璃门，供居住者通往露台乘凉及进行其他活动，平屋顶南侧设计为种植屋面。

南向玻璃幕墙通廊热压通风设计，夏季促进通廊通风、南向玻璃幕墙内设遮阳、二层房间南向设有由中空玻璃构成的玻璃幕墙，其与卧室和家庭活动室的南墙围合构成阳光间。

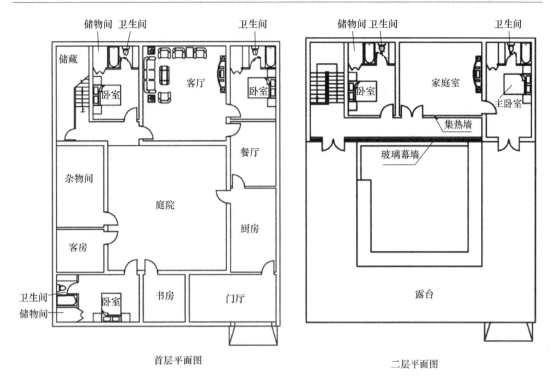

图 2.3-2 示范工程建筑设计图

（三）示范项目计算分析

利用计算流体力学（CFD，Computational Fluid Dynamics）软件，模拟典型工况下建筑周边气流情况，进而分析建筑布局和建筑微环境的相互影响关系。

考虑夏季和过渡季，充分利用当地季风和通风竖井的拔风动力进行热压通风。本次模拟的流程如图 2.3-4 所示。

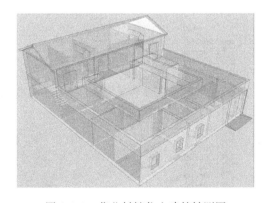

图 2.3-3 华北村镇住宅建筑轴测图

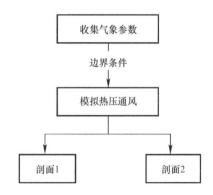

图 2.3-4 模拟流程图

1. 模拟工况

基于"夏季和过渡季充分利用季风，通过热压通风改善室内热环境；冬季提高围护结构的密闭性，减少空调系统的热损失"的考虑，模拟工况围绕夏季采用二层过道底部加屋顶开口通风的方式（热压拔风）带走太阳辐射，加速自然通风的目标确定。

具体模拟工况如下：建筑所在位置夏季季风下建筑周边压力场分布；建筑通风竖井拔风动力下的热压通风。

在如图 2.3-5 所示的二层过道底部和屋顶各开两个进风口和出风口，进行建筑通风竖井拔风动力下的热压通风效果模拟，并在两个剖面显示模拟情况。

2. 参数设置

北京地区夏季平均风速为 2.5～2.9m/s，但风向变化无规律。因此，设置室外风速为零，进行热压通风的最不利工况进行计算。为了近似模拟热压通风效果，根据当地典型气象年参数，通过计算拔风竖井风口静压差设定为 1.5Pa。

3. 模拟区域

为了正确模拟在二层过道区域通过两个进风口及出风口的热压通风，所有的其他门窗都被设置为关闭状态。与进出风口相连而不被任何门窗分割的区域被定为 CFD 模拟区域，如图 2.3-6 所示。

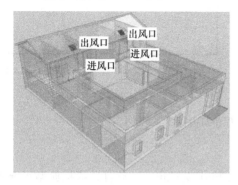 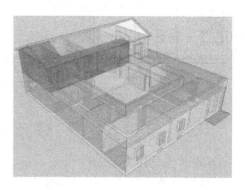

图 2.3-5　开口位置图　　　　图 2.3-6　CFD 模拟区域

4. 模拟结果

图 2.3-7 和图 2.3-8 所示为模拟区域的三维静压。从图中可看出，出风口处静压最低；进出风口静压差达到 1.5Pa 左右。

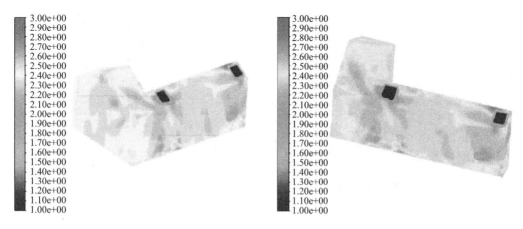

图 2.3-7　静压图一（单位：Pa）　　图 2.3-8　静压图二（单位：Pa）

图 2.3-9 和图 2.3-10 所示为模拟区域的风速图。从图中可看出，进、出风口处风速都达到了或超过了 1m/s，通风效果良好。

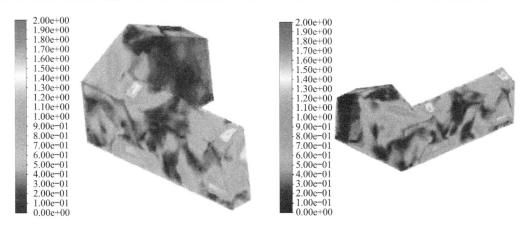

图 2.3-9　风速图一（单位：m/s）　　　　图 2.3-10　风速图二（单位：m/s）

选择如图 2.3-11 所示的两个内部剖面，并分别对剖面 1 和剖面 2 模拟出压力和速度分布。

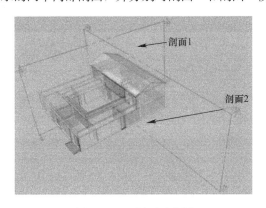

图 2.3-11　剖面示意图

图 2.3-12 和图 2.3-13 为剖面 1 的风压图和风速图。根据图 2.3-14 所示，进风口和出风口风速都达到了 1.3m/s，显示了良好的热压通风效果。

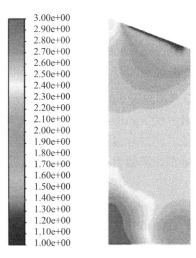
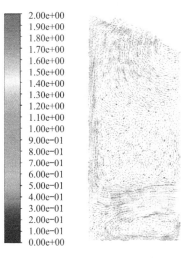

图 2.3-12　剖面 1 风压图（单位：Pa）　　　图 2.3-13　剖面 1 风速图（单位：m/s）

图 2.3-14 和图 2.3-15 为剖面 2 的风压和风速图。从这两幅图可以得出同样的结论。

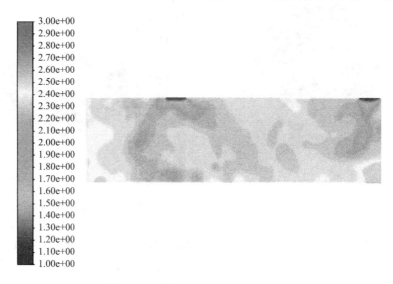

图 2.3-14 剖面 2 风压图（单位：Pa）

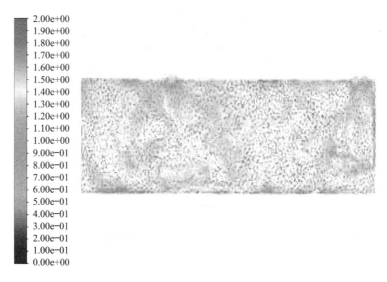

图 2.3-15 剖面 2 风速图（单位：m/s）

图 2.3-16 和图 2.3-17 是包含建筑物背景的剖面 1 和剖面 2 的风速图。

模拟结果显示，在建筑二层过道的底部和顶部开口的方式能在夏季有充足太阳辐射的情况下通过热压于进出风口处产生较高的进出口气流，同时在过道内产生较好的对流。通入的风能较好地带走进入室内的太阳辐射热，达到降低太阳辐射得热、改善室内热环境的效果。

（四）结论

根据北京地区农宅建筑的特点，以低成本、性能佳为出发点，通过双层玻璃幕墙及被动式太阳能技术的有机结合，并将研发的节能技术产品应用于示范项目中，围护结构的整体性设计、被动式设计策略的合理选择以及室内空间平面布置的优化，解决了村镇建筑冬季室内温度偏低、夏季室内炎热、过渡季节自然通风不畅等问题，同时，解决了使用传统烧煤、火坑等方式造成的一氧化碳浓度严重超标、污染颗粒物浓度过高的问题。村镇建筑室内空气品质和热环境均得到了明显改善。

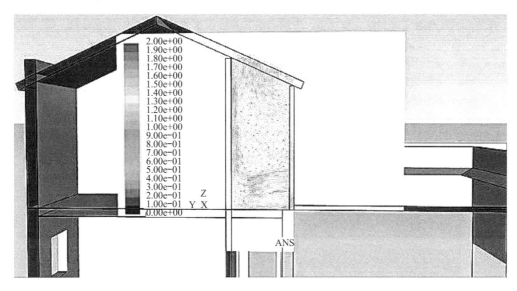

图 2.3-16　剖面 1 背景风速图（单位：m/s）

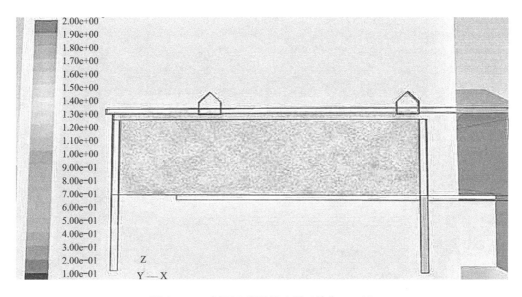

图 2.3-17　剖面 2 背景风速图（单位：m/s）

本章参考文献

[1]　钱发. 双层皮玻璃幕墙通风性能研究［D］. 重庆：重庆大学，2011.

[2]　江坤. 双层玻璃幕墙热工性能的模拟及分析［D］. 武汉：华中科技大学，2007.

[3]　魏琦君. 太阳辐射条件下双层皮玻璃幕墙性能动态分析［D］. 西安：长安大学，2008.

[4]　曾臻. 呼吸式幕墙通风传热的模拟研究与优化设计［D］. 北京：清华大学，2012.

［5］ 颜俊. 生态视角下的建筑遮阳技术研究［D］. 北京：清华大学，2004.

［6］ 余理论. 建筑外遮阳对室内光环境的影响研究［D］. 重庆：重庆大学，2010.

［7］ 陈红兵. 办公建筑的天然采光与能耗分析［D］. 天津：天津大学，2004.

［8］ 孙宇. 北方高校教学楼适应性改造研究［D］. 上海：同济大学，2008.

［9］ 中华人民共和国住房和城乡建设部，中华人民共和国国家质量监督检验检疫总局. GB 50033—2013. 建筑采光设计标准［S］. 北京：中国建筑工业出版社，2013.

［10］ 平燕娜. 基于天然采光的室内照度控制系统研究［D］. 郑州：郑州大学，2012.

［11］ 王少南. 太阳能建筑技术在国内外的发展［J］. 新型建筑材料，2006（10）：44-46.

［12］ 雷鸣. 日本节能与新能源发展战略研究［D］. 长春：吉林大学，2009.

第三章

建筑外窗系统节能关键技术

第一节　建筑外窗节能的意义

外窗是建筑围护结构中保温隔热性能最薄弱的构件。因型材的选用、开启方式、五金配件以及玻璃等的配置不同，外窗的隔声、采光和热工性能等方面存在较大的差异，加之开关构造，密封性能较差等因素影响，导致了通过外窗散失的建筑能耗在建筑总耗能中占有较大的比例。因此，外窗具有巨大的节能潜力，是建筑节能的重点，提高外窗的热工性能是建筑节能最经济有效的方法。随着技术的不断发展和材料的不断更新，经业内同行的不懈努力，我国的门窗节能技术已取得了很大的进步，外窗的建筑物理性能得到显著提高，较大幅度地降低了建筑物的能耗。

2011年8月，北京市住房和城乡建设委员会和北京市发展和改革委员会联合印发了《北京市"十二五"时期民用建筑节能规划》（以下简称《规划》），对北京市"十二五"期间建筑量的增长、相应的节能措施及建筑节能目标提出了明确的要求。《规划》指出："新建居住建筑和公共建筑全部按照规定的建筑节能设计标准建造，2012年城镇新建居住建筑率先执行节能75％的设计标准，围护结构传热系数、热源和管网热效率指标达到世界同等气候条件地区先进水平。"其中，落实建筑围护结构节能目标有三个主要措施，分别是：第一，将墙体的传热系数由$0.45\sim0.60W/(m^2 \cdot K)$降低至$0.3\sim0.45W/(m^2 \cdot K)$；第二，将外窗的传热系数由$2.8W/(m^2 \cdot K)$降低至$1.5\sim2.0W/(m^2 \cdot K)$；第三，对东西立面采取遮阳措施。

2013年，党的十八大报告中提出的"全面落实经济建设、政治建设、文化建设、社会建设、生态文明建设五位一体整体布局"，也是对建筑节能工作的一项明确要求。住房和城乡建设部积极推广的被动式低能耗建筑应用示范项目，也亟需高绝热、隔声和气密性强的建筑外窗系统［外窗的传热系数应小于等于$0.9W/(m^2 \cdot K)$］。2014年4月25日，住房和城乡建设部、文化部、国家文物局和财政部四部委联合发布《关于切实加强中国传统村落保护的指导意见》（建村［2014］61号文）（以下简称《指导意见》），指出：传统村落传承着中华民族的历史记忆、生产生活智慧、文化艺术结晶和民族地域特色，维系着中华文明的根，寄托着中华各族儿女的乡愁。但是，近一个时期以来，传统村落遭到破坏的状况日益严峻，加强传统村落保护迫在眉睫。为贯彻落实党中央、国务院关于保护和弘扬优秀传统文化的精神，加大传统村落保护力度，《指导意见》明确提出了以党的十八大、十八届三中全会精神为指导，加强传统村落保护的具体意见："遵循科学规划、整体保护、传承发展、注重民生、稳步推进、重在管理的方针，加强传统村落保护，改善人居环境，实现传统村落可持续发展。要做到全面保护文物古迹、历史建筑、传统民居等传统建筑；注重传统文化的延续性，传承优秀的传统价值观、传统习俗和传统技艺。注重生态环境的延续性，尊重人与自然和谐相处的生产生活方式，严禁以牺牲生态环境为代价过度开发；注重村落历史的完整性，保护各个时期的历史记忆，防止盲目塑造特定时期的风貌。"

在以上背景下，旨在贯彻落实《北京市"十二五"时期民用建筑节能规划》中建筑节能的要求，要在提升我市建筑外窗节能技术水平的同时，完善我市建筑节能规划实施的保障体系，北京市科学技术委员会立项"高性能建筑外窗系统产品开发与示范"课题；北京市政府积极开展传统村落保护发展工作，加大力度对具有历史文化价值和民族、地域元素的传统村落保护，推动传统民居抗震节能综合改造工作，市住建委设立《传统村落中协调性院落建筑综合改造研究》专项，开展院落建筑安全性能及提升室内环境质量和节能改造技术研究。

本章针对建筑外窗对建筑能耗的影响因素深入分析，从外窗的传热特性入手，对外窗构成材料进行分析，根据负荷特性，在保证室内热环境质量的前提下，提高建筑外窗系统的保温性能、隔声性能、防空气渗透和遮阳性能，开展以降低建筑物采暖空调能耗和污染物排放为目标的关键技术研究。

创新性研究成果包括：开发传热系数小于等于 $1.5 \sim 0.9 \mathrm{W}/(\mathrm{m}^2 \cdot \mathrm{K})$ 的断热铝合金平开窗和玻璃纤维增强塑料窗（以下简称"玻璃钢窗"）及其配套产品，以及满足与传统风貌相协调且经济性好的磨砂复合中空玻璃钢窗；多功能复合材料窗附框及专用附件的系列产品开发；新型开窗器和通风器的产品研发；编制完成中国工程建设标准化协会标准《工业化住宅建筑外窗系统技术规程》T/CECS 437—2016。研究成果的推广应用可降低社会能耗水平，带动建筑门窗节能等相关建筑节能产业发展。

关于新型液压开窗器研发、通风器的产品性能提升技术以及多功能复合材料窗附框及专用附件的系列产品开发，将在第八章中介绍。由于断热铝合金窗产品在标准和设计手册中介绍较多，故在此不予列出，本章重点介绍玻璃钢窗节能技术研究成果。

第二节 玻璃钢外窗节能技术

一、玻璃钢制品特性分析

玻璃纤维增强塑料（FRP）门窗以玻璃纤维为增强材料，以不饱和聚酯树脂作基体材料复合而成，具有优越的机械性能，其耐潮湿、耐腐蚀、抗老化、阻燃、绝热，在高低温度变化率很大的情况下，仍能保持尺寸稳定性，型材生产机械自动化、工艺先进[1]。高分子复合材料有诸多优点和特性，所以早已被应用在航天、国防、汽车、体育器材、建筑等多种领域中。原材料来源广泛，整个生产过程原材料完全可以国产化。玻璃钢制品的比重为 $1.88 \mathrm{g}/\mathrm{mm}^2$（相当于钢材的 1/4），强度高（抗拉 360MPa），导热系数低（$0.28 \sim 0.39 \mathrm{W}/(\mathrm{m} \cdot \mathrm{K})$，相当于铝材的 $0.1 \sim 0.15\%$），线膨胀系数小（7×10^{-6}，相当于塑料的 1/15）等特点。

目前，门窗行业市场占有率最高的是铝、塑两种材质的门窗，因为价格具有优势，PVC 塑料门窗占有较低档的市场，中档和高档市场中门窗主打产品是断热铝合金窗。但是，断热铝合金窗要达到现行节能指标要求，就必须增加成本。如，断热铝合金窗所采用的型材的要求、中空玻璃需采用低辐射 Low-E 玻璃等，成本会大幅度增加，房地产开发商对建筑物的整体造价很难接受。而玻璃钢门窗与以上两种门窗相比较，是性价比最理想的节能产品。玻璃钢窗的性能指标是在同行业中优势最大的产品，如强度、导热系数、耐老化、抗腐蚀、尺寸稳定性等性能指标是目前任何材料都是无法达到的[2]。玻璃钢制品性能如表 3.2-1 所示。

玻璃钢制品性能　　　　　　　　　　　　表 3.2-1

产品性能	特点	备注
密度	密度为 1.8kg/m³ 左右	比钢轻 4～5 倍
强度	1）拉伸强度 350～450MPa，与普通碳钢接近； 2）弯曲强度 388MPa； 3）弯曲弹性模量 20900MPa； 4）抗风压性能可达 5.3kPa	不需用钢衬加固
保温性能	1）材料导热系数为 0.3W/(m·K)； 2）玻璃钢型材为空腹结构	导热系数为金属材料的 1/100～1/1000
尺寸稳定性	1）型材的线膨胀系数为 7.3×10^{-6}℃，低于钢和铝合金，是塑料 1/15； 2）不受气候温度变化的影响，与混凝土的收缩率接近	附框在墙体内与墙体热胀冷缩相近
耐候性	1）属热固性塑料，树脂交联后即形成三维网状分子结构，变成不溶不熔体，即使受热也不会熔化； 2）玻璃钢型材热变形温度在 200℃ 以上，耐高温性能好，而耐低温性能更佳	—
耐腐蚀性	对酸、碱、盐及大部分有机物，海水以及潮湿等有较好的抵抗能力，对微生物的作用同样有抵抗能力	适用于多雨、潮湿和沿海地区，以及有腐蚀性介质的场所
绝缘性	不受电磁波影响，不反射无线电波，透微波性好，能够承受高电压而不损坏	是良好的绝缘材料
减震性	1）型材的弹性模量为 20900，具有较高的减震频率； 2）玻璃钢中树脂与纤维界面结合，具有吸震和抗震能力	可避免结构件在工作状态下共振引起的早期破坏
安全性	符合《建筑材料放射性核素限量》GB 6566—2010 中建筑主体材料的指标要求：内照射指数 0.2，外照射指数 0.2	不会对人体产生影响

因此，玻璃钢节能门窗、玻璃钢节能型材制成的门窗附框性能优势，是其他材料无法达到的。从可持续发展角度来看，玻璃钢制品从源头起，整个生产过程耗能低、不产生三废，对未来发展建筑门窗幕墙产品符合产业节能环保的大方向，同时可节约钢材、铝材，在建筑领域起到重大作用。

二、玻璃钢节能型材研发

本章介绍的 60、75 系列与玻璃钢门窗系列产品相比，有较大技术改进，主要表现在：

（1）型材外表美观，可视面尺寸较小，表面平整度提高，与墙体接触面积加大，型材壁厚略有增加，进一步提高了门窗的安全系数。

（2）主型材增加了一个腔体（将原型材二腔改为三腔），内平开窗在外部多增腔体的目的是对保温效果略有提高，另外排水孔位置向上提高 5mm，这样防止在安装门窗不加附框时，墙体抹灰将排水孔堵住使得雨水无法排出。典型玻璃钢外窗节点构造分别见图 3.2-1 和图 3.2-2。

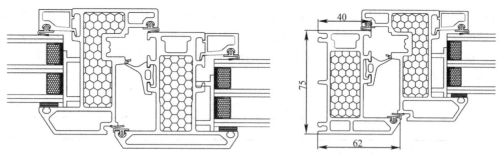

图 3.2-1　典型玻璃钢外窗节点构造 1　　　　　图 3.2-2　典型玻璃钢外窗节点构造 2

（3）玻璃钢压条的外表和高度不同，方便了用户要求、适用于南北气温差距较大的地区，行业对门窗的要求保温、隔声、遮阳等均可以满足不同的市场要求，还可以满足高档市场安装内置百叶的中空玻璃，以及加大空气间隔改善隔声效果的需求等，向集成产品发展，满足市场中、高档建筑的需求。

三、玻璃钢型材加工难点

影响型材性能和外观的主要因素是原材料处理、成型工艺、模具、配方、设备等，对每一个环节都必须认真综合考虑。

（一）原材料的选择与处理

目前国内生产玻璃纤维和树脂的厂家较多，拉挤用玻璃纤维应选用中碱或无碱无捻粗纱，含水率控制在 2% 以下。对树脂生产厂提出固含量、黏度、反应时间的要求，生产前在试验室做 SPI 试验合格后方可正式投产。

玻璃钢型材力学性能除了受玻璃纤维、树脂自身质量影响外，还有一项关键的技术问题，就是如何使玻璃纤维、填料与树脂增加键合度，键合度越高，型材的强度就越高，实现这一目标是通过硅烷偶联剂的作用来达到的。玻璃纤维生产厂将偶联剂直接配制到玻璃纤维的浸润剂之中，在拉挤时直接偶联。填料除了使用球状的氢氧化铝之外，还选用了细长比为 1∶15 的纤维状填料，并对填料进行了偶联改性处理。偶联剂在材料之间起到"手拉手"的作用，促使树脂、玻璃纤维、填料在引发固化时产生三向网状的共价键，最大限度减少材料间的空隙率，使复合材料的力学、机械、化学性能提高，完全固化的材料有很强的抗水性。

（二）型材的成型工艺

拉挤工艺是玻璃钢成型工艺当中出现比较晚的一种工艺方法，也是一种比较先进的成型工艺，难度较大。国外拉挤中空腹异型材壁厚普遍不低于 3.175mm，而我们的拉挤中空腹异型材壁厚只有 2.4mm，属于薄壁型，影响产品质量的变量较多，因素复杂，美国人认为拉挤工艺具有很强的挑战性，日本人认为，拉挤工艺到处是陷阱，所以国外称拉挤是"黑匣子"，可见要想解决上述问题，并非一件容易的事。

一般拉挤是使玻纤无捻粗纱经过纱架、胶槽、预成型、热固模、牵引、锯切、下料等工艺。在胶槽内增加浸胶调节装置，则改善了两个问题：一是使纱浸渍充分。纱通过网扣进入胶槽逐渐合股，合股越粗浸胶就越不充分，经调节装置调整后，树脂糊对纱束内部产生了压注力，调节了纱束的合股量。二是调节装置调整了纱束的张紧力。拉挤工艺中，影响型材外型的有三个力，第一个力是进热模之前的张紧力，第二个力是模具内的摩擦力，第三个力是使型材脱模的牵引力。其中摩擦力又分凝胶前的粘接力、引发段的膨胀力、固化段的收缩力。纱在合股进入热模前，往往松紧度不均，后期合股越来越不均，后果能使型材弯曲，改变张紧力能使型材外观得到改变。

（三）模具选择与设计

模具是型材成型的关键，必须满足耐磨、光洁度高、耐高温不变形、耐腐蚀等要求。以美国为例，一般是采用整体或是利用定位销和内六角螺栓紧固在一起，工作面采取镀硬铬的工艺，工作表面粗糙度都在 0.05 以上，并且多以管棒、简单型材为主，其优点是模具的精度高、产品成型好，缺点是加工困难，一旦出现问题就会造成长时间停产。

根据国内外的模具加工成型情况，若模具为组合式，工作面采用离子渗氮法，硬度可以达到 HRC65 以上，其优点是容易加工，在工作中出现了故障容易处理。其缺点是组合方式容易出现累计误差，精度较国外的成型工艺要差，经实测一般能保证在 ±0.2mm 以内。本研究考虑到是制作门窗用型材，对精度要求不高，经验证可以适应现在的拉挤工艺。

（四）工艺配方

选择合理的配方是保证型材强度及合格外观的又一重要因素。针对不饱和聚酯树脂固化体系的特点，改变常规引发剂使用方法，采用了组合引发的理论，选用低、中、高三种不同引发温度的引发剂。

在实际生产时引发剂在树脂糊中尽管充分搅拌，但也不能绝对均匀。当达到低温引发剂的温度时，第一级引发剂开始工作，引发剂的工作过程是放热过程，使树脂糊升温，达到中温引发剂引发温度时，第二级引发剂开始工作，同样道理高温引发剂被引发开始工作。整个从引发到结束，树脂在模具内一直是运动状态，只是瞬间完成，由于引发剂是阶梯式的工作形式，而且是连续进行，从而使型材的固化度得到最大限度地提高。组合引发理论就像多级火箭工作一样有效。

根据国内外的有关资料介绍，不饱和聚酯树脂的收缩率能达到 60% 以上，本研究解决收缩率的综合措施是：配方中增加纤维填料；加入低收缩添加剂；在表面选用长纤维的表面拉挤毡；合理布置增强填料。

（五）设备的运行

拉挤设备应具备有力、平稳、匀速、功能齐全等特点。目前的拉挤设备不外乎液压和机械两种，从牵引方式分有接力式和连续式。

通过调研，履带连续式牵引机，牵引力为 8t，采用西门子电脑控制系统，切割和牵引总功率为 3kW，具有自动化程度高、牵引力大、耗能低、运行平稳等优点，是目前国内先进的拉挤设备。

前面已讲过牵引力是型材脱离模具的唯一外力，牵引力是否匀速、平稳，直接影响型材在模具内的固化速率。树脂从入模具到固化脱模 1000mm 距离内 2min 左右完成，如果牵引力不均匀，型材在模具内的固化有可能提前或者迟后，固化不完全的型材在外力作用下有变形的可能，这也是对设备严格要求的原因之一。

四、玻璃钢外窗产品研发

本节介绍的新型玻璃钢外窗产品研发，主要是针对满足课题研究阶段传热系数为 $1.5 \sim 0.9 W/(m^2 \cdot K)$ 之间的玻璃钢窗开发进行的，当节能标准性能指标提高后，产品开发的做法是相同的。

研发过程：首先通过经认可的热工性能计算软件，进行不同系列的玻璃钢窗节点模拟计算；当符合要求后，再进行加工制做和进行样品试验验证。

（一）传热系数≤1.5W/(m²·K)的外窗产品

1. 产品设计方案

（1）型材：填充物/填充位置——聚氨酯发泡剂/框扇主腔体内。

（2）玻璃：①配置采用 5Low-E＋9Ar＋5＋9Ar＋5Low-E 中空玻璃；②间隔形式采用 TG 暖边铝隔条；③间层气体为 85%氩气＋15%空气。

（3）密封条：三元乙丙（EPDM）、框密封胶条 323C、扇密封胶条 323E、玻璃内侧密封压条为 PVC 软硬共挤、玻璃外侧密封为双面贴（聚苯乙烯材质）。

（4）60 系列玻璃钢窗节点设计方案见图 3.2-3。

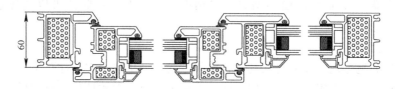

图 3.2-3　60 系列玻璃钢窗节点设计方案

2. 产品设计热工性能分析

（1）采用与行业标准《建筑门窗玻璃幕墙热工计算规程》JGJ/T 151—2008 配套的热工性能计算软件（粤建科 MQMC 软件），进行 60 系列玻璃钢窗节点模拟计算。

（2）模拟计算结果

1）玻璃系统热工性能计算结果见表 3.2-2。

玻璃系统热工性能计算结果　　　　　　　　　　　表 3.2-2

名称	传热系数[W/(m²·K)]	遮阳系数 SC	可见光透射比 τ	倾角（°）
5Low-E＋9Ar＋5＋9Ar＋5Low-E	0.895	0.314	0.240	90

2）右竖框热工性能计算

右竖框热工性能计算结果见表 3.2-3。

右竖框热工性能计算结果　　　　　　　　　　　表 3.2-3

传热系数［W/(m²·K)]	太阳光总透射比 g	重力方向	框投影长度（mm）	线传热系数［W/(m·K)]
1.355	0.048	屏幕向里	60.569	0.057

3）左竖框热工性能计算

左竖框热工性能计算结果见表 3.2-4。

左下竖框热工性能计算结果　　　　　　　　　　　表 3.2-4

传热系数［W/(m²·K)]	太阳光总透射比 g	重力方向	框投影长度（mm）	线传热系数［W/(m·K)]
1.456	0.051	屏幕向里	110.774	0.057

4）中上竖框热工性能计算

中上竖框热工性能计算结果见表 3.2-5。

中上竖框热工性能计算结果　　　　　　　　　　　　表 3.2-5

传热系数 $[W/(m^2 \cdot K)]$	太阳光总透射比 g	重力方向	框投影长度（mm）	线传热系数 $[W/(m \cdot K)]$
1.606	0.033	屏幕向里	81.968	0.064

5）中下竖框热工性能计算

中下竖框热工性能计算结果见表 3.2-6。

中下竖框热工性能计算结果　　　　　　　　　　　　表 3.2-6

传热系数 $[W/(m^2 \cdot K)]$	太阳光总透射比 g	重力方向	框投影长度（mm）	线传热系数 $[W/(m \cdot K)]$
1.625	0.034	屏幕向里	131.619	0.062

（3）模拟计算结果

60 系列玻璃钢窗的总面积为 2.16m²，其中框面积的总和是 0.67m²，框窗比例为 31%。所配置的玻璃系统和计算结果分别见表 3.2-7 和表 3.2-8。

60 系列玻璃钢窗热工性能计算结果　　　　　　　　表 3.2-7

名称	面积 $A(m^2)$	传热系数 $[W/(m^2 \cdot K)]$	遮阳系数 SC	可见光透射比 τ
60 系列玻璃钢窗	2.161	1.296	0.235	0.168

60 系列玻璃钢窗模拟结果　　　　　　　　　　　　表 3.2-8

玻璃配置	玻璃传热系数 $[W/(m^2 \cdot K)]$	整窗传热系数 $[W/(m^2 \cdot K)]$
6Low-E＋6A＋6Low-E＋7A＋6Low-E	1.16	1.593
6Low-E＋6Ar＋6Low-E＋7Ar＋6Low-E	0.91	1.424
6Low-E＋6Kr＋6Low-E＋7Kr＋6Low-E	0.65	1.114
6Low-E＋6Xe＋6Low-E＋7Xe＋6Low-E	0.47	1.119
5Low-E＋9Ar＋5C＋9Ar＋5Low-E	0.90	1.296

（二）传热系数≤0.9W/(m²·K) 的玻璃钢节能窗

1. 产品设计

（1）型材：填充物/填充位置——聚氨酯发泡剂/框扇主腔体内。

（2）玻璃：①配置情况：采用 5Low-E＋V＋5＋22A＋5Low-E 真空玻璃；②间隔形式：TGI 暖边铝隔条；③间隔气体：85%氩气＋15%空气。

（3）密封条：三元乙丙（EPDM）、框密封胶条 323C、扇密封胶条 323E、玻璃内侧密封压条为 PVC 软硬共挤、玻璃外侧密封为双面贴（聚苯乙烯材质）。

75 系列玻璃钢窗节点设计图见图 3.2-4。

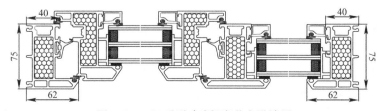

图 3.2-4　75 系列玻璃钢窗节点设计图

2. **产品设计热工性能分析**

（1）采用与行业标准《建筑门窗玻璃幕墙热工计算规程》JGJ/T 151—2008 配套的热工性能计算软件（粤建科 MQMC 软件），进行 75 系列玻璃钢窗节点模拟计算。

（2）模拟计算结果

1）玻璃系统热工性能计算结果见表 3.2-9。

玻璃系统热工性能计算结果　　　　　　　　　　　　　　表 3.2-9

名称	传热系数 [W/(m²·K)]	遮阳系数 SC	可见光透射比 τ	倾角 (°)
5L+V+5+22A+5L	0.506	0.549	0.573	90

2）左竖框扇热工性能计算

左竖框扇热工性能计算结果见表 3.2-10。

热工性能计算结果　　　　　　　　　　　　　　表 3.2-10

传热系数 [W/(m²·K)]	太阳光总透射比 g	重力方向	框投影长度（mm）	线传热系数 [W/(m·K)]
1.318	0.046	屏幕向里	115.287	0.068

3）右竖框扇热工性能计算

右竖框扇热工性能计算结果见表 3.2-11。

75 系列右竖框热工性能计算结果　　　　　　　　　　　　　　表 3.2-11

传热系数 [W/(m²·K)]	太阳光总透射比 g	重力方向	框投影长度（mm）	线传热系数 [W/(m·K)]
1.110	0.039	屏幕向里	63.201	0.070

4）中竖扇梃热工性能计算

中竖扇梃热工性能计算结果见表 3.2-12。

75 系列中竖扇框热工性能计算结果　　　　　　　　　　　　　　表 3.2-12

传热系数 [W/(m²·K)]	太阳光总透射比 g	重力方向	框投影长度（mm）	线传热系数 [W/(m·K)]
1.388	0.029	屏幕向里	138.062	0.075

（3）75 系列玻璃钢窗热工性能计算

75 系列玻璃钢窗的总面积是 2.16m²，其中框的总面积是 0.67m²，框窗比例为 31%，热工性能计算结果见表 3.2-13。

75 系列玻璃钢窗热工性能计算结果　　　　　　　　　　　　　　表 3.2-13

名称	面积（m²）	传热系数 [W/(m²·K)]	遮阳系数	可见光透射比
75 系列玻璃钢窗	2.161	0.974	0.396	0.400

五、玻璃钢门窗对撞组角工艺的研究

（一）玻璃钢门窗组角工艺改良的意义

玻璃钢门窗是以玻璃纤维及其制品为增强材料，以不饱和聚酯树脂为基体材料，通过拉挤工艺生产出空腹异型材，然后通过切割等工艺制成门窗框，再配上毛条、橡胶条及五金件制成成品门窗。玻璃钢门窗是继木、钢、铝、塑后又一新型门窗，它具有保温、节能、隔声、美观等特点，被认定为 21 世纪建筑门窗的绿色产品。

玻璃钢门窗行业的组角工艺一般采用自攻钉螺接工艺，此种工艺自身存在一定的局限

性。课题研发的尼龙螺钉撞角组角工艺较好的弥补上述缺点。该项组角工艺使用浇铸的尼龙角接件，再通过机械对撞的工艺使相邻部位的构件紧密接合，具有效率高，外观效果好，产品的保温、密封性能优异的特点，对玻璃钢门窗组角工艺的改良具有重要的意义[3]。

（二）自攻钉螺接组角工艺

目前，传统玻璃钢门窗的组角工艺一直采用自攻钉螺接方式进行组角，自攻钉螺接是指在相邻的构件处安装组角角码，然后人工打钉进行组角。该工艺自动化生产水平低，人工成本高，且由于加工者技能水平参差不齐，很容易出现组角缝隙、组角高低差等缺陷，严重影响门窗产品的外观以及保温、防风、隔声等性能。

为克服玻璃钢门窗生产过程中的组装工艺的上述弊端，开展了玻璃钢门窗组角工艺的攻关，研发采用自攻钉螺接的工艺。玻璃钢型材是热固性材料，受热不会变形，冲撞会产生粉碎，难以采用铝合金和塑钢的组角工艺组角。根据型材既有的特点，研究新型组角工艺，提高生产效率，改善外观质量，向机械化水平靠拢，以达到长远发展目标。

（三）玻璃钢门窗对撞组角工艺

根据玻璃钢型材固有的特点，研究提出了一种类似铝合金门窗的机械撞角工艺，提高了生产效率，降低了由相邻构件错位高低差带来的影响，可以使行业的组角工艺由人工转向自动化。

1. 对撞组角工艺原理

对撞组角工艺的原理可概述如下：利用改进的角码将端面为45°角的型材进行连接；将连接好的型材放到型材钻孔机上进行钻孔操作；将钻孔后的型材连接件放到组角机用组角钉进行自动组角操作。该组角钉由螺套与螺钉两部分组成，螺套的内表面和螺钉的外表面具有平行倒钩结构，通过组角操作可以紧密咬合。

2. 对撞组角工艺思路

对撞组角工艺思路如图 3.2-5 所示。

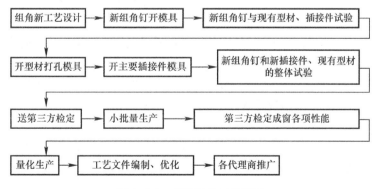

图 3.2-5 对撞组角工艺思路

（四）结论

针对传统玻璃钢门窗组角工艺对人工依赖较高、自动化和生产效率过低、组角效果参差不齐的情况，提出了一种玻璃钢门窗新型对撞组角工艺。该工艺通过尼龙角接件将45°型材连接，之后通过型材钻孔机钻孔，用特制的组角钉通过组角机组装型材。通过这种方法组接的构件不仅外观效果好、密封性能优异，而且实现了玻璃钢门窗组角从人工向机器的转变，使门窗工业化生产效率大大提高。

第三节　京郊传统民居外窗性能提升技术

本节主要针对传统村落民居协调性改造的特点，开展民居外窗室内光、热环境质量提升技术的研究。在对北京地区传统村落民居围护结构现状调研的基础上，通过对民居室内光环境的现场实测与实验室测试对比分析，从应用研究的角度出发，对适宜传统村落民居外窗构造的材料和改造技术措施进行了分析，从而探索提高传统民居室内物理环境质量的途径与方法，以期为传统村落民居的保护性改造提供技术支持。

随着城乡经济快速发展，富裕起来的农民纷纷拆旧换新造新居，由此显著改善了农民的生活条件。但是，如果不能及时进行有针对性的保护，随意进行改、扩建，将导致部分传统村落院落建筑（以下简称"传统民居"）遭到毁灭性拆除和损毁。

北京市政府积极开展传统村落保护发展工作，加大力度对具有历史文化价值和民族、地域元素的传统村落保护，推动传统民居抗震节能综合改造工作。市住建委设立"传统村落中协调性院落建筑综合改造研究"专项，开展院落建筑安全性能及提升室内环境质量和节能改造技术研究。

传统民居蕴含着丰富、鲜明的历史文化烙印，它呈现着传统工匠精湛的技艺，也传承着中华民族的历史记忆、文化艺术结晶和民族地域特色，是中国传统文化的根之一[4]。如何在传统民居改造中实现安全、抗震、节能、提升居住品质和低成本的原则，研究既可保护传统风貌，又能改善居住环境的节能改造技术。"院落建筑围护结构节能改造与室内物理环境质量提升技术研究"为该专项课题研究之一，采用"以调查研究为前提，与传统风貌相协调，筛选和研发适用的低成本、符合保护修缮要求的节能舒适产品"的技术路线，开展传统民居协调性改造技术研究与部品开发工作，从而达到营造健康的居住环境和降低能耗的目标，依托现有山水脉络等独特风光，让居民"望得见山、看得见水、记得住乡愁"的要求。课题针对已列入《国家传统村落目录》的北京市房山区南窖乡水峪村、门头沟区斋堂镇爨底下村和灵水村开展了的传统民居现状调查，了解包括建设年代、建造工法、建筑形态和外观、外窗的设置与构成、室内物理环境质量和建筑物气密性能等情况，并选择典型民居进行建筑采光性能重点调查，研发新型透光材料，探索外窗物理性能提升的途径。

一、京郊传统民居基本情况调查

（一）传统民居现状

京郊传统村落保存比较完整，基本由四合院组成，以一进四合院为主，但也不乏存在富裕人家所建的二进院和三进院，且院落建筑依地形巧妙地建造。传统民居基本是典型的砖木结构、四梁八柱形式，梁、柱构成建筑的承重体系；围护墙体为砖、石土坯以及砖石混合，部分屋顶由烧制泥瓦改为水泥瓦等。传统民居形态见图 3.3-1。

图 3.3-1　传统民居建筑形态

京郊传统民居前纵墙设置外门窗，门窗与墙体面积比在60％以上。除水峪村民居设有面积不足1m²的外窗外，大部分民居后纵墙不开窗，不利于自然通风，既影响室内空气品质，夏季又影响室内热舒适度。外窗基本为固定窗和上悬窗组合而成，为设有花格栅的简易上悬木窗。木窗加工工艺较粗糙，气密性差，上悬窗开启后利用木棍支撑或悬挂于屋顶的吊钩（钢丝弯钩）固定（图3.3-2）；外门为双扇内平开木门。门窗透光部分材料基本为宣纸＋单层玻璃，少部分全部采用宣纸。

图3.3-2　外窗透光部分构成

（二）室内光环境质量调查

选择京郊传统村落房山区水峪村12幢典型民居和门头沟区灵水村6幢典型民居，进行建筑采光性能重点调查。图3.3-3为灵水村传统民居采光性能测试现场。

图3.3-3　灵水村传统民居采光性能测试现场

1. 传统民居室内光环境质量调查结果

（1）在京郊传统村落房山区水峪村12幢典型民居中，有10幢民居的采光系数为Ⅳ级以上。

（2）门头沟区灵水村6幢典型民居中，有4幢民居的采光系数为Ⅱ-Ⅳ级，1幢民居的采光系数不能满足国家标准《建筑采光设计标准》GB 50033—2013[5]的要求。

2. 室内光环境质量调查结果分析

测试结果表明，水峪村东街15号院主房等测试样本坐北朝南且室外无遮挡，进深相对较小，吊顶为浅色，外窗透光材料上为宣纸、下为玻璃（或均为玻璃）的房屋采光性能较好；约78％的被测样本满足《建筑采光设计标准》GB 50033—2013规定的采光性能要求。（注：因课题进度原因，无法完全按照《采光测量方法》GB/T 5699—2017规定的时间（夏至日10：00～14：00）进行测量）。但是，实测结果仍然能够得出上述民宅采光效果的一般规律。

（三）调查结果

因不当的旅游开发，京郊传统民居在翻建和改建过程中，由于围护结构构造和材料的使用不当，建筑外观发生了很大的变化，导致传统民居历史性丧失。

京郊村落大部分民居后纵墙不开窗，不利于自然通风，既影响室内空气品质，又影响室内热舒适度；外门窗透光材料宣纸对室内采光性能和无眩光的室内视觉舒适度均佳，但隔声性能和热工性能均较差。

二、传统民居外门窗性能提升技术

（一）外门窗物理性能影响因素分析

外门窗是建筑围护结构的重要组成部分，具有保温、隔热、采光、通风、观景、眺望、装饰等功能[6]。影响传统民居外窗声光热性能的因素有多种，其中主要因素是外窗型材的选择、新型玻璃的选用和五金件的配套。

首先，门窗是薄壁轻质构件，存在室内外温差、空气渗透和太阳辐射等传热能耗问题，外窗型材的选择——型材材质和型材构造（单腔、双腔乃至三腔及以上）以及玻璃的选用，将决定整窗的传热系数和室内热舒适性；同时，型材的外观应符合与传统民居风貌相协调的要求。

其次，新型复合玻璃的选用，应可满足提高室内隔声性能的要求，并保证不低于宣纸对室内采光性能和无眩光的室内视觉舒适度。

最后，配套五金件的使用将保证外窗具有良好的气密性，既可节能，又可较好地满足室内热舒适性。

（二）门窗透光材料的研究

通过对磨砂复合中空玻璃替代宣纸＋单层玻璃进行透光材料分析，解决传统民居外窗透光材料协调性和人体舒适度的需求。

1. 磨砂玻璃与宣纸光学性能对比

采用日本 HITACHI U-3400 分光光度计（测量范围为 190～2600nm），进行磨砂玻璃与宣纸光学性能比对测量，进而分析其对外窗光学性能的提高效果。光学测量原理见图 3.3-4。磨砂玻璃与宣纸透散射率和反射散射率比对测量结果见表 3.3-1。

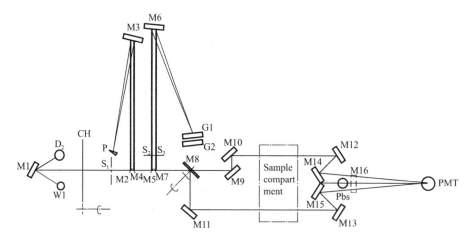

图 3.3-4　U-3400 分光光度计光学测量原理

M1—凹面镜；M2—超环面反射镜；M3—凹面镜；M4—平面镜；M5—平面镜；M6—凹面镜；

M7—柱面镜；M8—旋转镜；M9—柱面镜；M10—平面镜；M11—柱面镜；M12—平面镜；M13—平面镜；

M14—超环面反射镜；M15—超环面反射镜；M16—超环面反射镜；CH—机械斩波器；P—棱镜；

S_1—第一单色仪狭缝；S_2—第二单色仪狭缝入口；S_3—第二单色仪狭缝出口；PMT—紫外探测器（R923）；

Pbs—近红外线探测器；G1—平面光栅 1440 线/mm（190～850nm）；G2—平面光栅 600 线/mm（800～2600nm）

透散射率和反射散射率比对测量结果 表 3.3-1

光谱测量波段范围（nm）	透散射率平均值（%）		反射散射率（%）
	宣纸	磨砂玻璃	磨砂玻璃
380～850	约 40	77.5	30～40
1000～1800	40～50	55～85	

从比对测量结果可知，在可见光部分，磨砂玻璃光谱测量的透散射率远优于宣纸（约为其 1.9 倍），当建筑外门、窗的透光材料用磨砂玻璃替代宣纸后，将显著提升室内的光环境质量；在中远红外部分，磨砂玻璃光谱测量的透散射率也优于宣纸（约为其 1.4～1.7 倍）。

2. 磨砂复合中空玻璃

综上所述，当建筑外窗的透光材料采用磨砂玻璃替代宣纸后，室内照度得以提高，且不会产生眩光，提高了视觉舒适度，将显著提升室内的光环境质量。

根据与院落建筑相协调的要求，外门窗产品透光部分采用（5mm 磨砂玻璃＋16 空气间层＋6mmLow-E 玻璃）磨砂复合中空玻璃来代替宣纸，进而实现提升外窗隔声性能和热工性能的效果。

三、传统民居外窗技术产品

（一）传统民居外窗改造原则

传统民居外窗协调性改造应遵循以下原则：在保证抗震加固效果的前提下，与传统风貌相协调；提高门窗的保温性能和气密性能；外门窗产品应满足低成本的要求；采取有效措施，对玻璃钢门窗框与柱子连接部位进行密封处理，减少冷风渗透，增强围护结构气密性。

（二）传统民居外窗产品研发

针对影响传统民居外窗声、光、热性能的主要因素[7]，开展传统民居外窗产品研发工作。

1. 外窗型材的选择

窗框型材是外窗节能和防结露的重要部位，根据传统民居改造的特点和我国目前主要的型材品种进行外窗型材的筛选。其中，玻璃钢型材以玻璃纤维制品为增强材料，由不饱和聚酯树脂做基体材料复合而成。具有优越的机械性能，耐潮湿、耐腐蚀、抗老化、阻燃、绝热、尺寸稳定性好，并具有质轻高强的特点；导热系数相对较低（$0.28～0.39W/(m \cdot K)$，相当于铝合金的 $0.1\%～0.15\%$），线膨胀系数小（7×10^{-6}，相当于塑料的 1/15）；并且，与市场上铝合金等几类型材相比，其性价比高，符合低成本的要求。

2. 新型玻璃的筛选

建筑外窗中约 70% 的面积为透光材料，其传热系数直接影响外门窗的保温性能，对降低建筑能耗起到决定性作用。课题组通过不同配置用磨砂复合中空玻璃代替宣纸和单层玻璃，分析其对玻璃钢外窗保温性能的影响，并计算出了不同中空玻璃配置外窗的传热系数。

3. 五金件的配套

以往的传统民居外窗多为木窗，开启方式为内开上悬窗。窗框扇搭接处、型材与建筑洞口结合处、玻璃与窗扇结合处存在缝隙，使室内外空气对流，从而产生热损失。有计算表明，由空气渗透引起的热损失占建筑物全部热损失的近一半，而其中很大一部分是由门、窗框扇搭接处的缝隙引起的。因此，考虑到防风、遮雨和使用寿命，传统民居外窗设计为上悬外开窗，其可开启窗扇的五金件选用非常重要，应能满足使用要求。

利用玻璃纤维增强 PVC 塑料型材和磨砂复合中空玻璃制作；饰以仿古装饰条，使之与传统风貌相协调。

4. 磨砂复合中空玻璃钢窗性能

(1) 光学性能。当建筑外窗的透光材料用磨砂玻璃替代宣纸后，室内照度得以提高，且不会产生眩光，提高了视觉舒适度，将显著提升室内的光环境质量。

(2) 保温性能。当建筑外门窗采用磨砂复合中空玻璃纤维增强塑料窗后，传热系数减小，建筑能耗显著降低，同时在冬季也将提高室内的热舒适度。

(3) 隔声性能。磨砂复合中空玻璃玻璃纤维增强塑料窗气密性能明显提高，室内的声环境质量将得以提升。

四、结论

(1) 采用玻璃纤维增强塑料（玻璃钢）型材替代木材，其机械性能优越，耐潮湿、耐腐蚀、抗老化、阻燃、绝热，尺寸稳定。且玻璃钢型材经外表面喷涂处理后，外观有木纹质感，完全能够达到与传统风貌相协调的要求。

(2) 采用磨砂复合中空玻璃不会产生眩光，提高了视觉舒适度，同时增强了隔声性能和保温性能，且外观与传统风貌相协调。

(3) 新型外窗设计为上悬外开窗，选用性能优良的五金件配套。由此，可克服门窗开启关闭缺乏灵活性的缺点，且大幅度减少了窗框扇搭接处、型材与窗洞口结合处、玻璃与窗扇结合处的缝隙渗透热损失。

当传统民居采用磨砂复合中空玻璃钢窗后，室内声、光、热环境质量得以提升，外观满足了与传统风貌相协调的要求，且经济性好。

在冬季，由于太阳得热量的增加，也可提高室内空气温度。可见，当建筑外门窗的透光材料采用磨砂复合中空玻璃替代宣纸后，在降低传热系数的同时，冬季也将提高室内的热舒适度。

第四节　窗式通风器对住宅室内空气品质的提升

一、通风效果分析方法

（一）背景

近年来，随着由室内空气品质引发疾病的新闻报道越来越多地出现，民众对室内环境质量的关注度也在不断提高。据报道，现代人有 $80\%\sim90\%$ 的时间是在室内度过的，由于室内环境是相对封闭、相对稳定的，所以室内环境质量严重影响人们的身体健康和生活质量[7,8]。为此，本节开展了北京地区保障性住房和传统村落民居室内环境质量提升技术研究。采用动力驱动、具备净化功能的窗式通风器，在室外空气污染严重的情况下，可以保证室内新鲜空气的供给，同时还能避免开窗导致的室外污染物引入室内。

（二）分析方法的确定

目前，建筑室内通风的预测方法主要有区域模型、模型实验以及计算流体动力学

（CFD）方法。三种分析方法简述如下：

（1）区域模型是将房间划分为一些有限的宏观区域，认为区域内的相关参数如温度、浓度相等，通过建立各区域的质量和能量守恒方程，得到房间的温度分布以及流动情况，实际上模拟得到的还只是一种相对"精确"的集总结果，且在机械通风中的应用还存在较多问题。

（2）模型实验属于实验方法，需要较长的实验周期和昂贵的实验费用，搭建实验模型耗资很大，且对于不同的条件，可能还需要多个实验，耗资更多，周期也长达数月以上，难以在工程设计中广泛采用。而且，为了满足所有模型实验要求的相似准则，其要求的实验条件可能也难以实现。

（3）CFD模拟是从微观角度，针对某一区域或房间，利用质量、能量及动量守恒等基本方程对流场模型进行求解，分析其空气流动状况。采用CFD对自然通风进行模拟，主要用于自然通风风场布局优化和室内流场分析，以及中庭这类高大空间的流场模拟，通过CFD提供的直观详细的信息，便于设计者对特定的房间或区域进行通风策略调整，使之更有效的实现自然通风。

本节采用CFD手段对项目典型户型室内通风效果进行模拟，通过室内速度场分布图考察各房间的通风效果。

（三）模型搭建

1. 物理模型

选择一栋建筑物内典型户型，根据其尺寸，利用CFD模拟工具建立同尺寸的物理模型。

2. 数学模型

模拟中采用标准 $\kappa\varepsilon$ 模型联合控制方程求解计算域内的流场，涉及的控制方程主要包括：连续性方程、动量方程、能量方程，可以写成如下通用形式：

$$\frac{\partial(\rho\phi)}{\partial t} + \mathrm{div}(\rho\vec{U}\phi) = \mathrm{div}(\Gamma_{\phi}\mathrm{grad}\phi) + S \tag{3.4-1}$$

该式中的 ϕ 可以是速度、湍流动能、湍流耗散率以及温度等。

二、保障性住房室内空气品质影响分析

（一）保障性住房设计特点

保障性住房是我国城镇住宅建设中较具特殊性的一类居住建筑。住房问题是重要的民生问题，它通常是指根据国家政策以及法律法规的规定，由政府统一规划、统筹，提供给特定的人群使用，并且对该类住房的建造标准和销售价格或租金标准给予限定，起社会保障作用的住房。近年来，我国已大力加强保障性住房建设力度，进一步改善人民群众的居住条件，促进房地产市场健康发展。保障性住房包括两限商品住房、经济适用房及政策性租赁的公租房和廉租房等。

良好的居室通风不仅能在过渡季和夏季的部分时段带走室内的冷负荷，还能排除室内的污染物，为室内人员提供足的新鲜空气，对于人体的健康具有重要的作用。我国的国家标准《室内空气质量标准》GB/T 18883—2002则从人员卫生健康的角度对人均所需新风量进行了规定，要求室内人均新风量不应低于30m³/h。

与普通商品住宅相比，保障性住房的显著特点是其套型建筑面积全部为90m² 以下

（较小户型小于 40m²）。因受限于面积标准等因素影响，相当一部分户型难以做到南北通透，较小户型的平面布局大多不利于自然通风，其通风换气功能难以保证，人均新风量不能满足 30m³/h 的要求，影响室内空气品质。

（二）保障性住房通风现状

1. 需求分析

目前，我国居住建筑引入新风的方式以开窗通风为主，在需要关窗的供热和制冷季节，则主要依靠门窗缝隙的渗透。开窗通风一般可以实现较大的通风量，能够满足人员健康的需求，但在制冷和供热季会增加室内的冷热负荷，不利于建筑节能，同时还会产生室外噪声和雨雪侵入等问题以及安全隐患；依靠门窗缝隙的渗透新风则无法保证足够的通风换气量。为避免开窗所带来的一系列问题，近些年来，窗式通风器在居住建筑中得到了越来越多的应用。

2. 窗式通风器

窗式通风器是一种为房间提供新鲜空气的设备。其主要功能是通风换气，在过渡季和制冷季的部分时段也可以用于带走室内的冷负荷。窗式通风器一般安装于建筑物外围护结构（门窗、幕墙或墙体）上，具有一定的抗风压、水密、气密和隔声性能。

窗式通风器分为无动力通风器（也称"自然通风器"）和动力通风器两大类。无动力通风器依靠室内外温差、风压等产生的空气压差实现通风换气功能，由于自身不带动力设备，其体积相对较小，同时通风效果易受环境影响，是一种被动式的通风换气设备。动力通风器则是依靠自身所带的动力设备，主动为室内送入新风的通风器。

（三）窗式通风器对室内通风效果提升的作用

为比较窗式通风器用于不同户型时的室内通风效果，选取北京地区保障性住房（其平面布置见图 3.4-1）的两种典型户型，利用 CFD 模拟计算软件，对不同户型安装窗式通风器后的通风效果进行模拟。根据室内气流组织的分布情况，分析进入室内新风的均匀性、风速及温度分布，探讨窗式通风器的使用特点及应用模式[7]。

图 3.4-1　北京地区某保障性住房平面布置图

1. 模型的建立

以保障性住房的两种典型户型作为模拟对象，见图 3.4-2。两种户型均由 1 间客厅、1 间卧室、1 间厨房和 1 个洗手间组成。户型 1 总面积为 47m²；户型 2 总面积为 35m²。各房间的面积如表 3.4-1 所示。

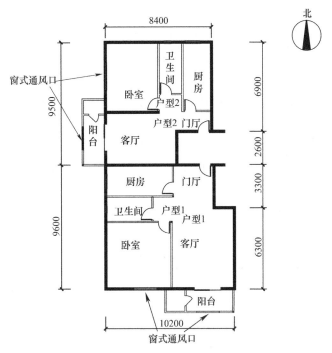

图 3.4-2 模拟户型及窗式通风器的布置

两种户型的面积参数（单位：m²） 表 3.4-1

户型项目指标	户型 1	户型 2
计算总面积	47.0	35.0
客厅面积	23.0	15.0
厨房面积	7.0	5.0
卧室面积	13.7	11.6
洗手间面积	3.3	3.4

　　各户型选用的窗式通风器型号相同，尺寸均为 1.2m×0.05m，模型中窗式通风器设置于窗户下部距地面 0.9m 高的位置。动力排风机位于厨房内排风道上部，尺寸为 0.25m×0.25m。内部热源仅为设置在各房间内的散热器，散热器尺寸根据各房间具体情况计算确定。

　　模拟模型对实际房间的物理模型进行了适当简化。利用 CFD 模拟工具建立的同尺寸物理模型见图 3.4-3。

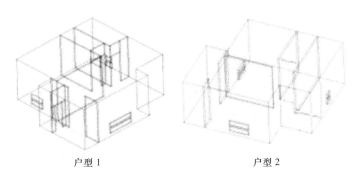

户型 1　　　　　户型 2

图 3.4-3 两种户型的三维模型示意图

2. 模拟边界条件

（1）建筑围护结构各部位的传热系数参照《北京市居住建筑节能设计标准》中的规定选取，通风量为30m³/（人·h），房间总通风量按照每户2.5人（两个大人一个小孩）确定。

（2）根据北京地区冬季通风的要求，选用北京地区室外通风计算温度-3.6℃作为通风时的计算温度。

（3）考虑冬季最不利情况下的模拟结果，忽略室内人员、灯光、设备等室内热扰。

（4）为了便于对通风效果进行横向对比，各户型将根据通风负荷和围护结构负荷作为室内散热器的选型依据。

根据房间实际情况，建筑通风期间各项参数通过手算完成，并作为与模拟结果的对比参照，见表3.4-2。

各房间通风量、房间负荷等手算结果   表 3.4-2

计算方式	项目	户型 1	户型 2
模型负荷手算结果	户型计算总面积（m²）	47.0	35.0
	户型总体积（m³）	136	102
	各户型预期通风换气次数（h⁻¹）	0.55	0.74
	室内设计温度（℃）	18.0	18.0
	室外计算温度（℃）	-3.6	-3.6
	通风量（m³/h）	75	75
	模型外围护结构负荷（W）	434.9	409.4
	通风负荷（W）	2101.5	2101.5
	房间总负荷（W）	2536.4	2510.9
	单位面积热负荷（W/m²）	53.9	71.7

（5）模型采用长方体block作为散热器的简化模型，由于长方体单位体积的散热表面积较实际散热器小很多，为了不过于夸大散热器的体积，模型中采用标准过余温度$\Delta T = 64.5℃$完成散热器散热面积的计算。散热器在房间的布置情况如图3.4-4和图3.4-5所示。

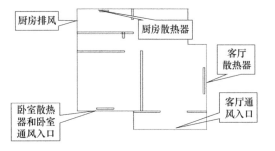

图 3.4-4　户型 1 散热器布置示意图

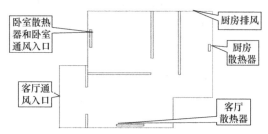

图 3.4-5　户型 2 散热器布置示意图

3. 模拟工况

为了比较不同通风形式对室内环境的影响，本次模拟进行了多个工况的计算，并采用稳态计算方法进行求解，工况对比方案见表3.4-3。

户型	模拟工况	表 3.4-3
	模拟工况	新风量（m³/h）
户型 1	001 卧室、客厅通风器同时打开，厨房排风机打开 002 卧室通风器打开、厨房排风机打开 003 客厅通风器打开、厨房排风机打开	30×2.5＝75
户型 2	004 卧室、客厅通风器同时打开，厨房排风机打开 005 卧室通风器打开、厨房排风机打开 006 客厅通风器打开、厨房排风机打开	30×2.5＝75

4. 模拟结果

首先采用户型 1 的 001 工况作为典型案例来分析安装通风器后的室内温度及速度分布情况，再进行案例的横向比较。

（1）温度分布

图 3.4-6 为户型 1 的 001 工况卧室和客厅同时通风时，$z＝1.2m$ 人员高度处和 $z＝1.5m$ 处（z 为距地面的垂直高度）横向切面的温度云图，图 3.4-7 和图 3.4-8 分别为 001 工况 $x＝1.6m$ 和 $x＝5.4m$（x 为与西侧外墙的距离），即卧室通风入口处和客厅通风入口处南北纵向切面的温度云图。

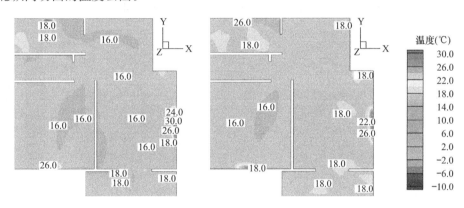

图 3.4-6　户型 1 的 001 工况 $z＝1.2m$ 和 $z＝1.5m$ 高度处温度分布云图

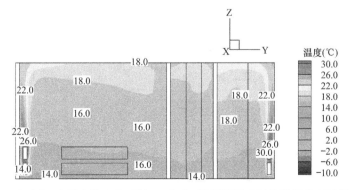

3.4-7　户型 1 的 001 工况 $x＝1.6m$ 卧室通风入口处温度分布云图

从模拟结果可以看出，在卧室和客厅同时通风期间，房间 1.2m 高度处温度基本处于 16℃左右，冷空气的入侵导致了室内局部温度的降低。房间 1.5m 高度处的温度分布基本处于 18℃左右，基本满足室内环境温度控制的要求。

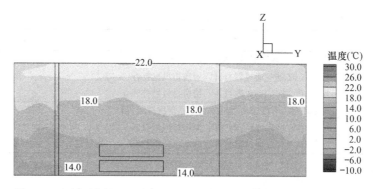

图 3.4-8　户型 1 的 001 工况 $x=5.4\mathrm{m}$ 客厅通风入口处温度分布云图

图 3.4-7 和图 3.4-8 显示，卧室散热器上方形成了较强的热羽流，房间呈现了较明显的温度分层。卧室上部最高温度可达 21℃，而近地面处温度较低，房间底部为 14~15℃，客厅与卧室的温度呈现出相似的分布规律。从客厅整体温度来看，客厅上部区域较卧室更高。

图 3.4-9 和图 3.4-10 分别为户型 1 的 002 工况和 003 工况下，$z=1.2\mathrm{m}$ 和 $z=1.5\mathrm{m}$ 处横向切面的温度云图。图 3.4-11~图 3.4-14 分别为户型 1 的 002 工况和 003 工况下，$x=1.6\mathrm{m}$ 和 $x=5.4\mathrm{m}$（x 为与西侧外墙的距离）处南北纵向切面的温度云图。

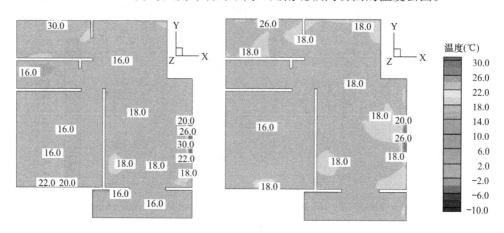

图 3.4-9　户型 1 的 002 工况房间 $z=1.2\mathrm{m}$ 和 $z=1.5\mathrm{m}$ 高度处温度云图

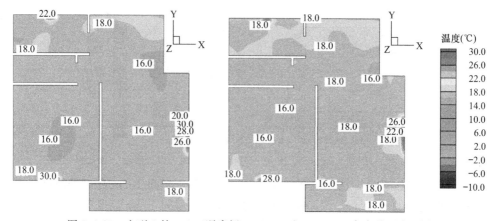

图 3.4-10　户型 1 的 003 工况房间 $z=1.2\mathrm{m}$ 和 $z=1.5\mathrm{m}$ 高度处温度云图

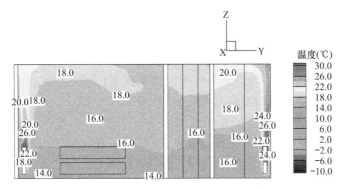

图 3.4-11 户型 1 的 002 工况 $x=1.6$m 处温度云图

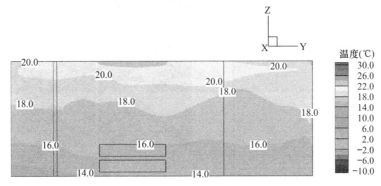

图 3.4-12 户型 1 的 002 工况 $x=5.4$m 处温度云图

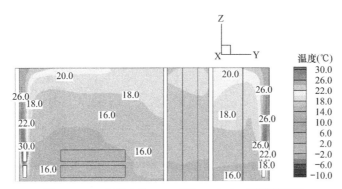

图 3.4-13 户型 1 的 003 工况 $x=1.6$m 处温度云图

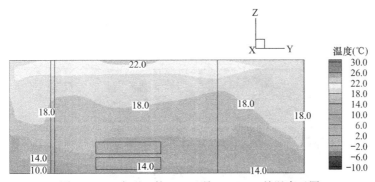

图 3.4-14 户型 1 的 003 工况 $x=5.4$m 处温度云图

对比户型1的三种工况可以发现，三种工况下的室内温度并没有明显的差异，高度方向上 $z=1.2m$ 温度范围在 16～18℃ 之间。由通风造成的影响主要表现在室内的温度分层，无论是否为通风房间，均会在近地面处形成较低的温度。

户型2的模拟结果（略）与户型1的模拟结果接近，004 工况、005 工况和 006 工况房间内 1.2m 和 1.5m 高度处的温度也均处于 16～18℃。

（2）速度分布

图 3.4-15 和图 3.4-16 显示对于户型1的001工况，在 $z=1.2m$ 高度处空气流动顺畅，且此高度处风速整体偏小，均小于 0.2m/s，满足室内风速控制要求。

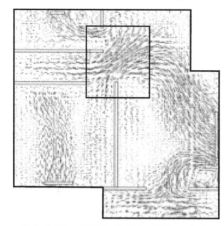 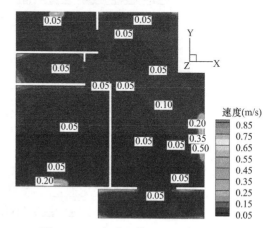

图 3.4-15　户型1的001工况 $z=1.2m$ 高度处速度矢量图　　图 3.4-16　户型1的001工况 $z=1.2m$ 高度处速度云图

图 3.4-17～图 3.4-20 为户型1的001工况中 $x=1.6m$ 卧室通风入口处和 $x=5.4m$ 客厅通风入口处的速度矢量图和速度云图。

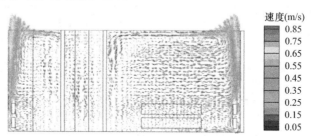

3.4-17　001工况 $x=1.6m$ 卧室通风入口处的速度矢量图

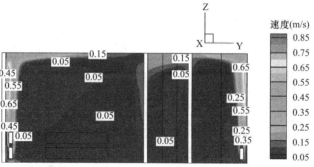

图 3.4-18　001工况 $x=1.6m$ 卧室通风入口处的速度云图

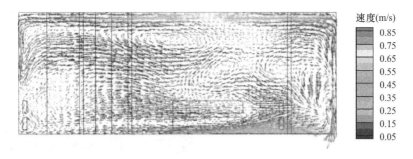

图 3.4-19 001 工况 $x=5.4$m 客厅通风入口处速度矢量图

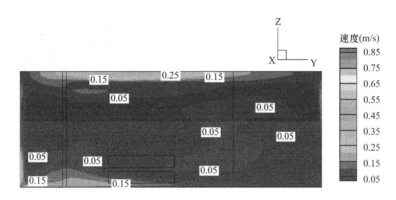

图 3.4-20 001 工况 $x=5.4$m 客厅通风入口处速度云图

房间内风速较大的位置出现在散热器的上方，主要原因为散热器上方形成的强烈的自然对流，该驱动力同时增强了室内空气的掺混，并在卧室内部形成了一个大的气流循环（图 3.4-15），并通过卧室与客厅的连接处影响客厅内部的气流分布（见图 3.4-15 方框处）。而房间内部人员主要活动区域的风速均低于 0.2m/s，满足冬季室内风速的要求。但在通风器入口处会形成较明显的下沉气流，这是造成近地面处温度较低的主要原因。

统计两个通风器的进口流量（表 3.4-4）。从卧室和客厅通风器流量的对比结果来看，两个通风器流量差别较大，没有形成均匀的流量分配。

各风口质量流量统计 表 3.4-4

通风器位置	质量流量（kg/s）	占总流量比例（%）
客厅通风器进风量	0.0074	28
卧室通风器进风量	0.0185	72
排风扇排风量	0.0256	100

从其他工况的风速模拟结果来看（图 3.4-21～图 3.4-28），其室内风速的模拟结果均满足对室内风速控制的要求。

（3）空气龄

图 3.4-29～图 3.4-31 为户型 1 的 001 工况（客厅卧室同时通风）、002 工况（卧室单独通风）和 003 工况（客厅单独通风）时，$z=1.2$m 高度处的空气龄计算结果。

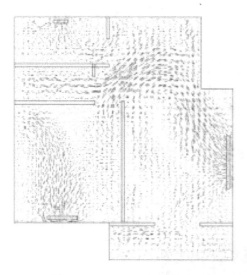

图 3.4-21　002 工况 $z=1.2$m
高度处速度矢量图

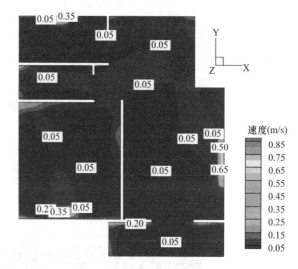

图 3.4-22　002 工况 $z=1.2$m
高度处速度云图

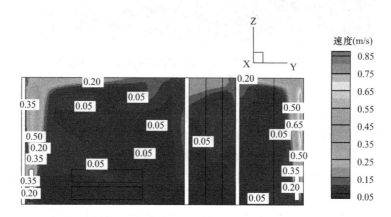

图 3.4-23　002 工况 $x=1.6$m 卧室通风入口处的速度云图

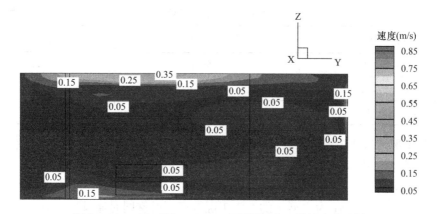

图 3.4-24　002 工况 $x=5.4$m 客厅通风入口处的速度云图

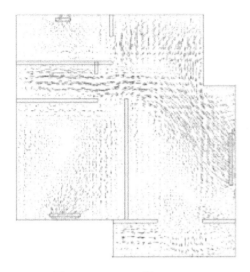

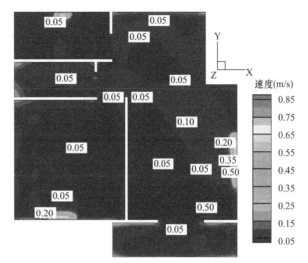

图 3.4-25　003 工况 $z=1.2\text{m}$
高度处速度矢量图

图 3.4-26　003 工况 $z=1.2\text{m}$
高度处速度云图

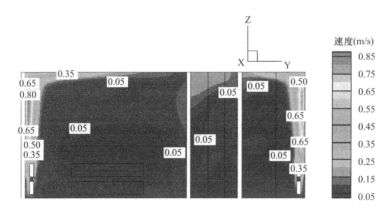

图 3.4-27　003 工况 $x=1.6\text{m}$ 卧室通风入口处速度云图

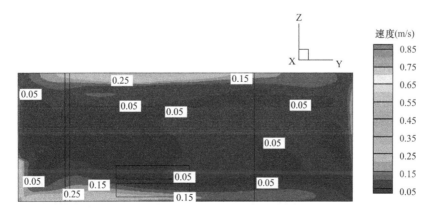

图 3.4-28　003 工况 $x=5.4\text{m}$ 客厅通风入口处速度云图

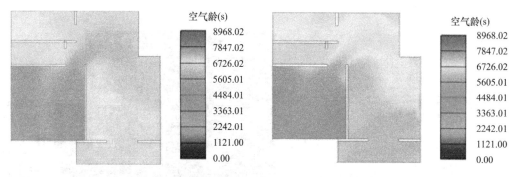

图 3.4-29　001 工况 $z=1.2$m 高度处空气龄　　　图 3.4-30　002 工况 $z=1.2$m 高度处空气龄

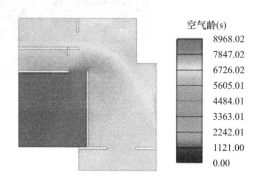

图 3.4-31　003 工况 $z=1.2$m 高度处空气龄

从图 3.4-29～图 3.4-31 的模拟结果可以看出，户型 1 的 001 工况客厅与卧室通风器同时使用时，客厅与卧室空气龄差距较大。对比 001 工况卧室与客厅同时通风，002 工况客厅的空气龄有所升高。而 003 工况虽然是客厅单独通风，但客厅的空气龄并未较 001 工况有所改善。

为此，截取 001 和 003 两种工况 $x=5.4$m 处纵向截面的空气龄情况进行比较，见图 3.4-32 和图 3.4-33。

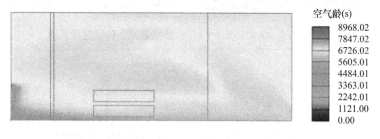

图 3.4-32　户型 1 的 003 工况 $x=5.4$m 处空气龄

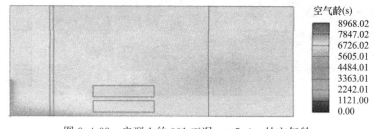

图 3.4-33　户型 1 的 001 工况 $x=5.4$m 处空气龄

从图 3.4-32 和图 3.4-33 中可以看出，虽然 003 工况进入客厅的通风量较 001 工况更大，但由于进入客厅的冷空气迅速下沉，并集中于客厅底部，难以与室内空气形成较好的掺混。结合 001 工况的速度矢量图可以看出，进入卧室的冷空气经过散热器的预热和上升气流的输送和搅拌，使新鲜空气更均匀的分布于整个房间内部。同时户型 2 呈现了与户型 1 相似的模拟结果，且此现象表现的更为明显。

5. 模拟结果分析

模拟结果显示，通风期间户型 1 和户型 2 的温度呈现相似的分布规律，在房间高度上形成了较明显的温度分层。在人员高度处（$z=1.2m$）室内温度基本处于 16～18℃ 范围内。由于冷空气进入，在室内形成明显的下沉气流，降低了近地面处的温度，使得近地面的温度普遍处于 14～15℃ 左右。持续通风会造成近地面较低的温度分布，影响室内人员的舒适度。因此，针对使用需求，采用通风器短期间歇性通风基本可满足室内的温度要求。

室内风速模拟结果显示，室内风速较高的区域处于卧室和客厅的散热器上部，其形成原因是散热器上方形成了强烈的自然对流。对于人员主要活动区域，室内风速均可控制在 0.2m/s 以下，满足室内风速控制的要求。分析 001 工况的模拟结果，客厅和卧室通风器流量没有形成均匀的分配，主要原因在于两个通风器均为无动力通风器，其影响通风器风量大小的因素主要是各通风通道的阻力，通风通道阻力的不同造成了两个通风器流量分配的不均。

空气龄的模拟结果表明，001 工况各房间的空气龄与理论计算的换气次数 0.55h^{-1} 偏差较大。当卧室单独通风时，卧室的空气龄明显低于平均值，起到了改善室内空气质量的作用。但客厅单独通风时，空气龄并没有明显的降低。原因在于客厅的通风入口处在空气进入室内后形成了明显的下沉气流，新鲜冷空气位于近地面处，无法与室内空气形成良好的掺混。对比卧室的模拟结果，冷空气进入室内后直接经由散热器的加热和上升气流的搅拌与输送，使新鲜空气能够更加均匀的输送到室内。因此对于安装了通风器的房间，较优方案是将室内散热器置于通风入口下缘，使室外的新鲜冷空气在进入室内后可以通过散热器预热，进而得到更好的输送和分配。

（四）小结

针对保障性住房套型建筑面积相对较小、平面布局不利于通风换气的特点，以北京地区保障性住房的 2 种典型户型为研究对象，从通风器对室内气流组织及热环境影响的角度出发，对利用通风器与动力驱动设备联动运行的 6 种不同工况下的室内通风换气效果进行了模拟分析，探讨窗式通风器的使用特点及应用模式，研究结果可为保障性住房中窗式通风器的设置提供参考。

无动力窗式通风器在多房间同时通风时，会存在气流分配不均的情况，若考虑各房间同时通风，可在通风器上安装通风动力装置，用以精确控制通风量。对此，可进一步开展相关研究，并在完成高性能窗式通风器的产品研发后，进行实际工程的实验验证，从而为保障性住房建筑设计提供有力的技术支撑。

三、院落建筑室内通风技术研究

根据传统民居基本情况调查结果可知，多数现状建筑后纵墙未开窗。冬季开窗通风容易导致建筑室内温度迅速降低，不利于防寒保暖，是不可行的；若关闭门窗，室外新风通过门窗、墙体缝隙进入室内，气流无组织，室内空气流通不畅，温度高低不可控，且空气在某一个空间停留时间过长，即空气龄过长，将影响室内空气品质。该研究拟在民居的后墙加设通风器，加速室内空气的流动，使得热空气与新风混合，流通至整个室内空间，室内温度分布比较均匀，室内空气品质将大幅度提升；若 1.2m 高处横切面风速在 0.1m/s 以下，无吹风感时，人体舒适度也将得到大幅度提高。

本节利用 CFD 模拟计算软件，对传统民居室内环境进行模拟分析。根据室内气流组织分布情况，分析进入室内新风的均匀性、风速及温度分布，探讨通风器的使用特点及应用模式。

（一）京郊传统民居现状

通过对已列入《国家传统村落目录》的北京市房山区南窖乡水峪村、门头沟区斋堂镇爨底下村和灵水村 3 个村落的调查可知，传统民居建筑基本为高 4.15m，进深 4m，左右卧室宽 2.72m，中堂宽 2.6m；火炕高度为 0.6m。同时发现大部分村落的民宅通风设计不合理，基本为单向开窗，后纵墙不开窗，不利于自然通风，既影响室内空气品质，又影响夏季室内热舒适度，应进行研究，采取有效措施进行优化。京郊典型传统民居立面图见图 3.4-34。

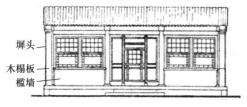

墀头
木榻板
槛墙

图 3.4-34　传统民居立面图

（二）室内通风技术研究

通过调查发现，传统民居建筑冬季关闭门窗，不利于新风通过门窗、墙体缝隙进入室内，室内空气流通不畅，室内空气品质不能满足要求且室内温度不稳定。因此，应在民宅的后纵墙上加装通风器，加速且有组织的使室内空气流动，将由土炕表面上升的热空气与新风进行混合，以保证室内温度分布均匀，且 1.2m 高度处横切面，风速在 0.1m/s 以下无吹风感，从而解决建筑冬季室内温度偏低、夏季室内闷热和过渡季节自然通风不畅等室内空气质量恶劣的问题。为此，本节利用 ANSYS FLUENT 软件，开展传统院落建筑室内风环境模拟分析。对于传统民居中不合理的设计进行改造。通过 ANSYS FLUENT 模拟技术分析通风现状，模拟出最合理的加设动力通风器的位置，找出过渡节点，使室内空气流通顺畅，流通速度加快流速均匀。

（三）模拟分析

1. 模拟计算软件

ANSYS FLUENT 软件基于有限体积法，包含丰富而先进的物理模型。包括湍流模型、传热模型、多相流模型、燃烧模型以及动网格模型，利用该软件模拟数据有效可靠。为此，该研究利用 ANSYS FLUENT 软件，开展传统院落建筑室内风环境模拟分析，进而达到改善传统民居室内环境质量的目的。

2. 现状建筑

（1）模型建立

选取北京京郊的一栋传统民居作为建筑模型。具体建筑模型见图 3.4-35。为准确模拟计算，设置外窗和屋门漏气孔，模拟建筑围护结构漏气状况。

（2）模拟计算条件

根据对选定典型民居所在地的气象条件进行计算条件设定：室内空气计算温度 18℃，室外空气计算温度－4.6℃，火炕表面温度 40℃，进风速度设为 1m/s。

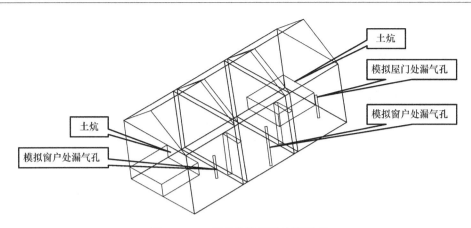

图 3.4-35　现状传统民居计算模型

（3）模拟计算结果

1）典型民居室内空气温度和风速

距西外墙 1.5m 处立断面的温度分布云图、速度云图和速度矢量图分别见图 3.4-36～图 3.4-38；距地面 1.2m 高度处横切平面的温度分布云图、速度云图和速度矢量图见图 3.4-39～图 3.4-41；距地面 1.2m 高度处横切平面的空气龄见图 3.4-42。

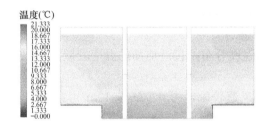

图 3.4-36　Y＝1.5m 处 XZ 平面的温度分布云图

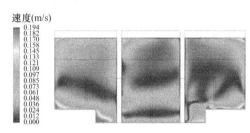

图 3.4-37　Y＝1.5m 处 XZ 平面的速度云图

图 3.4-38　Y＝1.5m 处 XZ 平面的速度矢量图

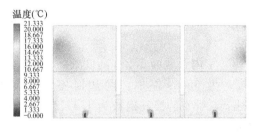

图 3.4-39　Z＝1.2m 处 XY 平面的温度分布云图

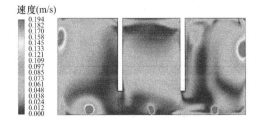

图 3.4-40　Z＝1.2m 处 XY 平面的速度云图

图 3.4-41　Z＝1.2m 处 XY 平面的速度矢量

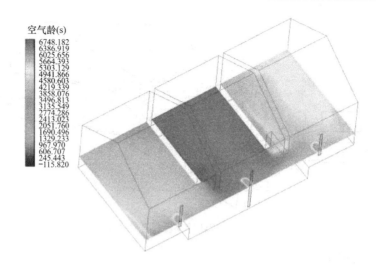

空气龄(s)
6748.182
6386.919
6025.656
5664.393
5303.129
4941.866
4580.603
4219.339
3858.076
3496.813
3135.549
2774.286
2413.023
2051.760
1690.496
1329.233
967.970
606.707
245.443
−115.820

图 3.4-42　Z＝1.2m 处 XY 平面的空气龄

通过模拟计算得到室内空气温度和风速的分布情况，以及距地面 1.2m 处平面内的空气龄。

2) 典型民居室内空气温度和风速的分析

数值计算结果表明，当室内温度为 18℃、室外温度为−4.6℃时，现状建筑室内温度场和速度场分布为：

① 室内距南墙内表面 1.5m 处，XZ 断面的温度分布是接近地面的温度较低，为 12℃左右，上方温度为 17℃左右；

② 室内距南墙内表面 1.5m 处，XZ 断面的风速较低，为 0.02～0.10m/s，气流循环较慢；

③ 两个卧室内距地面 1.2m 高度处，XY 平面的温度为 17℃左右，而中堂温度为 15℃左右；

④ 室内距地面 1.2m 高度处，XY 平面的风速较低，为 0.01～0.19m/s，气流循环较慢；

⑤ 室内距地面 1.2m 高度处，XY 平面的空气龄偏高，其中中堂的空气龄较两个卧室高，为 6500s 左右，两边卧室空气龄为 5200s，也就是说，中堂的换气次数为 1.8h^{-1}，卧室的换气次数为 1.47h^{-1}，其主要原因是热空气上升，间接促进了室内空气的缓慢流通。

模拟结果表明，现状建筑冬季室内通风效果较差，导致室内空气品质差，室内温度分布不均匀，气流循环较慢，空气在一个空间上停留时间较长，长此以往，不利于人体健康，因此，亟需对传统民居的室内环境进行改善。

3. 增设通风器

现状建筑冬季室内通风效果较差[9-11]，为改善室内热环境质量，民居后纵墙设置通风器。计算中所选用的机械式通风器型号相同，尺寸均为 1.2m×0.05m，模型中通风器设置于卧室后墙中部距地面 0.9m 高的位置。传统民居建筑模型与通风器的设置见图 3.4-43。

（1）模型建立

（2）模拟计算条件

设定计算条件同本节中现状建筑模拟计算
条件的规定。

（3）模拟计算结果

1）典型民居的室内空气温度和风速（增设
通风器后）

通过模拟计算得到室内空气温度和风速的
分布情况。

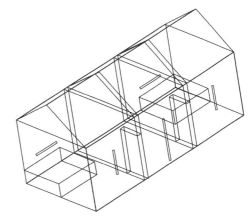

图 3.4-43　传统民居建筑模型与通风器

距西外墙 1.5m 处立断面的温度分布云图、
速度云图和速度矢量图分别见图 3.4-44～
图 3.4-46；距地面 1.2m 高度处横切平面的温
度分布云图、速度云图和速度矢量图见图 3.4-47～图 3.4-49；距地面 1.2m 高度处横切平
面的空气龄见图 3.4-50。

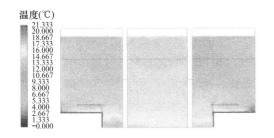

图 3.4-44　$Y=1.5m$ 处 XZ 平面的温度分布云图

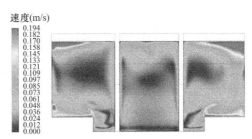

图 3.4-45　$Y=1.5m$ 处 XZ 平面的速度云图

图 3.4-46　$Y=1.5m$ 处 XZ 平面的速度矢量图

图 3.4-47　$Z=1.2m$ 处 XY 平面的温度分布云图

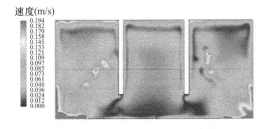

图 3.4-48　$Z=1.2m$ 处 XY 平面的速度云图

图 3.4-49　$Z=1.2m$ 处 XY 平面的速度矢量图

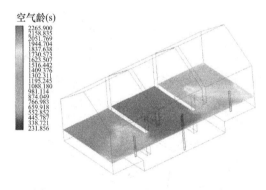

空气龄(s)

图 3.4-50　Z＝1.2m 处 XY 平面的空气龄

2）典型民居的室内空气温度和风速的分析（增设通风器后）

数值计算结果表明，当室内温度为 18℃、室外温度为－4.6℃时，增设通风器后的典型民居室内温度场和速度场分布为：

① 距南墙内表面 1.5m 处，室内 XZ 断面的温度分布是卧室地面至 0.4m 范围的温度较低，为 12.8℃左右，其余空间温度约为 17.8℃，中堂内空气温度为 17.0℃左右。与现状建筑相比，近地面处温度有所上升，温度分布比较均匀，人体舒适度增强。

② 室内距南墙内表面 1.5m 处，XZ 断面的风速较低，卧室为 0.012～0.19m/s，中堂为 0.012～0.122m/s，均无吹风感。

③ 室内距地面 1.2m 高度处，XY 平面的室内温度分布比较均匀，卧室温度分布较均匀，约为 17℃。中堂温度分布均匀，约为 16℃。

④ 从室内距地面 1.2m 高度处，XY 平面的速度云图和速度矢量图可以看出，卧室内为 0.012～0.182m/s，无吹风感。中堂内为 0.024～0.05m/s，无吹风感。

⑤ 从室内距地面 1.2m 高度处 XY 平面的空气龄可以看出，与现状建筑相比，建筑物的后纵墙加设通风器后，卧室内空气龄大幅度降低，为 1800s，中堂的空气龄为 2200s，较卧室略高。

3）评价

模拟结果表明，后纵墙加设通风器后，建筑物冬季室内通风效果有较大提高，温度分布均匀无吹风感，人体感觉较为舒适。

4）室内热环境质量改善分析

通过传统民居基本情况调研可知，现状建筑气密性较差，从提高舒适性和节能的角度出发，必须进行改造。但是，建筑围护结构气密性能提高后，也会带来影响室内空气品质的问题。经过研究分析，决定在建筑物的后纵墙加设动力通风器进行改造。传统民居室内风环境模拟分析统计，现状建筑与加设通风器的通风效果一览表见表 3.4-5。

现状建筑与改造后通风效果一览表　　　　　　　　　　　　　表 3.4-5

计算部位		参数名称	现状建筑	加设通风器的建筑	与现状建筑比较，加设通风器的建筑性能评价
室内距南墙内表面 1.5m 处 XZ 断面	卧室	温度	地面至 0.8m 范围的温度较低，为 12℃左右；其余空间温度为 17℃左右	地面至 0.8m 范围的温度相对较低，约为 16℃，其余空间温度均在 18℃左右	温度提高 4℃和 1℃
	中堂	温度	地面至 0.8m 范围的温度较低，为 12℃左右；其余空间温度为 17℃左右	全部空间温度均在 17.8℃左右	温度提高 5.8℃和 0.8℃
室内距南墙内表面 1.5m 处 XZ 断面	卧室	风速	为 0.012～0.06m/s，气流速度较慢	为 0.012～0.19m/s，无吹风感	风速略有提高，但无吹风感
	中堂	风速	为 0.012～0.06m/s，气流速度较慢	为 0.012～0.122m/s，无吹风感	风速略有提高，但无吹风感

计算部位	参数名称		现状建筑	加设通风器的建筑	与现状建筑比较,加设通风器的建筑性能评价
室内距地面 1.2m 高度处 XY 平面	卧室	温度	温度分布不均匀,17℃左右	温度分布较均匀,约为17℃	温度分布较均匀
	中堂	温度	温度分布不均匀,为15℃左右	温度分布均匀,约为16℃	温度分布均匀,且提高1.0℃左右
室内距地面 1.2m 高度处 XY 平面	卧室	风速	为 0.01~0.19m/s,气流混合较慢	为 0.012~0.182m/s,无吹风感	风速更均匀
	中堂	风速	为 0.01~0.05m/s,气流混合较慢	为 0.024~0.05m/s,无吹风感	风速更均匀
室内距地面 1.2m 高度处 XY 平面	卧室	空气龄	5200s,为每 1.47h 换气 1 次	1800s,为每 0.5h 换气 1 次	换气 1 次相差 0.92h
	中堂	空气龄	约为 6500,为每 1.8h 换气 1 次	2200s,为每 0.61h 换气 1 次	换气 1 次相差 1.19h

(4) 加设通风器计算结论

1) 现状建筑若冬季开窗通风,将导致室内温度迅速降低,不利于防寒保暖;若关闭门窗,新风通过门窗、墙体缝隙无序地进入室内,室内空气流通不畅,且温度分布不均匀,通过空气龄计算得出的结论是:现状中堂的换气次数为 $1.8h^{-1}$,卧室的换气次数为 $1.47h^{-1}$,室内空气品质较差。

2) 当在现状建筑的后纵墙加设通风器后,加速了室内空气的流动,使得由火炕上表面热作用提升的热空气与新风混合,流通至整个室内空间,室内温度分布比较均匀,且通过空气龄计算得出的结论是:中堂的换气次数为 $0.61h^{-1}$,卧室的换气次数为 $0.5h^{-1}$,室内空气品质良好,且 1.2m 高处,风速在 0.1m/s 以下,无吹风感,较大幅度地提高了人体的舒适度。

3) 与现状建筑比较,加设通风器的建筑室内距南墙内表面 1.5m 处 XZ 断面卧室温度提高 4℃和1℃,中堂温度提高 5.8℃和0.8℃。卧室和中堂的风速略有提高,且无吹风感;室内距地面 1.2m 高度处 XY 平面卧室温度分布较均匀,中堂温度分布均匀且提高1.0℃左右;卧室和中堂的风速更均匀;室内距地面 1.2m 高度处 XY 平面卧室、中堂的换气次数分别降低了 $0.92h^{-1}$ 和 $1.19h^{-1}$。

(四) 小结

选取北京京郊传统村落典型民居,利用 ANSYS FLUENT 软件进行现状模拟,分析得出现状建筑冬季室内通风效果较差,室内温度分布不均匀,气流循环较慢。在卧室后墙中部距地面 0.9m 高的位置设置通风器,通过模拟分析,得出后纵墙加设通风器后,建筑物冬季室内通风效果有较大提高,温度分布均匀,无吹风感,人体感觉较为舒适。

本章参考文献

[1] 孟山青,刘靖,袁涛,等. 玻璃纤维增强塑料窗的保温性能研究 [J]. 建筑技术开发,2016,43 (06):23-25.

[2] 伴晨光,何涛,李强. 环氧树脂在玻璃钢门窗型材拉挤中的应用 [J]. 门窗,2015 (09):20.

［3］ 伴晨光，李强. 玻璃钢门窗对撞组角工艺 ［J］. 门窗，2015（09）：250.

［4］ 刘辉，陈俞，侯兆年，等. 传统村落修缮保护技术研究 ［J］. 古建园林技术，2017（01）：10-13.

［5］ 中华人民共和国住房和城乡建设部，中华人民共和国国家质量监督检验检疫总局. GB 50033—2013 建筑采光设计标准 ［S］. 北京：中国建筑工业出版社，2013.

［6］ 郭玮，郭始光. 关于建筑外门窗三项物理性能的思考 ［J］. 海南大学学报（自然科学版），2004（03）：231-234，238.

［7］ 王永姣. 我国室内环境质量标准及室内环境质量现状分析 ［C］//中国环境科学学会. 2018 中国环境科学学会科学技术年会论文集（第四卷），2018.

［8］ Fanger P O. Thermal Comfort ［M］. Copenhagen：Danish Technical Press，1970.

［9］ 刘盛，黄春华. 湘西传统民居热环境分析及节能改造研究 ［J］. 建筑科学，2016，32（06）：27-32，38.

［10］ 陈沂，唐颢磊，陈晓娟，等. 城村古建民居的建筑物理环境测试与分析 ［J］. 福州大学学报（自然科学版），2016，44（01）：89-96.

［11］ 陈沂，唐颢磊，陈晓娟，等. 福建桂峰村古建民居的建筑物理环境测试与分析 ［J］. 建筑科学，2016，32（06）：14-20，71.

第四章

透光围护结构节能设计、施工与运维管理

透光围护结构由玻璃面板与支承结构体系组成，具有规定的承载能力、变形能力和适应主体结构位移能力，不分担主体结构所受作用的建筑外围护结构或装饰性结构，包括玻璃幕墙、玻璃采光顶等。

透光围护结构，按结构类型可分为构件式、单元式、点式以及全玻幕墙；按外观效果可分为隐框、明框、半明半隐幕墙。

作为建筑的一个重要组成部分，透光围护结构大量运用于各类建筑中，具有独特的建筑艺术效果。但是，透光围护结构对建筑能耗影响较大，与传统墙体相比，是传统墙体热损失的数培，达到整个建筑能耗的30%～40%。而影响透光围护结构的因素也较多，主要包括窗墙比、玻璃参数、遮阳措施、施工工艺以及后期的运维管理等。所以，透光围护结构的节能应从设计、施工以及运维管理几个方面重点把握。

随着我国建筑节能相关标准规范的不断完善和推进，透光围护结构的节能设计和施工已逐步走上正轨，但作为全面的建筑节能，应考虑建筑的全寿命周期，其中透光围护结构的运维管理一直都没有引起足够的重视，所以，本章重点介绍透光围护结构关于节能设计、施工与运维管理的一些体会。

第一节　BIM 技术应用

作为一种管理手段，BIM 技术贯穿到建筑节能的全生命周期，包括设计阶段、施工阶段和运维管理阶段，从而达到降低建筑能耗的作用。

传统的建筑节能技术，通常是在建筑设计完成之后，再进行能耗分析，而 BIM 技术是在建筑设计过程中通过建立建筑三维模型，输入相应的节能材料参数，及时进行建筑能耗分析与计算，施工过程的模拟以及后期整个建筑的节能运维管理，极大地提高了建筑节能的效率。所以，BIM 技术的出现对于建筑节能是一个重大的突破。

BIM 技术在透光围护结构节能中具有重要的作用，主要表现在以下几个方面。

一、建筑设计阶段

主要包括建筑朝向的选择和建筑形体的选择。

建筑朝向，就是建筑物透光围护结构的朝向，它对建筑耗能的影响主要体现在两个方面：获得太阳辐射热的差异和建筑本身的通风状况。建筑朝向的影响因素很多，利用 BIM 技术可以分析进而消除这些影响。针对建筑设计，利用 BIM 能耗分析技术，可以非常直观地对比不同朝向方案的初步能耗，既能满足节能要求，又能帮助建筑设计人员确定建筑朝向，然后利用 BIM 技术建立建筑体量模型进行能量分析，并利用最先进的自动模型几何分析功能，直接将建筑模型转换为建筑能量模型，直观地观察热块能量模型，从而比较几个不同方案在建筑能耗方面的不同。

建筑形体是给人的第一印象，通过设计建筑体形来达到建筑节能的目的，也是建筑实用性和经济性的充分考虑。利用 BIM 技术对影响建筑形体的各种气候因素加以分析，帮助建筑设计人员在确定建筑形体之前就把建筑节能作为考虑事项之一，从而降低建筑耗能，保证节能效果。例如建筑的通风散热在某些湿热地区非常重要，可以通过 BIM 技术，在设计初期就通过加大建筑的开口面积或者架构建筑底层等方式来保证痛风，又例如为了遮挡夏季强烈的太阳辐射，可以利用 BIM 技术来分析建筑进深和层高对自然采光的影响，来决定建筑的形体样式。

二、透光围护结构设计

充分利用 BIM 能耗分析技术，对不同透光围护结构的材料进行比较，对比各种材料的性能，进而选择最适合、最节能的建筑围护结构材料。

玻璃的选择是透光围护结构设计中最重要的材料之一。据统计，建筑中 1/3 的能量是通过玻璃的热传导而损失的，因此，减少玻璃的能量损失，也是现代科学需要重点解决的问题。采用 BIM 技术，将玻璃的热工性能参数、尺寸、朝向和遮阳措施等进行数据汇总，通过变换玻璃配置，观察建筑能耗的变化进行对比分析，从而选出最适合的玻璃配置。

同样，幕墙龙骨、遮阳系统等也可采用相同的方式，通过不同的透光围护结构的节能构造设计，达到最佳节能效果。

三、节能运维管理

BIM 技术运维管理就是将 BIM 技术与建筑节能运营维护管理系统相结合，对建筑设备、照明等进行科学管理，以实现设施的远程控制、设施控制的智能化以及运维管理的可视化，从而降低运营维护成本。

通过 BIM 结合物联网技术，系统可以实现对室内环境的舒适度进行远程实时监测，配合节能运行管理，及时实现对透光围护结构相应节能设施进行调整，如控制开启窗开启数量、开启角度和通风面积，控制遮阳系统的角度、遮阳面积，控制供暖、空调设置的温度等。另外，通过开发建筑节能管理功能模块，对透光围护结构情况进行自动统计分析，并对异常能源使用情况进行警告或标识。

第二节　节　能　设　计

一、节能设计的重要性

透光围护结构虽然对整个建筑能耗影响较大，但由于其独特的建筑效果，又往往不可替代，深受建筑师和业主的欢迎。

透光围护结构中不同的设计方案对节能设计影响很人，不同的节能设计造成的能耗损失可能超过 20%～30%，如窗墙比的设计、玻璃的不同配置、遮阳系统以及设置方案等，最终决定了透光围护结构节能效果。

中空低辐射玻璃是在玻璃表面镀上多层金属或其他化合物组成的膜系产品，其镀膜层对可见光高透过，而对中远红外线高反射，正是基于这一特性，与普通镀膜玻璃相比，具有良好的隔热效果和透光性。目前，透光围护结构的玻璃绝大多数都采用中空低辐射玻璃，如单银、双银甚至三银中空低辐射玻璃，玻璃的热工参数应按建筑节能设计要求进行选取，以满足透光围护结构的节能设计要求。另外，在相同玻璃组合下，双银玻璃比单银玻璃具有更低的辐射率、传热系数以及太阳得热系数，而在太阳得热系数相同的情况下，单银玻璃可见光透过率更高，以此类推，多银层玻璃具有更好的节能效果。

透光围护结构遮阳系统按位置分，可分为室外遮阳和室内遮阳；按固定方式分，可分为电动遮阳、手动可调遮阳和固定式遮阳；按遮阳方式分，可分为水平遮阳、垂直遮阳、综合式遮阳和挡板式。合理的遮阳系统可使空调系统的运行能耗降低 16%～29%。但是，由于遮阳系统具有挡光作用，从而降低室内照度，尤其是阴雨天更为不利。因此，在遮阳系统设计时要充分的考虑，尽量满足室内天然采光的要求[1]。

总之，节能设计是透光围护结构中最重要的环节，应在现行国家或行业相关节能标准规范的指引下，考虑最优化的配置方案，降低建筑能耗，提高人居舒适度。同时，积极选用最新节能技术成果，不断推动透光围护结构的节能设计工作的发展和进步。

二、节能设计要求

1. 建筑幕墙（含透光部分和非透光部分）、门窗节能改造中所采用的技术或产品的综合传热系数、太阳得热系数、气密性和可见光透过率应满足现行国家标准《公共建筑节能设计标准》GB 50189 的相关规定。

2. 透明幕墙、门窗节能改造时，需根据幕墙类型进行专项节能设计，以满足现行行业标准《玻璃幕墙工程技术规范》JGJ 102 的相关规定，还应进行气密性能、水密性能、抗风压性能、平面内变形性能等测试，确保节能改造的有效性与安全性。

3. 对外墙、采光顶、外门窗或幕墙进行节能改造时，应对原结构的安全性进行复核、验算；当结构安全不能满足节能改造要求时，应采取结构加固措施。

4. 非透光幕墙改造中，保温节能材料和系统的耐久性能、防火性能和抗风压性能应符合现行行业标准《金属与石材幕墙工程技术规范》JGJ 133 和现行国家标准《公共建筑节能设计标准》GB 50189 的相关规定。

既有建筑的建筑幕墙、门窗工程改造设计一般按方案设计、初步设计和施工图设计三个阶段，或按方案设计和施工图设计两个阶段进行。施工时应按照经业主或设计院确认的施工图和施工方案进行。各阶段设计文件应完整齐全，内容、深度符合规定，文字说明和图面均应符合标准，表达清晰、准确，全部文件必须严格校审，不应出现各种差错。

建筑幕墙、门窗设计文件的编制深度，应满足既有建筑物对幕墙、门窗的各项技术、性能和安全指标。

建筑幕墙设计的立面要求既满足既有建筑改造的建筑设计艺术性，又符合幕墙技术的节能环保、安全、耐久、合理，同时又必须确保幕墙在使用过程中具有足够的安全储备。

设计单位应提供既有建筑的建筑幕墙设计所要求的建筑基本参数：基本风压、工程所在地区的地面粗糙度、年温度变化、设计使用年限、防火等级等。

节能施工图设计应根据已批准的方案设计进行编制，内容以图纸为主，应包括封面、图纸目录、设计与施工说明、平立面图、大样图、节点图等。

节能施工图设计文件的深度应满足：能据以编制施工图预算、能据以安排材料订货和工厂制作、能据以进行施工和安装、能据以进行工程验收。

三、节能设计计算

根据建筑设计单位提供的《建筑节能设计报告书》中相关要求，对建筑幕墙、门窗进行节能计算复核。

建筑幕墙、门窗的节能计算应采用经国家或地方颁布执行的规范、规程和行业标准进行计算，内容应完整齐全、条理分明，各项计算应列出计算步骤，计算书中的文字和插图要清晰，计算书应整理成册，作为归档文件之一。

应提交建筑幕墙、门窗的结构计算书和热工计算书。

正确、合理选择设计计算参数，如气候分区、朝向、体形系数、窗墙面积比、透光和非透光幕墙和外门窗、采光顶等，建筑幕墙、门窗的热工性能应满足建筑节能设计指标要求。

工程中所有建筑幕墙、门窗均应进行节能计算，内容包括但不限于[2,3]：

（1）整樘窗的传热系数、太阳得热系数等；

（2）透光部位相向朝向的传热系数、太阳得热系数等；

（3）非透光部位（包括建筑幕墙层间梁部位）的传热系数；

（4）采光顶的传热系数、太阳得热系数等；

（5）遮阳系统光学性能；

（6）中空玻璃露点温度等。

正确选择热工计算单元，列出相关材料的热工参数，并应绘出相应的幕墙、门窗的计算单元示意图、剖面图、节点图等，所有计算单元、节点等应与施工图完全一致。

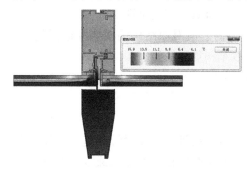

建筑幕墙、门窗热工计算符合现行行业标准《建筑门窗玻璃幕墙热工计算规程》JGJ/T 151的规定，并应具有玻璃光学热工性能、节点传热二维有限元计算、单元幅面及各朝向幕墙幅面计算结果。图 4.2-1 为幕墙温度场分布的示意图。

寒冷和严寒地区应进行结露性能评价计算。

节能计算内容应齐全，各项节能计算结果应明确是否满足建筑幕墙、门窗节能设计的要求。

图 4.2-1　幕墙温度场分布示意图

节能计算书应经认真校核，设计人、校核人应在计算书封面分别签字，封面上应写明项目名称和计算日期。

第三节　节能施工技术要点与质量检验

一、建筑幕墙施工技术要点

建筑幕墙施工过程中，质量安全方面主要控制预埋件安装、钢支座与主体连接、横梁与立柱连接、板块安装与固定、结构硅酮密封胶剥离试验等。

建筑幕墙的相关节能材料、构件进场时，应经第三方检测机构对其下列材料性能进行节能复验，复验应为见证取样检验[4]：

（1）保温隔热材料的导热系数或热阻、密度、吸水率、燃烧性能等；

（2）幕墙玻璃的传热系数、太阳得热系数、可见光透射比、露点温度及中空玻璃的密封性能等，以确定所采用的节能材料或产品是否满足节能设计要求；

（3）隔热型材的抗拉强度、抗剪强度；

（4）透光、半透光遮阳材料的太阳光透射比、太阳光反射比。

幕墙可开启部分的通风面积应满足建筑节能设计要求。

幕墙遮阳设施安装位置、角度应满足建筑节能设计要求。

幕墙节能既有幕墙的气密性能应符合设计要求，工程需要时，可进行保温性能、气密性能等节能方面的工程检测，包括实验室检测、工程现场检测等。

幕墙节能施工应按节能设计的要求进行，并满足相关节能规范要求。

幕墙节能工程使用的保温材料在运输、储存和施工过程中应采取防潮、防水、防火等保护措施。

施工单位按照幕墙节能质量验收标准进行全面检查，各个隐蔽部位要进行自检和抽查，隐蔽部位和其他项目待自检合格，可上报工程监理或质检部门验收。

既有建筑改造过程中，应采取有效的安全防护保护措施，对现场周边的通道要进行隔离或封顶保护。

二、建筑幕墙质量检验标准

新建或既有建筑节能改造后的幕墙工程应符合现行国家标准《公共建筑节能设计标准》GB 50189 和《建筑节能工程施工质量验收规范》GB 50411，玻璃幕墙工程质量应严格按照现行行业标准《玻璃幕墙工程质量检验标准》JGJ/T 139 和《玻璃幕墙工程技术规范》JGJ 102 以及国家、行业、地区现行的有关规范、标准执行。

玻璃幕墙所选用的各类材料，应符合现行的有关产品标准，包括《铝合金建筑型材》GB/T 5237、《建筑用安全玻璃》GB 15763、《建筑幕墙用硅酮结构密封胶》JG/T 475 等。

幕墙节能工程施工中应对以下部位或项目进行隐蔽工程验收，并应有详细的文字记录和必要的视频图片资料[4]：

（1）保温材料的厚度和固定；

（2）幕墙周边与墙体、屋面、地面的接缝处保温、密封构造；

（3）构造缝、沉降缝处的幕墙构造；

（4）隔汽层；

（5）热桥部位、断热节点；

（6）单元式幕墙板块间的接缝构造；

（7）凝结水收集和排放构造；

（8）幕墙的通风换气装置；

（9）遮阳构件的锚固和连接。

建筑幕墙保温、隔热构造安装质量的检验指标，应符合下列规定：

（1）玻璃幕墙安装内衬板时，同衬板四周宜套装弹性橡胶密封条，内衬板应与构件接缝严密。

（2）保温材料应安装牢固，并应与玻璃保持 50 mm 以上的距离。保温材料填塞应饱满、平整，不留间隙，其填塞密度、厚度应符合设计要求。

（3）玻璃幕墙保温、隔热构造安装质量，应采取观察检查的方法，并应与设计图纸核对，查施工记录，必要时可打开检查。

（4）幕墙节能工程的保温材料在安装过程中应采取防潮、防水等保护措施。

幕墙材料、构件应符合下列规定：

（1）保温材料：导热系数应不大于设计值；密度偏差不超过 10％；阻燃性应达到阻燃级以上（阻燃、难燃、不燃）。

（2）幕墙玻璃：品种应符合设计要求；传热系数、太阳得热系数应不大于设计值；可见光透射比不小于设计值；中空玻璃露点应满足产品标准要求。

（3）隔热条、隔热附件：导热系数应不大于设计值；隔热型材的力学性能及耐老化性能应符合设计要求和相关产品标准的规定。

（4）遮阳构件的尺寸、材料及构造应符合设计要求。

幕墙节能工程使用的材料、构件进场时，应对其下列性能进行复验：

（1）保温材料：导热系数、密度、阻燃性；

（2）幕墙玻璃：可见光透射比、传热系数、太阳得热系数、中空玻璃露点；

（3）隔热型材：拉伸、抗剪强度。

幕墙的气密性能指标应符合设计规定的等级要求。密封条应镶嵌牢固、位置正确、对接严密。单元幕墙板块之间的密封应符合设计要求。开启扇应关闭严密。

幕墙工程热桥部位的隔断热桥措施应有效可靠，断热节点的连接应牢固。

幕墙镀（贴）膜玻璃的安装方向、位置应正确。中空玻璃应采用双道密封。中空玻璃的均压管应密封处理。

幕墙隔汽层应完整、严密、位置正确，穿透隔汽层处的节点构造应采取密封措施。建筑伸缩缝、沉降缝、抗震缝的保温或密封做法应符合设计要求。

幕墙的非透明部分常常有许多需要穿透隔汽层的部件，如连接件等。这些节点构造采取密封措施很重要，应该进行密封处理，以保证隔汽层的完整。

幕墙与周边墙体间的缝隙应采用弹性闭孔材料填充饱满，并应采用耐候胶、密封胶密封。

遮阳设施的安装位置应满足设计要求，遮阳设施的安装应牢固，活动遮阳设施的调节机构应灵活、调节到位。

三、建筑门窗施工技术要点

门窗节能工程应优先选用具有国家建筑门窗节能性能标识的产品。

门窗（包括采光顶）节能工程所使用的材料、构件进场时，应经第三方检测机构对其下列材料性能进行节能复验，复验应为见证取样检验[3]：

（1）严寒、寒冷地区：门窗的传热系数、气密性能；

（2）夏热冬冷地区：门窗的传热系数、气密性能，玻璃的遮阳系数、可见光透射比；

（3）夏热冬暖地区：门窗的气密性能，玻璃的遮阳系数、可见光透射比；

（4）严寒、寒冷、夏热冬冷和夏热冬暖地区：透光、半透光遮阳材料的太阳光透射比、太阳光反射比，中空玻璃的密封性能；

（5）隔热型材的抗拉强度、抗剪强度。

外窗遮阳设施的性能、位置、尺寸应符合设计和产品标准要求；遮阳设施的安装应位置正确、牢固，满足安全和使用功能的要求。

密封胶条产品性能应满足相关胶条标准的要求，如材料、密度、硬度等。

密封胶产品性能应满足相关密封胶标准的要求，如密度、拉伸模量、粘结性能、相容性等。

门窗密封材料和性能应满足相关规范的要求。

门窗镀（贴）膜玻璃的安装方向、位置应正确。中空玻璃应采用双道密封，中空玻璃的均压管应密封处理。

当门窗使用通风器时，通风器的尺寸、通风量等性能应符合设计要求；通风器的安装位置应正确，与门窗型材间的密封应严密，开启装置应能顺畅开启和关闭。

建筑门窗施工过程中应及时进行节能质量检查和相关的隐蔽工程验收。

四、建筑门窗质量检验标准

门窗（包括采光顶）节能工程施工中应对以下部位或项目进行隐蔽工程验收，并应有详细的文字记录和必要的视频图片资料：

（1）门窗周边与墙体、楼板、地面的接缝处保温、密封构造；

（2）热桥部位、断热节点；

（3）凝结水收集和排放构造；

（4）门窗的通风换气装置；

（5）遮阳构件的锚固和连接。

门窗的品种、类型、规格、尺寸、开启方向、安装位置、连接方式、型材的壁厚及填嵌密封处理应符合设计要求，内衬增强型钢的壁厚及设置应符合国家现行产品标准的质量要求。

密封性对建筑门窗的节能效果至关重要。因此，对框与洞口、框与框之间、框与扇之间、玻璃与框扇之间密封要重点检查。

门窗必须安装牢固，并应开关灵活、关闭严密，无倒翘。推拉门窗扇必须有防脱落措施。

门窗配件的型号、规格、数量应符合设计要求，安装应牢固，位置应正确，功能应满足使用要求。

建筑外窗进入施工现场时，应对气密性、传热系数和露点进行复验。

建筑外窗的气密性、传热系数、露点、玻璃透过率和可见光透射比应符合设计要求和相关标准的要求。

金属外门窗隔断热桥措施应符合设计要求和产品标准的规定。

建筑门窗玻璃应符合下列要求：

（1）建筑门窗采用的玻璃品种、传热系数、可见光透射比和太阳得热系数应符合节能设计要求。镀（贴）膜玻璃的安装方向应正确。

（2）中空玻璃的中空层厚度和密封性能应符合设计要求和相关标准的规定。

门窗框、副框和扇的安装必须牢固。固定片或膨胀螺栓的数量与位置应正确，连接方式应符合设计要求。固定点应距窗角、中横框、中竖框 150～200mm，固定点间距应不大于 600mm。

塑料门窗拼樘料内衬增强型钢的规格、壁厚必须符合设计要求，型钢应与型材内腔紧密吻合，其两端必须与洞口固定牢固。

外门窗工程施工中，应对门窗框与墙体缝隙的保温填充进行节能隐蔽工程验收，并应有详细的文字和图片资料。门窗与墙体间缝隙应采用闭孔弹性材料填嵌饱满，表面应采用密封胶密封。密封胶应粘结牢固，表面应光滑、顺直，无裂纹。

门窗扇和玻璃的密封条，其物理性能应符合相关标准中对建筑物所在地区的规定。密封条安装位置正确，镶嵌牢固，接头处不得开、裂。关闭门窗时密封条应确保密封作用，不得脱槽。

外窗的遮阳设施，其功能应符合设计要求和产品标准；遮阳设施安装的位置、可调节性能应满足使用功能要求，安装牢固。外窗遮阳设施的角度、位置调节应灵活，调节到位。

凸窗周边与室外空气接触的围护结构，应采取节能保温措施。

特种门的节能措施，应符合设计要求。

五、建筑幕墙、门窗工程性能检测试验

根据设计要求，建筑幕墙、门窗工程应经第三方检测机构检测，并提供相关检测报告，建筑幕墙、门窗工程应进行以下性能检测：

(1) 抗风压变形；

(2) 空气渗透性；

(3) 雨水渗透性；

(4) 平面内变形（本项门窗可不检测）。

根据具体工程要求，可进行其他性能测试：

(1) 保温性能；

(2) 隔声性能；

(3) 防撞击性能；

(4) 防火性能等。

第四节　运行中改善大型公共建筑围护结构性能的途径

一、关于"气候控制"

在通常情况下，室外气候状况与人类基本生理要求的舒适条件之间存在着不同程度的差异，缩小或者消除这种环境差异的调控手段便是"气候控制"。

有学者用下述关系式表达了"气候控制"的本质：

1. 室外实际气候条件－热舒适环境＝需要的气候控制；

2. 需要的气候控制－建筑表皮的被动式调控＝设备的主动式调控；

3. 当建筑表皮的被动式调控不足以达到需要的气候控制条件时，则需要设备的主动调控，这意味着消耗更多的能源和有可能导致更严重的环境污染现象。

尽管上述关于"气候控制"的表达式不够严谨，却很形象地表述了一种本质。那就是，在确定了建筑物什么时候需要什么类型的能量后（关键前提条件），可以有两种途径来获得所需的能量：一是通过围护结构的调节获得所需的光能和热/冷量，二是可以借助主动式的环境控制系统来获得，如照明系统、空调系统等。但从能量消耗与利用效率的角度考虑，通过围护结构的设置与控制根据需要直接调节室外光、热等形式能量的流通，要比通过环境控制系统来消除或者补充这些能量，更加节能与高效。

"气候控制"实质上是一种关于"源头控制"的思想，该种思想在室内空气品质研究领域以对辐射空调方式的研究过程中均有提到。也就是对于可能影响居住环境的物质（污染的空气）和能量（冷、热量），从其物质散发或者是能量流通的源头处进行控制，减少源的散发或者是流通，要比通过环境控制系统来消除或者解决更加有效。

二、不同季节对围护结构的性能要求

根据建筑物对热量的需求分析以及"气候控制"的策略，当确定建筑物在何时需要何种类型的能量时，可以根据当时的气候状况来调控围护结构，以获得建筑物所需的冷、热量。针对建筑物不同的热量需求，结合不同季节的室外气候状况，可以得到不同季节的围护结构性能调节要求，如表 4.4-1 所示。

不同季节围护结构性能调节要求 表 4.4-1

季节	需要得热（+Q）		需要除热（−Q）	
冬季	$T_w<18℃$ $↑Q_{gain}⇒Q_s↑$ $↓Q_{loss}⇒Q_c↓$，$H_f↓$		大面积外窗的南向房间 $↓Q_{gain}⇒Q_s↓$ $↑Q_{loss}⇒H_f↑$	
过渡季（春/秋）	$T_w≤T_n$	$Q_s↑$，$H_f↓$，$Q_c↓$	$T_w<T_n$	$Q_s↓$，$H_f↑$，$Q_c↑$
	$T_w>T_n$	$Q_s↑$，$H_f↑$	$T_w≥T_n$	$Q_s↓$，$H_f↓$
			$T_w<29℃$	$Q_s↓$，$H_f↑$
夏季			$T_w≥T_n$	$Q_s↓$，$H_f↓$，$Q_c↓$
			$T_w<T_n<29℃$	$Q_s↓$，$H_f↑$
			$T_w>29℃$	$Q_s↓$，$H_f↓$

注：Q_s 表示太阳辐射得热，H_f 表示室内外的通风换气，Q_c 表示温差传热。

（一）冬季工况

建筑物通常情况下都是需要热量，所需的热量可以通过增加总得热和减少总散热而获得。对于前者，由于建筑室内发热量与建筑物的使用情况与居住者的作息模式等相关，不宜控制，因此，可以通过提高建筑物的太阳辐射得热来增加热量；对于后者，可以通过提高围护结构的保温性能、减少温差散热以及减少围护结构的渗风来减少热量的散失。

但一些特殊建筑类型或者个别朝向（如南向）的房间有时也需要散热，如发热量很大的大型公共建筑，冬季的部分时间里也是需要散热的，这时室外温度通常比较低，利用室内外的通风可以很有效地对建筑物进行散热。而对于其他类型建筑的南向局部房间出现过热的情况，如南向有大面积透明围护结构，且外围护结构面积小的情况，则可以通过减少太阳辐射得热从而减少热量的获得，或者增加邻室的传热和通风来减少房间得热量。

（二）过渡季（春/秋季）工况

过渡季工况较为复杂，建筑对热量的需要会出现正负的情况。

当建筑处于需要热量区间时，首先可以提高围护结构的太阳辐射得热，当室外温度 $T_w≤T_n$ 时，可以通过减少围护结构的温差传热和渗风来减少热量的散失。而当 $T_w>T_n$ 时，则可以通过提高室内外的自然通风来获得热量。

当建筑处于需要除热区间时，通常情况为 $T_w<T_n$，因此，可以通过提高温差传热和建筑物自然通风方式来进行散热；而当 $T_w≥T_n$ 时，应减少太阳辐射得热。有关研究表

明，在自然通风的状况下，当室温 $T_n \leqslant 29℃$ 时，居住者可以接受室内环境，因此，可以通过增加建筑物通风来获得可接受的热环境；而当 $T_w > 29℃$ 时，提高室内热环境质量的措施，只有减少太阳辐射得热与建筑物通风两种。

（三）夏季工况

建筑物通常情况下是处于需要除热的状况，围护结构除热的途径通常有两种：一是减少太阳辐射得热，二是利用建筑物内外的自然通风（当外温低于室温时）。此外，由于夏季工况时，室外平均温度与室温相差不大，有的地区会略比室温高，因此，减少围护结构的温差传热也有利于减少建筑物的得热。

综上所述，无论是在不同季节（冬、夏），还是在相同的季节（过渡季），当室内外环境发生变化时，建筑对能量的需求也会随之变化，有些时候建筑物需要热量，而有些时候则需要冷量。为了满足建筑对能量需求的这种变化，要求围护结构的热工性能需具备可调节的特性，根据上述分析，可以总结得到围护结构需要调节的热工性能主要是太阳辐射得热特性及温差传热特性，其中温差传热特性包括由于室内外温差的热传导以及室内外通风的热交换。

三、围护结构性能改善的途径

围护结构热工性能 K_a、α_s 的改善途径通常有如下三种方式：改变传导热阻；改变辐射（长波）换热热阻；改变材料辐射（短波）吸收、透过、反射特性。其中前两种方式侧重于改善（减小）等效温差传热特性 K_a，第三种方式则侧重于改善等效太阳辐射得热特性 α_s。

（一）改变传导热阻

空气具有较小的导热系数，因此增加合理厚度的空气层，可以有效提高围护结构传导热阻，减小围护结构的等效温差传热系数 K_a。增加空气层的措施通常有添加各种形式的遮阳帘、百叶等，其效果相当于在原有围护结构热阻的基础上增加了一个空气间层的热阻。空气间层的热阻与夹层的宽度以及夹层的密封性相关，如图 4.4-1 所示。

由图 4.4-1 可以看出，对于密闭的空气夹层，当空气层厚度大于 20mm 时，其热阻变化趋于平缓，空气间层热阻的增加一般不超过 $0.2 \mathrm{m}^2 \cdot \mathrm{K/W}$。而图 4.4-2 则说明空气层的密封性会影响其等效传热系数 K 值，一般来说，密封性不好的空气夹层等效热阻要比严格密封的热阻下降 20% 左右。因此，对于普通的添加遮阳帘的情况，相当于增加的热阻值范围为 0.1～0.15 $(\mathrm{m}^2 \cdot \mathrm{K})/\mathrm{W}$。

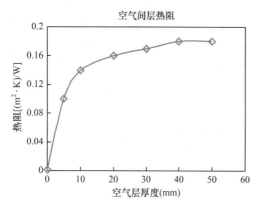

图 4.4-1　密封空气间层热阻值

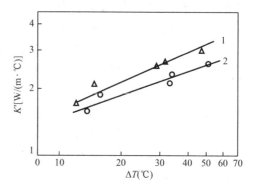

图 4.4-2　双层玻璃窗＋布帘传热系数的实验结果
1—边缘自然松弛；2—边缘压紧

此外，改变空气间层热阻的措施还有往空腔内填充导热系数更低的惰性气体，如氩气、氪气等，如果与夹层空腔表面镀 Low-E 膜措施相结合，其总热阻可增加 $0.2 \sim 0.5$ （$m^2 \cdot K$）/W。或者是从空腔内抽走空气，空气稀薄的空腔也可获得较高的传导热阻。相关研究表明，采用 0.2mm 厚真空层的 Low-E 玻璃，其传热系数 K 值可降至 $1.2W/(m^2 \cdot K)$。

（二）改变辐射换热热阻

物体表面间的辐射换热系数与物体表面温度、表面间的角系数以及表面的远红外发射率有关，改变辐射换热系数通常通过改变物体表面的红外发射率来实现。改变物体表面红外发射率主要有如下两种措施：对于非透光材料，可以采用一些抛光的表面，或者是贴上铝箔纸来降低表面的红外发射；而对于透光型围护结构，通常是采用镀 Low-E 膜的方式，图 4.4-3 表示了表面反射率与空气间层热阻的关系。由于对流换热热阻与辐射换热热阻为并联关系，因此把 Low-E 膜镀在对流换热热阻最大的地方，对总热阻的影响也就越大。所以相比较而言，把 Low-E 膜镀在对流热阻大的内侧表面或者是空气夹层表面比镀在室外侧表面要好。

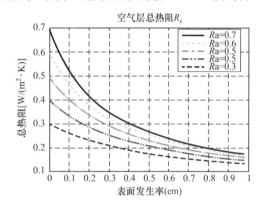

图 4.4-3　表面反射率与空气层热阻

（三）改变材料辐射（短波）吸收、透过、反射特性

对于透光型围护结构，改变其等效太阳辐射得热系数 α_s 的措施可有多种方式。如采用吸热玻璃可以增加材料对太阳辐射的吸收特性，进而改变 α_s；采用热反射玻璃（表面贴反射膜）可以提高玻璃对太阳辐射的反射特性，从而减少 α_s；此外，采用各种遮阳措施，也可以有效减少围护结构对太阳辐射的透过特性，减小 α_s。

对于非透光型围护结构，通常可采用改变物体表面的颜色来改变对太阳辐射的吸收特性，如采用深色的面层可以提高太阳辐射的吸收率，而采用浅色的面层则会大大降低太阳辐射的吸收率。

上述围护结构性能改善的三种方式有时单独使用，有时是同时采用其中的两种或者三种，各种组合情况下对围护结构性能的改善如表 4.4-2 所示。

围护结构性能改善途径汇总　　　　　　　　　　　　　　　　　表 4.4-2

改善途径	措施说明	K_a 变化 [热阻增加（$m^2 \cdot K$）/W]	α_s 变化
（1）改变传导热阻	增加空气层（添加遮阳卷帘、百叶等）	总热阻增加 $0.1 \sim 0.15$	α_s 减小
	空气夹层充惰性气体	总热阻增加 ~ 0.05	α_s 无变化
	空气夹层抽真空	总热阻增加[①] ~ 0.1	α_s 无变化
（2）改变辐射（长波）换热热阻	表面镀 Low-E 膜 内表面 外表面	总热阻增加[②] $<0.1 \sim 0.01$	α_s 减少 $0.03 \sim 0.1$
	贴铝箔纸（夹层表面）	总热阻增加 <0.05	

改善途径	措施说明	K_a 变化 [热阻增加 (m² · K)/W]	α_s 变化
（3）改变材料辐射（短波）吸收、透过、反射特性	吸热玻璃	K_a 无变化	α_s 减小
	表面贴反射膜	K_a 无变化	α_s 减小
	各种遮阳措施	K_a 略有减小	α_s 减小
	改变面层的颜色	K_a 无变化	α_s 变化
（1）+（2）	各种 Low-E 中空玻璃	总热阻增加 0.2~0.5	α_s 减少 0.1~0.2
	真空玻璃（Low-E 膜）	0.3~0.6	同上
（1）+（3）	各种吸热、反射中空玻璃	总热阻增加 0.1~0.15	α_s 减少 0.1~0.5
	张膜玻璃③	同上	α_s 减少<0.1
	多层充气膜结构	同上	α_s 减少<0.1
（1）+（2）+（3）	各种透光围护结构+遮阳装置	参考上部数值的组合	参考上部数值的组合

① 在夹层辐射换热热阻很小的情况下，尽管真空夹层的对流热阻很大，但总热阻的增加还是比较小的。
② 由于不同表面的对流换热热阻不一样，从而导致不同表面镀 Low-E 膜的总换热热阻是不一样的。
③ 只张一层膜的情况。

由上表可以看出，单独采用一种措施对围护结构性能的改善是很有限的，如充惰性气体中空玻璃、抽真空的玻璃等，总热阻的增加很小。而如果采用两种或者是多种措施相结合，则可以大大提高围护结构的热工性能，如镀 Low-E 膜的真空玻璃，其总热阻的增加可达到 0.6m² · K/W，相当于 37 砖墙的热阻值。

四、围护结构性能调节的措施

围护结构热工性能 K_a、α_s 调节的措施通常也有如下三种形式：改变结构通风；改变结构形状；改变材料物性。其中第一种方式侧重于调节围护结构的等效温差传热特性 K_a，对等效太阳辐射得热特性 α_s 也有一定的调节作用；第二种方式则是主要调节 α_s；最后一种方式对 K_a、α_s 均有调节作用。

（一）改变结构通风

如图 4.4-4 所示，改变结构通风一般有三种类型。通风方式（a）为夹层与室外的通风，通常情况下，等效温差传热系数 K_a 随着夹层通风量递增，而等效太阳辐射得热系数 α_s 则随风量递减；通风方式（b）为室外通过夹层与室内换气，在冬季，可以利用夹层的温室效应加热空气后送入室内，作为对新风的预热，此外，如果直接进行室内外换气（不通过夹层），可以实现对 K_a 较大范围的调节；通风方式（c）则利用室内的排风来带走夹层蓄存的太阳辐射热，在夏季可以有效的减小等效太阳辐射得热系数 α_s。三种方式均有自然通风与机械通风两种调节措施。

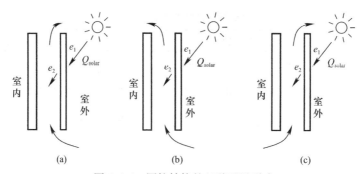

图 4.4-4　围护结构的三种通风形式
（a）夹层与室外通风；（b）室内外通风形式 1；（c）室内外通风形式 2

（二）改变结构形状

改变结构形状最常见的方式就是可调节的各种遮阳装置，包括各种活动的遮阳百叶、卷帘等。通过调节遮阳百叶的角度或者是卷帘的位置，可以有效调节等效太阳辐射得热系数 α_s，相比较而言，外遮阳对 α_s 的调节范围最大，夹层遮阳次之，内遮阳则最小，详见透光＋非透光围护结构分析；此外，多层的充气膜结构也是通过改变充气压力来改变结构的形状，从而实现对 K_a、α_s 的调节。围护结构形状的改变主要是侧重于对 α_s 进行调节。

（三）改变材料物性

对于透光型围护结构，改变材料物性的方式主要是调节围护结构的太阳辐射透过特性，例如电致调光玻璃、温控调光玻璃等。前者是利用一些电极控制的液晶材料来调节透光材料的透过率来实现调光，属于主动式调节；后者则是利用一些可随温度变化物态（类似相变材料）的高分子材料，被动地调节透光型围护结构的太阳辐射透过率，一般情况下，温度越高，其透过率越低。

对于非透光型围护结构，如相变材料，则是利用材料相变时的巨大潜热来尽可能地保持自身温度的恒定。当相变发生时，可以认为其等效热阻很大；如果相变材料置于室外侧时，可实现对等效太阳辐射得热系数 α_s 的调节。相变材料对 K_a、α_s 的调节属于被动式调节。

此外，对于一些特殊的结构，如光伏发电板、植被形式围护结构，也可以实现对 α_s 的调节。对于光伏发电板，利用单晶硅或者是多晶硅材料将照射的太阳辐射热能转变成电能，在夏季可以把围护结构对太阳辐射的负收益转化成正收益。对于植被形式的围护结构，则是利用植物的蒸腾作用吸收照射到围护结构表面的太阳辐射，相当于给围护结构外表面进行了遮阳，而到了冬季，凋谢的植被不会影响围护结构对太阳辐射的吸收。光伏发电板、植被形式围护结构对 α_s 的调节也属于被动式调节。

（四）总结

上述围护结构性能调节的三种方式有时单独使用，有时是同时采用其中的两种或者三种，各种组合情况下对围护结构性能的调节如表 4.4-3 所示。

围护结构性能调节措施汇总　　　　　　　　　　　　　　　　　表 4.4-3

调节措施	措施说明	K_a 变化	α_s 变化	备注
（1）改变结构通风	夹层自身通风 室外→夹层→室外	K_a 增加	α_s 减小	自然通风/机械通风
	室内外通风① 室外→夹层→室内	K_a 增加	α_s 减小/增加	同上
	室内外通风② 室内→夹层→室外	K_a 增加	α_s 减小	同上
（2）改变结构形状	可调外遮阳	K_a 基本不变	α_s 变化～0.5	手动/机械
	可调夹层遮阳	K_a 基本不变	α_s 变化～0.3	手动/机械
	可调内遮阳	K_a 略有改变	α_s 变化<0.3	手动/机械
	充气膜结构	K_a 可变	α_s 可变	调节压力

调节措施	措施说明	K_a 变化	α_s 变化	备注
（3）改变材料物性	电致调光玻璃	K_a 基本不变	α_s 可变	主动调节
	温控调光玻璃	K_a 基本不变	α_s 可变	被动调节
	光伏发电结构（玻璃幕墙、遮阳板等）①	K_a 基本不变	α_s 可较大范围变化	被动/主动调节
	相变材料②	K_a 可变	α_s 可变	被动调节
	植被形式	K_a 可变	α_s 可变	被动调节
（1）+（2）	夹层自身通风+可调夹层遮阳	K_a 可变	α_s 可变	主动调节
	室内外通风+可调外遮阳	K_a 可大范围变化	α_s 可变	主动调节
	空腔通风+膜结构	K_a 可变	α_s 可变	主动调节
（2）+（3）	可调节的光伏发电遮阳板	K_a 基本不变	α_s 可较大范围变化	被动/主动调节
	可调遮阳+调光玻璃	K_a 可变	α_s 可变	同上
（1）+（2）+（3）	夹层遮阳+通风+相变墙（室内侧）	K_a 可变	α_s 可变	被动/主动调节

① 在夏季可实现围护结构能量的正收益，相当于调节 α_s 使其小于 0；

② 相变材料置于室内侧，当其发生相变时，等效增加热阻；如果置于室外侧，当其相变时，等效改变 α_s。

本章参考文献

[1] 牛盛楠，王立雄，杨现国. 玻璃幕墙建筑的遮阳采光与节能 [J]. 建筑，2007，(4)：42-44.

[2] 中华人民共和国住房和城乡建设部. GB 50189—2015 公共建筑节能设计标准 [S]. 北京：中国建筑工业出版社，2015.

[3] 中华人民共和国住房和城乡建设部. JGJ/T 151—2008 建筑门窗玻璃幕墙热工计算规程 [S]. 北京：中国建筑工业出版社，2009.

[4] 中华人民共和国住房和城乡建设部，国家市场监督管理总局. GB 50411—2019 建筑节能工程施工质量验收规范 [S]. 北京：中国建筑工业出版社，2019.

第五章

透光围护结构热工性能测试方法

第一节　透光围护结构热工性能评价的意义

在现代建筑工程中，玻璃等透光材料的应用量越来越大。随着经济的飞速发展，我国不仅在公共建筑中大量采用玻璃幕墙（包括近年来聚氟乙烯（ETFE）膜材和膜结构在工程中的应用），居住建筑的外窗面积也在不断增大，还有一些住宅采用了大面积的玻璃幕墙。近年来，我国建筑幕墙年用量为世界其他国家年用量的总和，进入 21 世纪以来，双层玻璃幕墙开始在我国的民用建筑工程中应用。如，国家会计学院教学楼、昆仑公寓、北京公馆、北京旺座中心、中石油大厦、石景山射击馆、南京人寿大厦、天津市节能中心、北京花博会展馆，以及大型机场的候机楼工程等。

从保温隔热的角度看，玻璃和 ETFE 膜等显然都不是理想的外围护材料，采用这些材料的透光围护结构，其热工性能与非透光的围护结构相差较大。在寒冷的冬天，通过透光围护结构的热损失是建筑物主要供暖能耗，门窗玻璃幕墙保温性能不好，在使用后就会产生结露，将影响室内热环境，结露严重的甚至会缩短建筑物的使用寿命；在炎热的夏季，透过透光围护结构进入室内的太阳辐射得热是空调冷负荷的重要组成部分，门窗玻璃幕墙隔热性能差，在运行使用过程中就会降低室内的热舒适度，同时也可能产生视觉不舒适的现象。

双层幕墙满足了建筑设计美观、可视性好的需要，同时提高了建筑物室内光、热环境质量。但是，如果双层幕墙通风设计不合理，施工质量达不到要求，则将无法得到显著的节能效果和预期的室内热、声环境质量。然而，双层玻璃幕墙工程项目数量仍有限，在选择立面时较为随意。如何科学、合理地指导双层幕墙的绿色设计的问题亟待解决，玻璃幕墙的热工性能达不到建筑热工设计的要求，势必导致 CO_2 排放量增加，造成城市空气污染，建筑用能浪费严重，也不符合国家的节能政策。据统计，门窗玻璃幕墙的能耗约占建筑围护结构能耗的 40% 以上。

作为建筑外围护结构的构件，门窗玻璃幕墙等透光围护结构的主要功能是：视野、采光、遮阳与隔热、保温、通风、隔声。透光围护结构是关系到建筑节能减排、保护环境的关键部位，其隔声、遮阳和保温性能是影响建筑物室内物理环境质量和能耗的重要因素。因此，为适应经济建设的持续迅速增长，建立统一的、可操作性强的门窗玻璃幕墙等产品物理性能检测方法和性能判断依据，是建筑节能工作的需要，是实现"以人为本"理念的需要。

透光围护结构热工性能评价指标包括：传热系数（K）、抗结露因子（CRF）、太阳得热系数（$SHGC$）和双层玻璃幕墙通风性能。课题陆续完成了相关 4 项热工性能检测方法的研究，研究成果已经在《建筑外门窗保温性能分级及检测方法》GB/T 8484《建筑幕墙保温性能分级及检测方法》GB/T 29043、《透光围护结构太阳得热系数检测方法》GB/T 30592 和《双层玻璃幕墙热性能检测 示踪气体法》GB/T 30594 等国家标准编制中得到应用。

热工性能评价检测方法的研究为我国国家标准在实际工作中推广应用起到技术支撑作用。对透光建筑构件的技术研究和新产品开发具有重要和直接的工程应用价值。

为了响应国务院《深化标准化工作改革方案》中"积极参与国际标准化活动,推动与主要贸易国之间的标准互认,大力推广中国标准,以中国标准'走出去'带动我国产品、技术、装备、服务'走出去'的目标,提高我国建筑幕墙工程和门窗产品的竞争力,在国际上争取更多的话语权,必须有英文版国家标准的支撑和引领,这对于减少技术性贸易壁垒和适应国际贸易的需要具有重要意义"。将课题多项热性能检测创新性研究成果和积累的经验介绍给业内的同行,为"一带一路"倡议提供有力的技术支撑,对进行国际交流具有重要意义。目前,国家标准《透光围护结构太阳得热系数检测方法》GB/T 30592 已翻译为英文版。

第二节　保温性能测试方法

一、保温性能测试方法的确定

（一）建筑门窗/幕墙保温性能

建筑门窗/幕墙保温性能主要参数包括传热系数（K）和抗结露因子（CRF）。它们的定义分别是：

传热系数（K）是表征建筑门窗/建筑幕墙保温性能的重要参数,是在稳定传热状态下,建筑门窗/幕墙两侧空气温差为 1K 时,单位时间内通过单位面积的传热量。

抗结露因子（CRF）是表征建筑门窗/幕墙阻抗表面结露能力的参数,是在稳定传热状态下,建筑门窗/玻璃幕墙试件玻璃（或幕墙框架）热侧表面温度与冷箱空气平均温度差和热箱空气平均温度与冷箱空气平均温度差的比值。

（二）保温性能测试方法的制定过程

随着我国建筑节能的需要,1988 年我国制定实施了国家标准《建筑外窗保温性能分级及其检测方法》GB 8484—1987;《建筑外门保温性能及其检测方法》GB/T 16729—1997 于 1997 年公布实施。并于 2009 年对国家标准《建筑外窗保温性能分级及其检测方法》GB 8484—1987 和《建筑外门保温性能及其检测方法》GB/T 16729—1997 进行了合并修订,发布了《建筑外门窗保温性能分级及检测方法》GB/T 8484—2008,对标准的内容进行适当修改,特别是增加抗结露因子测量方法;随着国家建筑节能工作的深入开展以及节能技术的进步,市场对建筑幕墙热工性能评价测试方法提出更高要求,国家标准《建筑幕墙保温性能分级及检测方法》GB/T 29043—2012 于 2013 年 9 月 1 日开始实施。

上述标准指导了全国范围内建筑外门窗保温性能检测工作,为各类外门窗/建筑幕墙产品标准制订性能等级工作和保证建筑工程质量起到积极的作用。相关测量方法的试验研究工作,是透光围护结构热性能检测方法标准制订的技术支撑,意义重大。

二、保温性能测试方法的研究

建筑门窗/玻璃幕墙是建筑外围护结构中热工性能最薄弱的环节，通过门窗/玻璃幕墙等透光围护结构的能耗，在整个建筑物能耗中占有相当可观的比例。

传热系数和抗结露因子，是表征建筑外窗外门/建筑幕墙的保温性能的主要参数，也是衡量门窗/玻璃幕墙产品对室内热环境质量影响的重要因素。保温性能测试方法的研究过程中，对相关国际标准及先进国家标准中门窗保温性能检测方法进行了认真调研，并对日本、美国相关标准的规定进行认真分析研究，从而确定科学、适用的保温性能测试方法。

（一）先进国家相关测试方法分析

美国和日本等国家已于 20 世纪制定了相关标准。为了适应建筑节能的需要，在学习和借鉴先进国家相关标准的基础上，结合我国国情，确定科学、合理和可操作性强的建筑门窗和幕墙保温性能测试方法。

1. 日本标准

日本工业标准化标准《门窗隔热性能试验方法》JIS A 4710[1] 和《门窗防结露性能试验方法》JIS A 1514[2] 规定了门窗保温性能的测量方法。该方法为稳定传热状态的标定热箱法。试验装置由恒温恒湿箱、低温箱、温度测定仪、湿度测定仪等构成，见图 5.2-1。

恒温恒湿箱与低温箱相邻，其间设有试件框。恒温恒湿箱内的温度和相对湿度及低温箱内空气温度可分别控制。

试验在恒温恒湿箱设定在 20℃ 左右、相对湿度设定在 40% 左右条件下进行。当确认试件各部位的温度与恒温恒湿箱和低温箱内的空气温度为稳定状态后，在设定的温、湿度条件下进行传热系数试验。一般情况，恒温恒湿箱和低温箱的试件表面附近的气流条件为自然对流。

抗结露因子测定时的温湿度设定条件如图 5.2-2 所示，恒温恒湿箱内的空气温度为 20℃，相对湿度为 40%；低温箱的空气温度从 5℃ 开始直到 −10℃，共分 4 段，每段间隔 5℃。测定温度要以恒温恒湿箱和低温箱内的

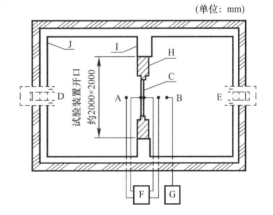

（单位：mm）

图 5.2-1　试验装置分析图

A—低温室；B—恒温恒湿室；C—试件；

D—低温装置；E—恒温恒湿装置；

F—温度测定仪；G—湿度测定仪；

H—试件框；I—隔断墙；J—隔热墙

空气温度为设定值且达到稳定状态，并在确定试件的表面温度与恒温恒湿箱内的空气温度充分稳定后再进行测定。

表面温度测定后，将恒温恒湿箱内的相对湿度提高到 50%，并维持 1h，用肉眼观察结露情况。

测试结束后，计算得到建筑门窗的传热系数值和抗结露因子值。

2. 美国幕墙标准化委员会测试方法

美国幕墙标准化委员会标准《门、窗和幕墙传热系数及抗结露因子的测试方法》AA-MA1503[3] 中规定了建筑门窗/幕墙传热系数和抗结露因子测量方法。

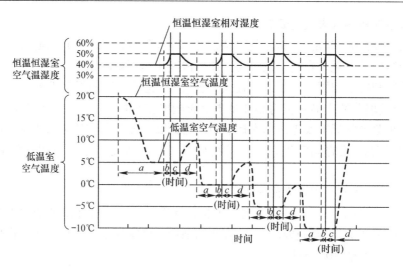

图 5.2-2　温湿度设定条件模式

该标准采用标定热箱法，在稳态传热条件下，测得建筑门窗/幕墙两侧空气温差为1K时，单位时间内通过单位面积的传热量，即得到建筑门窗/幕墙的传热系数；采用标定热箱法，在稳态传热条件下，测得指定位置和非指定位置的窗框或试件框的表面温度，进而根据不同的权重，通过计算得到试件的抗结露因子 CRF。

热箱和冷箱之间设有试件框。热箱和冷箱内的温度分别控制在21.0℃和−19℃，热箱内的相对湿度控制在小于等于15％的范围内，热箱和冷箱之间的压差为 0±10Pa。

抗结露因子由试件框表面温度的加权值或玻璃的平均温度与冷箱空气温度的差值除以热箱空气温度与冷箱空气温度的差值计算得到，再乘以100后，取所得的两个数值中的较低值。

国际标准《门窗的热性能．热的测定热箱法透射率　第1部分：完整的门窗》（BS EN ISO 12567-1：2010)[4]和欧洲标准《窗、门和百叶窗的热工性能热箱法测定传热系数》EN12412-1[5]等国外相关标准规定的测试原理也基本相同。

（二）测量方法的确定

分析上述测量方法可知，日本门窗的保温性能测试方法中测试装置设有恒温恒湿系统，测试精度高，但是测试程序较复杂；美国的测试方法，检验装置构造相对简单、成本低，同时对相对湿度控制要求较低。通过对比结果，本书参考美国标准 AAMA1503 中规定的方法，进行建筑门窗和建筑幕墙保温性能的测试。

三、保温性能测试原理

（一）传热系数测试

建筑门窗/幕墙的传热系数的测试，基于稳定传热原理，采用标定热箱法进行。试件一侧为热箱，模拟采暖建筑冬季室内气候条件，无需控制热箱内相对湿度；另一侧为冷箱，模拟冬季室外气候条件。在稳定传热状态下，测量冷热箱空气平均温度和试件热侧表面温度，计算得到试件的传热系数。

（二）抗结露因子测试

建筑门窗和玻璃幕墙抗结露因子测试过程与传热系数测试基本相同。当冷箱、热箱空气温度达到稳定时，启动热箱控湿装置，将热箱内相对湿度控制在一定范围。当热箱内最大相对湿度为某一个确定值后，通过试件框表面温度的加权值或玻璃的平均温度与冷箱空气温度的差值除以热箱空气温度与冷箱空气温度的差值，计算得到抗结露因子，再乘以100后，取所得的两个数值中的较低值。

四、保温性能测试装置的构成

（一）建筑门窗保温性能测试装置

建筑门窗保温性能测试装置主要由热箱、冷箱、试件框、控湿系统和环境空间五部分组成，如图5.2-3所示[6]。

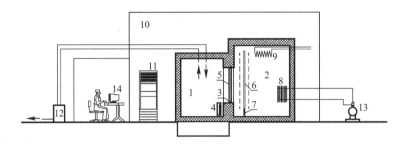

图 5.2-3　建筑幕墙传热系数与抗结露因子测试装置构成

1—热箱；2—冷箱；3—试件框；4—电加热器；5—试件；6—隔风板；7—风机；8—蒸发器；
9—加热器；10—环境空间；11—空调器；12—控湿装置；13—冷冻机；14—温度控制与数据采集系统

（二）建筑幕墙保温性能测试装置

建筑幕墙保温性能测试装置主要由热箱、冷箱、试件框、除湿系统和环境空间五部分组成，如图5.2-4所示[7]。

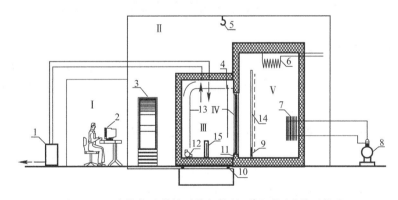

图 5.2-4　建筑幕墙传热系数与抗结露因子测试装置构成

Ⅰ—控制室；Ⅱ—环境空间；Ⅲ—热箱；Ⅳ—试件框；Ⅴ—冷箱。

1—除湿机；2—控制台；3—空调器；4—可调送风口；5—吊装设备；6—冷箱加热设备；7—蒸发器；
8—冷冻机；9—风机；10—滑轮；11—试件；12—离心风机；13—挡风隔板；14—隔风板；15—热箱加热设备

（三）测试装置和试样安装的区别

1. 测试装置不同

从建筑门窗和建筑幕墙保温性能测试装置构成可以看出，两者的组成都是由热箱、冷箱、试件框、控湿系统和环境空间五部分组成。但是，仔细比较分析，可知图5.2-4较图5.2-3也有一些区别。

（1）建筑门窗保温性能测试装置的热箱、冷箱和试件框是一个整体。试验前安装时，只需将被测试样直接安装在试件框上，按照要求进行密封封堵即可。

（2）建筑幕墙保温性能测试装置的热箱和冷箱分别是独立设置的，试件框和冷箱为一体。在试件安装到试件框上后，将热箱移动到与试件框紧密接合的位置，固定后就可以开始测试了。幕墙试件安装在试验装置的热箱与冷箱之间，其两侧分别模拟建筑物冬季室内空气温度和气流状况以及室外空气温度和气流速度。

利用已知热阻的标准试样，通过标定试验确定试验装置的热箱外壁传热的热流系数（$M1$）以及试件框壁传热和迂回热损失产生的热流系数（$M2$）。根据稳定传热状态下测量的各项参数，与经修正的投入热量计算得到建筑幕墙传热系数。

（3）建筑幕墙保温性能测试装置的热箱内设置有离心通风机和挡风隔板构成的实现试件表面规定风速的通风道。

2. 热箱内相对湿度设置不同

（1）建筑门窗抗结露因子测试

建筑门窗抗结露因子测试规定：应保证在整个测试过程中，热箱内相对湿度不大于 20%。

（2）玻璃幕墙抗结露因子测试

玻璃幕墙抗结露因子测试规定：应保证在整个测试过程中，热箱内相对湿度不大于 25%。

第三节　太阳得热系数测试方法

一、测试方法研究的重要性

门窗玻璃幕墙等产品的太阳得热量是影响建筑空调能耗的重要因素，评价其太阳得热性能的指标是太阳得热系数（$SHGC$）。此前，相关国家标准中，均无这一参数的测试方法。

以往，我国在计算和评价透光围护结构的太阳得热性能时使用的参数是遮阳系数（SC）。该系数仅考虑了透光围护结构中玻璃的性能，未将窗框等其他组件因吸收太阳辐射热量而向室内传热考虑在内。但是，由于框和其他组件会将吸收的太阳辐射热量向室内传递，这必然会导致建筑能耗计算的偏差。如果没有太阳得热系数测试方法标准，只能通过国外一些软件模拟计算得到，给透光围护结构的节能评价带来实践上的障碍。因此，研究太阳得热系数的测量方法是深入开展建筑节能工作的当务之急。

透过透光围护结构进入室内的太阳辐射得热是空调冷负荷的重要组成部分，门窗玻璃幕墙隔热性能差，在运行使用过程中就会消耗更多的能量，并降低室内的热舒适度，同时还可能产生视觉不舒适的现象。因此，开展太阳得热系数测试方法研究，意义重大。

二、太阳得热系数测试方法

（一）国外相关测试方法分析

太阳得热系数（$SHGC$）是"表征透光围护结构隔热性能的参数。其值为通过透光围护结构进入室内的太阳得热量与入射太阳辐射能量之比值，即太阳光总透射比"。而太阳得热量是"通过透光围护结构，进入到内部空间中的太阳能量，包括直接透过的太阳辐射得热和透光围护结构系统吸收太阳辐射热之后通过传热方式进入室内的热量"。因此，透光围护结构太阳得热量是对于建筑能耗分析计算和进行节能评估工作的前提和基础。美国等国家已研究制定相应测试方法标准。

美国门窗热效评级委员会（National Fenestration Rating Council，NFRC）引入太阳得热系数（SHGC）的定义，作为评价建筑门窗太阳得热性能的参数。

美国国家门窗等级评价委员会在标准 NFRC 200[8] 和 NFRC 201 中对外窗太阳得热系数（SHGC）的测量方法作出了规定。该标准采用天然光源的方法，通过标定热计量箱法进行太阳得热系数测量。

其测量方法的原理是：建立一个确定的、封闭的和可控的边界，即采用一个近似绝热的箱体作为边界，称之为热计量箱，将通过透光建筑构件进入热计量箱的太阳辐射热量进行收集、计量，用于计算门窗产品（包括具有镜面光学特性的玻璃）在法向（垂直）入射条件下的太阳得热系数（SHGC）和可见光透射系数（VT），得到太阳辐射得热量占投射到该构件表面的太阳辐射热总量的比例关系。

为了使热计量箱内保持一个相对稳定的环境，箱内设置热交换器，并设置一套制冷和循环系统保证箱内的热量平衡，以计量透过透光建筑构件的太阳辐射热量。

日本窗户隔热计算方法研究委员会开展了采用人工光源测试太阳得热系数方法的研究工作。

美国门窗热效评级委员会评定外窗性能的标签上、英国门窗评级委员会（BFRC）、澳大利亚门窗协会（AWA）、澳大利亚门窗委员会（AWC）根据"窗户能耗评级规定"对窗户的性能评价指标均有太阳得热系数。

（二）测量方法的确定

通过分析研究，根据我国国情，吸收国外研究经验，参考 NFRC 标准开展试验研究工作，在总结多年试验研究经验的基础上，开展关键技术攻关研究。

测试透光围护结构太阳得热系数，采用自然光源具有时间不易控制的缺点，而采用人工光源虽然测试时间不受天气因素限制，但是具有光源寿命短、成本高、相对经济性差的特点。基于上述原因，本节分别开展了人工光源和自然光源测试透光围护结构太阳得热系数的测试方法。

1. 光源的选择

实验在光源的选择上有人工光源与天然光源（太阳）两种方案。

（1）采用人工光源的优点是：实验可以完全在室内进行，不受天气等自然条件的影响，也不受测试时间的限制。但是，模拟太阳辐射的人工光源需要一定数量的光源、滤光器等设备，人工光源的光谱曲线基本与太阳光谱分布曲线相近，但是与真正的太阳辐射光谱仍存在一定差别。

（2）在考虑到光源的分光特性时，使用自然光源——太阳光是最好的选择。采用自然光源时，测试条件与试件实际使用时的情况基本相符，测试结果更加可靠。但是，采用自然光源要求实验设备必须放置在室外比较开阔、易于接受太阳照射的地方，测试装置安放地点的选择受到一些现实问题制约。另外，自然光源的位置是随时间变动的，对测试设备的制造也提出了一定要求。但是在使用太阳光的屋外试验中，太阳高度、方位角随着时间变化而变化，同时每日的日照强度也不相同，并且气温、风向、风速也在变化，这些原因导致试件的太阳辐射得热量和传热量产生变化。在这些因素变化不确定的屋外试验中，区分影响因素较为困难。

2. 光源的确定

采用人工光源试验可以不受自然条件的影响，而采用模拟太阳辐射的人工光源测试装置的制做成本过高；采用自然光源——太阳光时，测试条件与试件实际使用时的情况基本相符，测试结果更加可靠。但是，自然光源的位置是随时间变动的，太阳高度角、方位角随时间变化，对测试装置的搭建也提出了较高的要求。

经过综合的权衡比较，认真分析不同方案的利弊，考虑了造价因素，决定以采用标定热计量箱法，以人工光源为主、天然光源为辅的测量太阳得热系数的测试方法研究。

三、人工光源测试方法

（一）测试原理

基于稳态传热原理，在一个采用人工光源模拟太阳光辐射热量的热室内，对通过透光围护结构进入热计量箱内的太阳得热量进行计量，计算太阳得热量与投射到该试件表面的太阳辐射热总量之比，得到透光围护结构的太阳得热系数（SHGC）值。

（二）人工光源研究

利用标定热计量箱法测量太阳得热系数的关键技术是人工光源的确定。为此，展开适用的人工光源技术攻关研究。

1. 太阳模拟器工作原理

太阳模拟器由人工光源、聚光镜、积分器场镜、积分器投影镜、光阑和准直镜组成。见图 5.3-1。

2. 人工模拟光源的辐照相关参数分析

（1）人工模拟光源氙灯

氙灯色温与太阳色温基本相同，约为 6000K，氙灯可以作为人工模拟光源。进行氙灯光谱与太阳光谱对比，氙灯光谱与太阳光谱分布曲线见图 5.3-2。

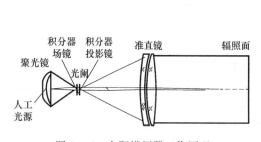

图 5.3-1　太阳模拟器工作原理

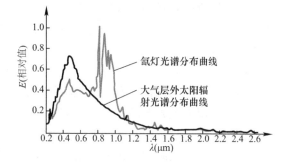

图 5.3-2　氙灯光谱与太阳光谱分布曲线

从图 5.3-3 可以看出，氙灯光谱与大气层外太阳光谱分布曲线基本相似，特别是中远红外线部分，可以说，氙灯作为人工模拟光源是可行的。

（2）人工模拟光源的辐照相关参数分析

人工模拟光源的辐照面积（单元）、辐照强度、辐照不均匀度、辐照不稳定度和光谱适配误差试验研究结果见表 5.3-1。

光谱适配误差试验　　　　　　　　　　　　　　　　　表 5.3-1

主要指标	内容
辐照面积（单元）	610mm×610mm 准直透镜，每块镜片配一组反光镜和氙灯（1.5～3kW），多单元组合
辐照强度	准直镜出光面距试件面≤1.5m，调整氙灯工作电源（30%～90%），输出辐照度 500～1200W/m²
辐照不均匀度	在 610mm×610mm 范围内任意点总辐照度误差均小于 2%
辐照不稳定度	间隔 60min，分别测试 5 个点，误差小于 2%

（3）镝灯作为模拟太阳的人工光源研究

通过分析镝灯和氙灯的辐照强度、辐照不均匀度和辐照不稳定度等技术性能参数，可知镝灯可满足透光围护结构太阳得热系数测试装置作为人工光源的要求。对比镝灯和氙灯寿命和价格，氙灯寿命相对较短，仅为 $1×10^3$ h，价格却很贵；而镝灯的寿命为 $5×10^3$ h，其价格却为氙灯的 50%～30%。镝灯满足透光围护结构太阳得热系数测试装置的的人工光源。镝灯和氙灯性价比对比见表 5.3-2。

镝灯和氙灯性价比对比　　　　　　　　　　　　　　　表 5.3-2

类别	镝灯	氙灯
寿命	5000h	1000h
价格	约 350 元/盏	2～3 倍镝灯的价格

通过实验对比，从经济和技术两方面权衡考虑，以镝灯作为模拟太阳的人工光源，寿命长、价格低，解决了标定热计量箱法测量太阳得热系数的人工光源选用问题。

（三）测试装置

测试系统主要由热计量箱、人工模拟光源（可移动）、热室及环境空间等组成，如图 5.3-3 所示[9]。

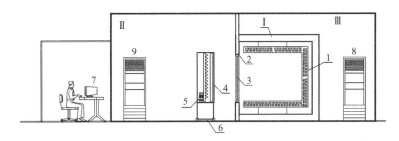

图 5.3-3　太阳得热系数测试系统示意图

Ⅰ—热计量箱；Ⅱ—热室；Ⅲ—环境空间；1—集热器；2—试件安装框；3—试件；4—人工模拟光源；
5—通风系统；6—滑轮；7—控制系统；8—环境空间空调系统；9—热室空调系统

四、自然光源测试方法

（一）测试原理

通过建立一个近似绝热、可控温度的热计量箱，将通过透光围护结构进入箱内的太阳辐射得热量进行计量。再通过计算得到太阳辐射得热量与投射到该试件表面的太阳辐射热总量之比，得到透光围护结构的太阳辐射得热系数 $SHGC$ 值。见图 5.3-5。

（二）太阳得热系数测试系统构成

太阳得热系数测试装置包括试件、热计量箱、置于热计量箱内部的换热设备、冷却循环系统。见图 5.3-4[9]。

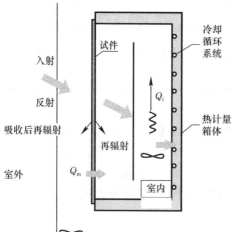

图 5.3-4 太阳得热系数测试系统

（三）实验测量步骤

进行太阳得热系数测试实验时按以下步骤（前四个实验步骤得出的数据可多次使用）。

1. 热计量箱壁板、标定板、围护板、传热标准件材料的导热系数测定

由专门的测试部门测得热计量箱壁板、标定板、围护板材料的导热系数。

2. 实验装置的标定

（1）热计量箱壁面热流标定（在实验室内进行）

目的：确定热计量箱壁面温度传感器输出与壁面热流间的关系。

方法：在热计量箱上安装标定板，控制房间（通过变频空调器）和热计量箱（通过制冷水系统）内的温度均为 22℃。调整箱壁中电热膜的功率，分别控制电热膜的温度为不同的温度。绘制壁面热流相对热计量箱壁面热电偶输出的图，得出以下关系式：

$$Q_{wall} = m(\Delta t) + b \tag{5.3-1}$$

式中，Q_{wall} 为壁面热流；Δt 为箱壁内外表面的温差；m、b 为待定系数。

（2）围护板侧向热损失的标定（在室外进行）

所谓围护板侧向热损失，就是考虑到围护板的厚度会造成围护板外边缘传热情况的复杂性，而产生的侧向热流影响。围护板侧向热损失通过标定实验来确定，就是将围护板侧向热损失整理成热计量箱内外空气温差的函数关系式。围护板侧向热损失的标定实景见图 5.3-5。

方法：在热计量箱上安装标定板，在太阳入射角 5°以内跟踪太阳，每隔 1min 采集一次实验数据。

围护板侧向热损失可以用下式计算：

$$Q_{fl} = Q_{fluid} - Q_{wall} - Q_{aux} - Q_{sp} - Q_{cal} \tag{5.3-2}$$

式中，Q_{fl} 为围护板侧向热损失；Q_{fluid} 为循环水从热计量箱中带走的热量；Q_{aux} 为风机盘管的发热量；Q_{sp} 为按照传热基本方程式计算的通过围护板的热流；Q_{cal} 为按照传热基本方程式计算的通过标定板的热流。

3. 系统时间常数的估算（室外正午时进行）

进行热计量箱测试的时间由测试设备和试件对环境变化的反应速度决定，其中一个变化反映的值是系统时间常数 τ。时间常数定义为在太阳光突然照射到测试窗口的条件下，水循环系统离开热计量箱时所带走的热流由瞬态逐渐变化，其变化量达到整个过渡状态变化幅度的 37% 所用的时间。系统时间常数实验实景见图 5.3-6。

热计量箱的操作是一个能量转化问题。热计量箱测试的时间控制因素包括以下方面：

图 5.3-5　围护板侧向热损失的标定　　　　图 5.3-6　系统时间常数实验

（1）设备冷却和加热的能力；

（2）计量箱内空气循环的形式和气流速度；

（3）热计量箱的内部储能能力；

（4）箱体材料的热扩散率和热阻；

（5）吸收板和热计量箱内部空气换热的效率；

（6）试件的太阳投射率和吸收率；

（7）试件尺寸；

（8）试件热扩散率和热阻；

（9）试件的储能能力。

装置时间常数估算的实验方法为：在热计量箱上安装轻质、高透过率的试件（如4mm 厚的普通浮法玻璃），避免阳光照射热计量箱，每分钟记录一次所有的测试参数。到达稳态时迅速移开实验室活动房间，保证热计量箱始终跟踪太阳的方位，再次记录数据直到第二次到达稳态。

4. 试件内表面传热系数测试（室内进行）

目的：测定试件的内表面传热系数 α_{in}。

方法：将传热标准件安装在热计量箱上，控制热计量箱外部的房间温度为 30℃，内部温度为 22℃，调整传热标准件的壁面倾角为 45°进行测试，计算出内表面传热系数值。

5. 试件太阳得热系数测试

在热计量箱上安装窗试件，推开活动房间使实验装置暴露于室外，启动相关设备，调整热计量箱的方位跟踪太阳在天空中的位置。通过 Agilent 34970A 型数据采集仪得到所有与测试有关的参数，计算出试件的太阳得热系数。

太阳量热箱内的得热量为：

$$Q_{gain} = Q_{fluid} - Q_{wall} - Q_{aux} - Q_{sp} - Q_{fl} - Q_{test} \qquad (5.3-3)$$

式中，Q_{gain} 为太阳量热箱内的得热量；Q_{fluid} 为水系统带走的热量；Q_{wall} 为箱壁热流；Q_{aux} 为风机盘管发热量；为 Q_{sp} 围护板热流；Q_{fl} 为侧向热损失；Q_{test} 为试件温差热流。

窗的太阳得热系数按下式计算：

$$SHGC = \frac{Q_{gain}}{Q_r} \qquad (5.3-4)$$

式中，Q_r 为入射太阳辐射量。

6. 热计量箱壁面热流标定

热计量箱壁面热流的标定就是要得到热计量箱的壁面热流与热电偶测得的壁面温差值之间的关系。

标定时,将实验室的房间关闭,开启变频空调器。把标定板安装在热计量箱上,将房间温度设定为 22℃。开启水循环系统及冷凝机组,控制热计量箱内的空气温度为 22℃,这样,标定板以及围护板两侧的温差接近零,通过标定板以及围护板的热流可以忽略不计。调整电热膜的加热功率,控制电热膜的温度分别为 27℃、36℃、40℃、49℃、55℃、63℃,共进行 6 次实验。为了使系统达到充分稳定的状态,每次实验时间在 10h 左右。

热计量箱壁面热流标定的结果见表 5.3-3。

热计量箱壁面热流标定结果   表 5.3-3

Δt(℃)	1.26	3.74	4.78	7.42	9.1	10.42
Q(W)	10.3	26.5	27.4	58.4	66	80

用一次多项式根据最小二乘法拟合数据,

$$y(x) = c_0 + cx \tag{5.3-5}$$

$$A = \begin{bmatrix} 1 & 1.26 \\ 1 & 3.74 \\ 1 & 4.78 \\ 1 & 7.42 \\ 1 & 9.1 \\ 1 & 10.42 \end{bmatrix} \tag{5.3-6}$$

$$A^T A = \begin{bmatrix} 6 & 36.72 \\ 36.72 & 284.8664 \end{bmatrix} \tag{5.3-7}$$

$$y = \begin{bmatrix} 10.3 \\ 26.5 \\ 27.4 \\ 58.4 \\ 66 \\ 80 \end{bmatrix} \tag{5.3-8}$$

$$A^T y = \begin{bmatrix} 268.6 \\ 2110.6 \end{bmatrix} \tag{5.3-9}$$

法方程 $A^T A C = A^T y$ 的解为:

$$c_0 = -2.7316, \quad c = 7.7612$$

所求一次多项式为:

$$y(x) = -2.7316 + 7.7612x \tag{5.3-10}$$

即箱壁热流与箱内外壁温差的关系式为:

$$Q = 7.7612(\Delta t) - 2.7316 \tag{5.3-11}$$

从标定结果可以看出,热计量箱壁面热流标定结果比较理想。证明了采用天然光源测定门窗玻璃幕墙太阳得热系数的方法是可行的。

五、测试装置

实验地点宜选择在办公楼的楼顶等不易遮挡之处，搭建一间长 5m、宽 4m、高 3.5m、保温隔热性能良好的实验室。实验室房间用 5mm 厚的彩钢板建成，地板是固定的，另外的 4 面墙和屋顶作为一个整体是能够活动的，房间南北两面墙下装有轮子，可以在两条 10m 长的轨道（设在两道混凝土梁上）上滑动。实验室活动房间的作用有如下两个：

（1）为设备的标定提供一个基本恒定的环境温度（配合使用房间内安装的变频空调器）；

（2）房间推开时可以进行太阳得热系数测量的实验，关闭后可以遮风挡雨，保护实验设备。

（一）热计量箱的构造

热计量箱的作用是提供一个可控的热环境（模拟建筑内部的空间），并且收集外来的太阳能。热计量箱壁面主体由隔热性能良好的聚苯乙烯板制成，厚度为 150mm，密度为 $18kg/m^3$。

通过热交换装置（风机盘管）和水循环系统，热计量箱内的空气温度可以控制在一定范围。热交换装置和水循环系统会将箱内得到的热量带走，以保持箱内的环境在要求的状态。

该实验将热计量箱设计成跟踪式，即可以跟踪太阳从天空经过的位置。跟踪式的优点在于能够减少由于太阳辐射角度的变化引起的辐射强度的波动，在一定时间内确保试件平面上的太阳辐射强度为常量，有利于测量的准确性。跟踪式热计量箱要求能够在水平和垂直两个方向均能转动，为此，在热计量箱的外侧设置了钢支架并在底座和侧面分别安装了水平和垂直转轴，角度可以进行人工调节，使用自然光源面临的热计量箱角度调整问题得以顺利解决。

为了减少或消除透过窗试件进入热计量箱的太阳辐射对箱壁内表面温度测量的影响，箱体内部装有吸收板。吸收板用 0.3mm 厚的铝箔制成，并且用哑光的黑色喷漆涂成黑色。选用铝箔作为吸收板是因为其导热性能好、重量轻、价格适中。吸收板不是热计量箱壁板的一部分，而是悬空的，以便更好地进行对流换热，同时吸收辐射热量。吸收板完全遮挡热计量箱壁板，使其不受太阳辐射的影响。

对于热计量箱内部而言，平均空气温度定义为某特定平面的温度。该平面平行于窗试件，并且与窗试件内侧表面的距离为 75mm。在该平面设置了 6 个 T 型热电偶，热电偶的端部为用铝箔制成的直径为 50mm 的圆筒罩住，以减少因辐射换热引起的测量误差。

热计量箱的壁面温度使用 T 型热电偶进行测量，热电偶的参考端放置于冰瓶中，温度保持为 0℃。热电偶是通过测量热电动势来实现测温的，即热电偶测温是基于热电转化现象——热电现象。T 型热电偶的测温范围为 -20～350℃，在廉金属热电偶中准确度最高，热电势较大。

热计量箱内外壁面的温度使用热电偶并联的方式进行测量，这种方法是将多个热电偶的铜导线和康铜导线分别连接在一起，然后各引出一根铜线和康铜线。采用这种方式可以直接测量表面的平均温度，每一个表面只需要引出一根铜线和康铜线与数据采集仪相连，减少了金属导线的用量。

箱壁聚苯乙烯板的两侧用 1mm 厚的铝板覆盖。板外侧铝板的外表面贴上电热膜，电热膜处放置一铂电阻温度传感器与箱体外的 PID 控制器相连，用于箱壁热流的标定。箱壁热流标定时，PID 控制器根据铂电阻温度传感器的信号来调整电热膜的加热功率，从而可以将箱壁外表面的温度控制在不同的值，获得不同的壁面温差。

热计量箱的四个侧面和底面覆盖一层 50mm 厚的单面彩钢板作为外壳。外壳具有太阳辐射吸收率低的特点，可以保护聚苯乙烯板和设备免受太阳辐射影响并支撑热计量箱的结构。为了具有较低的太阳辐射吸收率，外壳的颜色选用白色。热计量箱壁面构造图见图 5.3-7。

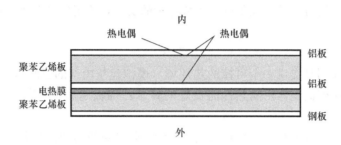

图 5.3-7　热计量箱壁面构造图

围护板是热计量箱前侧的壁板，采用聚苯乙烯制成，密度为 $20kg/m^3$，厚度为 100mm。围护板中央切出一个洞口，可以将窗试件嵌在围护板上进行测量实验。围护板的内外表面布置热电偶，通过测量内外两侧的温差来计算围护板的热流。在测试时使用薄的聚苯乙烯条填充围护板与窗试件之间的缝隙，保证密封。热电偶是按照围护板的面积加权来进行并联布置的，这样可以准确测得围护板每一侧表面的平均温度。围护板的每一侧表面布置 8 个 T 型热电偶，每个热电偶放置在等尺寸面积的中心。为了保护永久布置的热电偶，在热电偶上要粘贴一层胶带。

这里还要介绍一下标定板。标定板与围护板的材料完全相同，每一侧表面布置 9 个 T 型热电偶，每个热电偶放置在等尺寸面积的中心。在进行标定实验时，将标定板放到由围护板围成的洞口中，与围护板形成一个整体。

（二）表面传热系数计的制作与安装

由于窗太阳得热系数测量实验是在室外进行，而室外的风速、风向等环境条件并不能保证恒定不变，这就需要对试件的传热系数值进行修正。在测试过程中，测试试件的外表面传热系数可以使用表面传热系数计测定。表面传热系数计的测量原理是，通过测量一块和热计量箱一样暴露在相同室外环境中的涂黑的金属板的表面温度，计算出试件的外表面传热系数。

表面传热系数计的制作与安装方法为：在一块 1mm 厚正方形（150mm×150mm）的铝板背面粘贴一个热电偶，热电偶的金属部分不跟铝板直接接触，保证和其表面有良好的绝缘。铝板的正面用喷漆涂成黑色，并将背面附着于一块相同大小的 100mm 厚的聚苯乙烯板上。把这一装置安装在热计量箱的旁边，并使黑色铝板与热计量箱安装试件的表面在同一平面上。热电偶与数据采集仪连接，保证温度测量与热计量箱的测量同时进行。

试件的外表面传热系数按下式计算：

$$\alpha_{ex} = \frac{E_s \cdot \beta}{t_{al} - t_{air}} \tag{5.3-12}$$

式中，E_s 为试件表面的太阳辐射强度；β 为铝板的吸收率，取 $\beta=1$；t_{al} 为铝板的温度；t_{air} 为室外空气温度。

修正后的窗传热系数为：

$$U = \frac{1}{1/U_s - 1/\alpha_{ex}}$$ (5.3-13)

（三）实验装置的标定

窗太阳得热系数主要测量值：

（1）热计量箱壁面吸收的净能量；

（2）入射太阳辐射量；

（3）周围环境与热计量箱壁的温差；

（4）窗与热计量箱壁面的传热系数值。

热计量箱在进行标定时，必须要求一个稳定、可控的外部环境条件，也就是说，标定工作应在室内完成。

六、实验验证

实验共进行了两个窗试件的测试，一个为 50 系列 PVC 塑料推拉窗，另一个为 63 系列平开铝合金断热窗（注：以下分别简称为钢塑推拉窗和铝合金断热窗）。为了验证装置的可靠性，进行重复性实验，每个窗测试两次。

1. PVC 塑料推拉窗实验测试数据

经实测，两次实验的窗的太阳得热系数分别为：

$$SHGC = \frac{1140}{2204} = 0.52 \text{ 和 } SHGC = \frac{801}{1593} = 0.50$$

PVC 塑料推拉窗两次实验测量结果的偏差为：

$$\delta = \frac{0.52 - 0.50}{0.52} = 3.8\%$$

两次实验测量结果的偏差小于 5%，在可接受的范围以内，说明实验装置测量的重复性较好。

2. 铝合金断热窗实验测试数据

经实测，两次实验的窗太阳得热系数分别为：

$$SHGC = \frac{1100}{2096} = 0.52 \text{ 和 } SHGC = \frac{796}{1573} = 0.51$$

铝合金断热窗两次实验测量结果的偏差为：

$$\delta = \frac{0.52 - 0.51}{0.52} = 1.9\%$$

两次实验测量结果的偏差小于 5%，在可接受的范围以内，说明实验装置测量的重复性较好。

第四节 双层玻璃幕墙热性能测试方法

一、双层玻璃幕墙热性能测试

双层玻璃幕墙满足了建筑设计美观、可视性好的需要，同时提高了建筑物室内建筑物理环境质量。但是，由于工程界普遍对双层玻璃幕墙热工设计认识不足，工程应用比较盲目。因此，采用何种方法评价双层玻璃幕墙的热性能是一个关系到节能减排的重要问题。

如前所述，双层玻璃幕墙的保温性能毋庸置疑，但其隔热性能的优劣却是不同的设计相差甚远。

双层玻璃幕墙的隔热性能主要取决于间层内空气的流动性，保持间层空腔内空气具有很好的流动特性很重要，也就是在间层空腔内的空气被加热后，应能快速排走因太阳辐射得到的热量。而间层空腔的宽度、进出风口设置以及间层空腔内遮阳机构的设置，都会对间层内的空气流动有影响，如遮阳百叶的位置等。如果双层玻璃幕墙通风设计不合理，势必导致 CO_2 排放量增加，造成城市空气污染，建筑用能浪费严重，不符合国家的节能政策。然而，国际上尚无双层玻璃幕墙间层通风量测试方法标准。因此，开展双层玻璃幕墙热性能评价方法研究，并保证双层玻璃幕墙工程质量，满足建筑节能检验工作和的需要，制定可操作性强的建筑幕墙间层通风量测试方法的工作意义重大。

从有利于节能角度出发，对双层玻璃通风式幕墙进行透光围护结构在热工性能的分析研究，制定标准后，将指导和规范建筑幕墙间层通风性能试验和测试工作，可在建筑设计过程中对其通道的选择、通风方式的优化，可确保双层玻璃幕墙优势的有效发挥，对建筑节能工作具有重要的意义，社会效益显著。

二、双层玻璃幕墙热性能测试方法

之前，国际上无双层玻璃幕墙热性能测试方法，因而参考依据甚少，只有通过研究得出双层玻璃幕墙热性能的测试方法。

（一）通风量的测试方法分析

目前，国际上通用的通风量测试方法有三种：压差法、风速测量法和示踪气体法。三种通风量测试方法原理分别如下：

（1）压差法

压差法是通过通风机等设备使一个空间与外界形成较大的压差（一般为 $10 \sim 50Pa$），由于正压或负压的作用强迫空气流动，可测得通过风机的风量和对空间内气压的影响。

（2）风速测量法

风速测量法是利用风速仪在通风道的进、出风口处设置多个风速探头同时测量设置于通道断面上测点的风速，再与断面面积相乘，得到通过的风量。

（3）示踪气体法

示踪气体法采用示踪气体恒定流量法。即在通风道进口处以恒定释放率均匀释放专用示踪气体，在通风道出口处对多个测点进行示踪气体浓度测量，然后根据测得的入口示踪气体平均释放率及出口示踪气体平均浓度分析计算得到通风道内的通风量。

（二）测量方法分析

双层玻璃幕墙的隔热性能主要取决于热通道内空气的流动性，因此，保持热通道内空气具有较好的流动特性非常重要。也就是在太阳辐射得热的作用下，热通道内的空气被加热，空气温度升高后，利用烟囱效应，应快速的将这部分得热量排出室外。而热通道的宽度、进出风口的设置以及通道内机构的设置（如遮阳百叶可以改变空气流动方向和速度）等因素都会对热通道内的空气流动产生一定的影响。因此，热通道通风量的准确测试难度较大。

（三）测量方法的确定

由于双层玻璃幕墙结构复杂，通风机等设备加压将改变热通道内空气固有的流场特性，与实际运行工况相差过大，故压差法导致测试误差较大；而利用风速仪在通风道的进、出风口处测量风速的方法，由于断面处涡流的影响，风速均匀性差，数据的读取准确性较差，同时多个风速探头价格相对较高；采用示踪气体恒定流量法进行双层玻璃幕墙热通道的通风量测量，能够较好地模拟双层幕墙热通道的流动特性，并易于跟踪，可根据入口处示踪气体平均释放率及出口处示踪气体平均浓度计算得到通风量。

因此，采用示踪气体恒定流量法进行双层玻璃幕墙热通道的通风量测量，其测量结果较压差法和风速测量法更为科学、合理。基于以上分析结果，开展双层玻璃幕墙热工性能测试装置的研发工作。

三、测试原理

（一）双层玻璃幕墙热通道通风原理

1. 太阳辐射热照射到双层玻璃幕墙热通道内，使其内部空气温度升高而产生流动，利用示踪气体测试空气流动状态，根据热通道内的通风量和温度分布评价双层幕墙热性能特征。

2. 在双层玻璃幕墙热通道进口处以恒定释放率均匀释放示踪气体，出口处设置多个测点测量示踪气体浓度，然后根据测得的入口示踪气体释放率和出口示踪气体浓度分析计算得到热通道内的通风量。

3. 根据热通道内的通风量评价双层幕墙热性能特征。

（二）双层玻璃幕墙热热性能测试装置研发

1. 热性能测试装置构成

双层玻璃幕墙热性能测试装置由支撑系统、室内环境模拟箱、受检试件、示踪气体测试系统（示踪气体、气体流量控制器和专用均匀释放管、示踪气体浓度测试点和多通道示踪气体浓度测量）、温度传感器和数据采集系统组成。测试装置构成见图 5.4-1[10]。

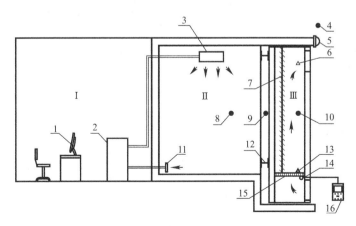

图 5.4-1 双层幕墙热性能测试装置示意图

注：Ⅰ—控制室；Ⅱ—室内环境模拟箱；Ⅲ—受检试件；

1—数据采集系统；2—空调主机；3—空调末端；4—室外温度测点；5—辐照仪；6—出风口气体浓度测点；

7—遮阳百叶；8—室内环境温度测点；9—内层幕墙内表面温度测点；10—通道内温度测点；11—回风口；

12—试件支撑；13—进风口气体浓度测点；14—示踪气体均匀释放管；15—格栅；16—气体质量流量控制器

2. 示踪气体测试系统组成

示踪气体测试系统由示踪气体、专用均匀释放管、气体流量控制器、示踪气体浓度测试点、多通道示踪气体浓度测量仪以及温度传感器组成。

（1）示踪气体

通常采用CO_2和SF6气体作为示踪气体。在常温常压下，SF6气体为无色、无味、无毒、无腐蚀性、不燃、不爆炸的气体，并具有良好的化学稳定性和热稳定性；而空气中含有CO_2，采用CO_2作为示踪气体，会存在测试的精确度问题，SF6作为示踪气体测量通风量比CO_2的测试效果更佳。

（2）专用均匀释放管和气体流量控制器

选用直径为100mm的塑料管作为SF6气体专用均匀释放管。塑料管沿长度方向钻直径为1mm的孔洞约1000个。释放管置于下部热通道开口（即热压通风入口）处，此管与气体流量控制器相连接，同时起到流量分配和静压箱的作用，从而保证示踪气体均匀恒定释放。见图5.4-2。

（3）示踪气体浓度检测点和多通道示踪气体浓度测量仪

在热通道2.5m高处布置1×6个浓度检测点（见图5.4-2（a）中的"△"）；测点与示踪气体浓度检测仪INNOVA连接，分别计量浓度（见图5.4-2（c））。

取$6+n$个点浓度求其平均值，以减小因气体混合不均匀引起的误差，尽可能地消除测量误差。

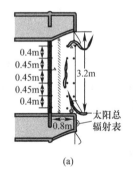
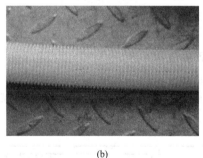
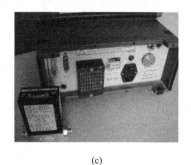

| (a) | (b) | (c) |

图5.4-2　示踪气体测试系统组成

(a) 测点分布；(b) 示踪气体均匀释放管；
(c) 示踪气体浓度测试仪 INNOVA

（4）温度传感器

温度传感器宜采用T型热电偶，通过数据传输线与数据采集仪相连接，获取温度测试数据。

四、双层玻璃幕墙热性能试验验证

为了探讨采用示踪气体恒定流量法测量双层幕墙热通道通风量的可行性，进行了宽通道热压驱动情况下，热通道内热压通风风量与示踪气体浓度的定量关系以及热通道内空气温度分布的关系试验，拟找到它们之间的相关性。

（一）测试仪器

试验所应用的仪器以及精度要求见表5.4-1。

测试仪器及测量精度　　　　　　　　　　　　　　　　表 5.4-1

参数	仪器	精度	测试间隔
温度	T 型热电偶	±0.5℃	
	冰瓶	0.2℃	
	HP 数据采集仪		10s
通风量	SF6 示踪气体		
	中流 D07 系列质量流量控制器	±1%	
	INNOVA1312 示踪气体测试仪	$\pm 100 \times \sqrt{[0.012 \times 3/实测值]^2 + 0.02^2}$ %	60s
风速	海淀区气象台	0.3m/s	10min
太阳辐射	太阳辐射仪	1.5%（100～1000W・m⁻²）	10min

测试中，通风进口处示踪气体的释放采用专用均匀释放管，以保证进口气流中示踪气体浓度近似均匀。根据幕墙通风出风口面积，选择适宜的浓度测点数量，进行多点测量。

（二）测试内容

测试主要包括：热通道内部的空气温度分布、热通道内部的热压通风量。

（三）测试对象

选择清华大学超低能耗示范楼三层的南立面和东立面作为实测双层玻璃幕墙。其下开口离地面高度为 12.6m，幕墙层高为 3m。双层玻璃幕墙的外观与热通道内部设置见表 5.4-2。

双层玻璃幕墙的外观与热通道内部设置　　　　　　　　表 5.4-2

围护结构构造	围护结构构造与性能参数
外层玻璃	6mm 普通浮法玻璃　$U=6.0\text{W/m}^2$，$SHGC=1.0$
热通道遮阳	铝制百叶
内层玻璃	4Low-E 玻璃＋9 氩气＋4 普通玻璃＋9 氩气＋4Low-E 玻璃　$U=1.04\text{W/m}^2$，$SHGC=0.52$
热通道底板	铝板
热通道顶板	铝板
热通道尺寸	5600mm×800mm×3000mm

（四）测试结果与分析

1. 空气温度分布

遮阳百叶将热通道分为内外两个通道，不同时间段内外通道空气垂直温度分布见图 5.4-3。

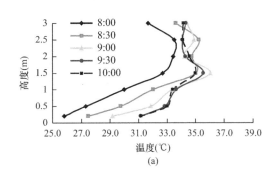
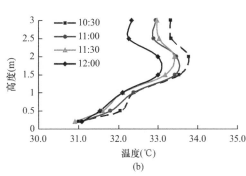

图 5.4-3　外通道空气温度垂直分布

（a）时间：8：00～10：00；（b）时间：10：30～12：00

2. 热通道通风量

根据测定的示踪气体浓度，得到通风量实测数据，从而获得示踪气体浓度与热通道通风量的关系。见表 5.4-3。

示踪气体浓度与热通道通风量的关系　　　　　　　　　　　　　　　　表 5.4-3

浓度（×10⁻⁶）	99.86	78.53	77.17	75.68	72.35	66.36	63.40	62.39	58.86
风量（m³/s）	0.313	0.398	0.405	0.413	0.432	0.471	0.493	0.501	0.531
浓度（×10⁻⁶）	58.20	57.88	56.22	54.74	54.36	53.61	53.34	53.16	50.99
风量（m³/s）	0.537	0.54	0.556	0.571	0.575	0.583	0.586	0.588	0.613

3. 通风量与测点浓度之间的关系

热通道内通风量与测点浓度之间的关系可用式（5.4-1）表示。

$$G = \frac{M}{C} \tag{5.4-1}$$

式中，G 为热通道通风量：m³/s；M 为由质量流量控制器控制恒定 SF6 释放量，本次实验为 120mg/s；C 为测点浓度，ppm。

4. 热通道通风量与热通道内和室外空气温度平均温差

热通道通风量与热通道内和室外空气温度的相关性见图 5.4-4。

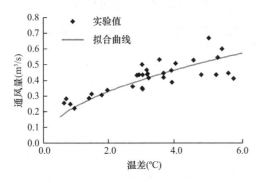

图 5.4-4　通风量与热通道内和室外空气温度平均温差拟合关系

将通风量与室内外平均温差拟合成公式，可得到热通道通风量与热通道内和室外空气温度平均温差成平方根的关系。

$$G = \sqrt{0.2324 \times \Delta T} \tag{5.4-2}$$

式中，G 为热通道通风量，m³/s；ΔT 为热通道内和室外空气温度平均温差，K。

从图 5.4-4 可以看出，在温差相对较小（$\Delta T < 1℃$）和温差大（$\Delta T > 5℃$）时，实测值与拟合曲线相关度较差。可以解释为，在温差相对较小时，室外风压的影响变得不可忽略，温差不再是决定流量的唯一因素；在温差大时，由于内通道空气与室外的温差也同样增大，内通道空气流动对通风量的影响变得不可忽略。

五、研究结论

实测结果表明，示踪气体出口处的测试浓度与平均热通道通风量的相关性是可靠的。因此，该方法利用示踪气体恒定流量法原理进行外通风式双层玻璃幕墙热通道通风量测试是可行的。

本章参考文献

[1]　日本工业标准调查会（JISC）. JIS A 4710—2015 建具の断熱性試験方法［S］.

[2]　日本工业标准调查会（JISC）. JIS A 1514—1993 防止门、窗结露的试验方法［S］.

[3]　美国建筑业制造商协会. AAMA 1503—2009 窗、门和幕墙部件的传热系数和抗结露系数的测试

方法［S］.

［4］ 国际标准化组织. BS EN ISO 12567-1：2010 门窗的热性能. 热的测定热箱法透射率 第 1 部分：完整的门窗［S］.

［5］ 欧洲标准化委员会. EN12412-1 窗、门和百叶窗的热箱法测定 传热系数［S］.

［6］ 中华人民共和国国家质量监督检验检疫总局，中国国家标准化管理委员会. GB/T 8484—2008 建筑外门窗保温性能分级及检测方法［S］. 北京：中国标准出版社，2009.

［7］ 中华人民共和国国家质量监督检验检疫总局，中国国家标准化管理委员会. GB/T 29043—2012 建筑幕墙保温性能分级及检测方法［S］. 北京：中国标准出版社，2013.

［8］ 美国国家门窗等级评价委员会.《门、窗和幕墙太阳得热因子检测方法》NFRC 200—2009［S］.

［9］ 中华人民共和国国家质量监督检验检疫总局，中国国家标准化管理委员会. GB/T 30592—2014 透光围护结构太阳得热系数检测方法［S］. 北京：中国标准出版社，2014.

［10］ 中华人民共和国国家质量监督检验检疫总局，中国国家标准化管理委员会. GB/T 30594—2014 双层玻璃幕墙热性能检测 示踪气体法［S］. 北京：中国标准出版社，2014.

第二篇

节能产品

第六章

节能玻璃和膜结构

第一节　透光围护结构产品的发展

玻璃是人类材料领域最伟大的发明之一。现今，玻璃已成为日常生活、生产和科学技术领域的重要材料，而建筑玻璃则是经济建设和人类安居都不可或缺的建筑材料。

节能玻璃是人们将某些玻璃的性能与普通玻璃比较后提出的，通常是指热工性能优良的玻璃。按其性能分类，节能玻璃可分为高效保温节能玻璃、遮阳节能玻璃和吸热节能玻璃[1]。其中保温节能玻璃有中空玻璃、真空玻璃等；遮阳节能玻璃有镀膜玻璃、调光玻璃等；吸热节能玻璃有吸热玻璃等。通过浮法玻璃进行深加工，可以得到性能优良的节能玻璃。

玻璃的保温性能（K 值）要达到与建筑物所在地建筑节能相匹配的水平。而玻璃的隔热性能（太阳得热系数 $SHGC$）要与建筑物所在地太阳光辐照特点相适应。不同地方和不同用途的建筑物对玻璃隔热的要求是不同的。对于人们居住和工作的住宅及公共建筑物，理想的玻璃应该是在夏季能将对太阳热的遮蔽性能提高，冬天又可以把热量保存起来，从而达到节能的目的。为进一步提高节能效果，实现节能 75％ 的目标，采用新型的节能玻璃是最直接有效的方法[2]。

国内外学者对其节能效果进行了大量研究。蒋毅介绍了真空玻璃在绿色建筑中的应用，指出真空玻璃的遮阳系数和传热系数可根据不同的设计要求进行选取[3]。卜增文等模拟分析了不同气候条件下 Low-E 玻璃传热系数和遮阳系数对空调负荷和能耗的影响，并提供了依据气候条件选取各种 Low-E 玻璃的范围[4]。潘伟等以热量传导的三种方式（导热、辐射和对流）为出发点，对中空玻璃中的空气、玻璃、Low-E 膜与环境温度之间的关系和相互作用进行了系统的研究，结果表明 Low-E 玻璃对阻断建筑物热量的散失能起到关键作用[5]。Gustavsen 等采用有限元软件分析了隔热木框、断热铝框和 PVC 框的三层玻璃系统在不同情况下的热工性能，结果表明 U 值（边缘传热系数）随固体替代物导热系数的增大而提升，窗框热传递系数随固体替代物导热系数和隔热窗框中隔热材料导热系数的增大而提升[6]。Yueping Fang 等系统地研究了带电变色层真空玻璃在玻璃涂层不同时的发射率和玻璃嵌入框的深度对热传导的影响，结果发现传热系数随玻璃涂层发射率的提升而增加，传热系数随玻璃嵌入框深度的增加而减小。Danny H. W. Li 等[7,8]基于以上研究成果分析，目前 Low-E 玻璃（低辐射玻璃）、中空玻璃和真空玻璃被大量应用于建筑节能设计中。

本章将介绍建筑玻璃的发展过程，重点叙述我国节能玻璃产品的发展现状以及膜结构的优良性能。

第二节　建　筑　玻　璃

一、建筑玻璃的特性

玻璃在常温下是固体，它是一种易碎的材料，硬度为摩氏6.5。

当玻璃液体冷却之后，最终会形成有序、固定的晶体结构。然而，玻璃分子在凝固过程中依然保留了液体的特性，当利用一次成型的平板玻璃为基本材料时，可根据使用要求采用不同的深加工工艺，制成具有特定功能的玻璃产品。

二、玻璃制造工艺

以酸性氧化物、碱金属氧化物、碱土金属氧化物为主要原料制成玻璃和玻璃制品。不同玻璃制品的制造方法各有其特点，但主要工艺是相似的。

原料包括主要原料和配合料。前者指引入玻璃的形成网络结构的氧化物、中间体氧化物和网络外氧化物等原料；后者可以加速玻璃熔制，或使其获得某种必要的性质。主要原料根据引入氧化物的性质，分为酸性氧化物原料、碱金属氧化物原料和碱土金属氧化物原料。

三、建筑玻璃的分类

按照使用功能、生产原料标准要求的不同，建筑玻璃基本可分为安全玻璃、节能玻璃和特殊用途玻璃三种类型。

（一）安全玻璃

1. 热增强玻璃（半钢化玻璃）

热增强玻璃不易自爆，适用于大型规格玻璃幕墙使用。

2. 夹层玻璃

夹层玻璃是由两片或者两片以上的玻璃，用合成树脂粘结在一起制成的一种安全玻璃，当它破损时碎片不会飞散。

夹层玻璃生产有干法和湿法两种形式，干法生产为主流。

夹层玻璃的种类较多，主要有PVB膜片夹层玻璃、以固相水合硅酸钠膨胀层为防火中间层的防火玻璃、以EN膜片为中间层的真空一步法夹层玻璃。

3. 圆弧弯曲玻璃

圆弧弯曲玻璃也称为热弯玻璃、弧弯玻璃，属于玻璃二次升温至接近软化温度时，按需用要求经压弯变形而成。如，观光电梯走廊、采光玻璃顶等。

4. 夹丝玻璃

夹丝玻璃又称为丝网印刷玻璃、防碎玻璃和钢丝玻璃。它是将普通平板玻璃加热到红热软化状态时，再将预热处理过的铁丝或铁丝网压入玻璃中间而制成的一种特殊玻璃。

夹丝玻璃的特性是防火性能优越，可遮挡火焰，高温燃烧时不会炸裂，破碎时不会造成碎片伤人。另外，由于其较普通玻璃强度高，具有防盗性能，玻璃割破还有铁丝网阻挡，当遭受冲击或温度剧变时，使其破而不缺，裂而不散，避免棱角的小块碎片飞出伤人。如火灾蔓延，夹丝玻璃受热炸裂时，仍能保持固定状态，可起到隔绝火势的作用，故又称防火玻璃。

（二）节能玻璃

玻璃的特性是在石英砂熔融液体冷却之后，形成的有序、固定的晶体结构，玻璃分子在凝固过程中依然保留了液体的特性。因而，当利用一次成型的平板玻璃为基本材料，根据使用要求，可采用不同的加工工艺，制造具有特定使用功能的节能玻璃产品。

目前，节能玻璃产品基本可分为镀膜玻璃、中空玻璃、真空玻璃、调光玻璃和吸热玻璃。

1. 镀膜玻璃

镀膜玻璃是在玻璃表面采用物理方法或化学方法，镀一层或多层金属、合金或金属化合物，以改变玻璃的性能[9]制成的深加工玻璃制品。镀上金属、金属氧化物等薄膜，而按其特性不同可分为热反射玻璃和低辐射玻璃[10]。由于其膜层强度较差，一般是制成中空玻璃使用。

（1）热反射（阳光控制）玻璃，一般是在玻璃表面镀一层或多层金属（如铬、钛或不锈钢等或其他化合物组成的）薄膜，使产品颜色丰富，对可见光有适当的透射率，对近红外线有较高的反射率，对紫外线有很低的透过率，因此也称为阳光控制玻璃。与普通玻璃相比，降低了遮阳系数，即提高了遮阳性能，但对传热系数改变不大。

（2）低辐射（Low-E）玻璃，是在玻璃表面镀多层银、铜或锡等金属或其他化合物组成的薄膜，产品对可见光有较高的透射率，对红外线有很高的反射率，具有良好的隔热性能。

2. 中空玻璃

一般是用铝制/绝热边框或把两片或两片以上的玻璃框住，用胶结或焊接工艺密封，中间形成自由空间，并充以干燥的空气或惰性气体。中空玻璃由两层或多层玻璃制成，不仅能降低热传导系数，保温效果好，还具有良好的隔声效果。近年来中空玻璃发展迅猛，目前在节能玻璃中占据主导地位。

镀膜玻璃与中空玻璃的复合体包括热反射镀膜中空玻璃和低辐射镀膜中空玻璃，前者可同时降低传热系数和遮阳系数，后者透光率较好。

3. 真空玻璃

真空玻璃基于保温瓶原理研发而成，应用真空技术和低温熔封技术对平板玻璃进行深加工而成。通过真空玻璃的传导、对流和辐射方式散失的热降到最低，是玻璃工艺与材料科学、真空技术、物理测量技术、工业自动化及建筑科学等多种学科、多种技术、多种工艺协作配合的硕果。

真空玻璃是将两片平板玻璃以支撑物均匀隔开，周边采用玻璃焊料熔融封接，通过排气后封接排气孔或在真空环境下熔封玻璃周边等方法，使玻璃间形成真空层的玻璃制品具有优越的保温和隔声性能。相对于中空玻璃而言，其制作生产工艺更为复杂，成本投入较大，现阶段还不适合大规模使用。

4. 调光玻璃

调光玻璃是一种新型的节能材料，它通过调节太阳光的透过率达到节能效果。调光玻璃可根据导致变色的材料分为光致变色、电致变色、热致变色及液晶基等多种类型[11,12]。调光玻璃的作用原理是：当作用于调光玻璃上的光强、温度、电场或电流发生变化时，调光玻璃的性能也将发生相应的变化，从而可以在部分或全部太阳能光谱范围内实现高透过率状态与低透过率状态之间的可逆变化。

5. 吸热玻璃

吸热玻璃利用玻璃中的金属离子对太阳能进行选择性吸收，同时呈现不同的颜色，是一种能够吸收太阳能的平板玻璃。吸热玻璃生产方式主要分为两种，一为本体着色，即在无色透明平板玻璃的配料中掺入特殊的着色剂，采用浮法、平拉法等工艺进行生产；二为表面镀膜，即在玻璃表面喷镀吸热、着色的氧化物薄膜。

吸热玻璃的特点是遮蔽系数比较低，太阳能总透射比、太阳光直接透射比和太阳光直接反射比都较低，可见光透射比、玻璃的颜色可以根据玻璃中的金属离子的成分和浓度变化而变化。可见光反射比、传热系数、辐射率与普通玻璃差别不是很大[13]。吸热玻璃的节能原理是当太阳光透过玻璃时，玻璃将光能吸收转化为热能，热能又以导热、对流和辐射的形式散发出去，从而减少太阳能进入室内，实现真正的建筑节能。

吸热玻璃主要可以分为两类：一是本体着色，即在无色透明平板玻璃的配料中掺入特殊的着色剂，采用浮法、平拉法等工艺进行生产；二是表面镀膜，即在玻璃表面喷镀吸热、着色的氧化物薄膜。吸热玻璃的特点是遮蔽系数比较低，太阳能总透射比、太阳光直接透射比和太阳光直接反射比都较低，可见光透射比、玻璃的颜色可以根据玻璃中的金属离子的成分和浓度变化而变化。可见光反射比、传热系数、辐射率与普通玻璃差别不是很大。

第三节　特殊用途玻璃

一、彩绘玻璃

彩绘玻璃也称为绘画玻璃，一般是采用特殊釉彩在玻璃上绘制图形后，经过烤烧制作而成，或在玻璃上贴花烧制而成

二、彩釉玻璃

彩釉玻璃是在平板玻璃的一个侧面烧结上无机颜料，把一层或多层无机釉料（又称油墨）印在玻璃表面，通过丝网印刷技术使玻璃具有不同颜色的图案或花纹，然后经加热烘烤、钢化或半钢化处理，将釉料烧结于玻璃表面而得到一种耐磨、耐酸碱的装饰性材料，遮阳效果明显。

三、磨砂玻璃

磨砂玻璃又称为毛玻璃、暗玻璃，是用普通平板玻璃经机械喷砂、手工研磨（如金刚砂研磨）或化学方法处理（如氢氟酸溶蚀）等将表面处理成粗糙不平整的半透明玻璃。一般多用于办公室、卫生间的门窗。

由于磨砂玻璃表面粗糙，使光线产生漫反射，透光而不可视：光线通过磨砂玻璃不光滑的表面产生了漫反射，使室内光线柔，没有眩光，提高了视觉舒适度，通过课题研究结果可知，磨砂玻璃可替代宣纸，用于传统村落民居改造项目中。

四、超白玻璃

超白玻璃是一种超透明低铁玻璃，也称低铁玻璃、高透明玻璃。它是一种高品质、多功能的新型高档玻璃品种，透光率可达91.5%以上，具有无与伦比的装饰特性。超白玻璃的光学性能见表6.3-1。

超白玻璃的光学性能   表 6.3-1

| 厚度 (mm) | 可见光透射比 | 可见光反射比 | 直接透过 | 太阳光 | | | 遮阳系数 | | | 传热系数 [W/(m²·K)] | 隔声 | | 紫外光透光率 |
				反射	吸收	总透过	短波	长波	总体		R_m (dB)	R_w (dB)	
3	91.5%	8%	91%	8%	1%	91%	1.05	0.01	1.05	5.8	26	30	76%
3.2	91.5%	8%	91%	8%	2%	91%	1.03	0.01	1.05	5.8	26	30	75%
4	91.4%	8%	90%	8%	2%	91%	1.03	0.01	1.05	5.8	27	30	73%
5	91.0%	8%	90%	8%	2%	90%	1.03	0.01	1.03	5.8	29	32	72%
6	91.0%	8%	89%	8%	3%	90%	1.03	0.01	1.03	5.7	29	32	70%
8	91.0%	8%	88%	8%	4%	89%	1.01	0.01	1.02	5.7	31	34	68%
10	91.0%	8%	88%	8%	4%	89%	1.01	0.02	1.02	5.6	33	36	66%
12	91.0%	8%	87%	8%	5%	88%	1.00	0.02	1.01	5.5	34	37	64%
15	90.0%	8%	86%	8%	6%	87%	0.99	0.02	1.00	5.5	35	38	62%
19	90.0%	8%	84%	8%	7%	86%	0.97	0.02	0.99	5.5	37	40	59%
22	89.6%	8%	82%	8%	9%	85%	0.95	0.02	0.97	5.5	38	43	28%
25	89.0%	8%	81%	8%	9%	84%	0.93	0.02	0.95	5.5	39	45	56%

超白玻璃同时具备优质浮法玻璃所具有的一切可加工性能，具有优越的物理、机械及光学性能，可与其他优质浮法玻璃同样进行各种深加工，拥有广阔的应用空间和市场前景。国内外选用超白玻璃的建筑物主要是城市标志性建筑、大型展览场馆等。中国国家博物馆、国家大剧院、上海歌剧院等国内知名建筑均采用了超白玻璃。

目前，世界上仅美国 PPG 工业公司、法国圣戈班集团、皮尔金顿集团有限公司、日本旭硝子公司、中国南玻集团有限公司、台玻集团、信义玻璃集团（深圳）有限公司和山东金晶玻璃有限公司等少数企业掌握超白玻璃的生产技术。

第四节　钢化真空玻璃的探索

一、真空玻璃的发展过程

1893 年英国物理学家、化学家詹姆士·杜瓦发明了保温瓶，也称为杜瓦瓶。保温瓶是一个双层玻璃容器，两层玻璃之间的内壁都镀满银，然后把两层玻璃间的空气抽掉，形成真空。由于真空能防止对流和传导散热，银层可以防止辐射散热，因此，存放于保温瓶内的物质温度不易发生变化。据此，他总结出真空绝热的两项基本条件：通过高真空消除绝大部分对流和传导热量；通过高反射涂层降低辐射传热。能否把保温瓶做成平板状，用在外窗上代替平板玻璃板，既可视又具有极佳的保温性能、隔热性能和隔声性能，近百年来，科学家们在从杜瓦瓶到真空平板玻璃之路上一直不断探索。

沿着杜瓦开辟的道路，1913 年德国人 A. Zoller 在其专利首次提出了真空玻璃的概念。从 20 世纪 80 年代起，世界各国对真空玻璃的研发逐渐活跃起来。1985 年开始，美国科罗拉多太阳能研究所由 D. K. Benson 教授领导的真空玻璃研究组创立的技术理论、研究思路以及实验室测试数据，值得后人借鉴。根据这些研究成果，悉尼大学应用物理系 R. E. Collins 教授领导的研究组进一步改进了生产工艺，在北大物理系唐健正教授的协助下，1993 年世界上首块 1m×1m 的平板非钢化真空玻璃样品在悉尼大学问世。1996 年日本板硝子公司购买了悉尼大学的真空玻璃专利使用权，迅速建成年产 6 万 m² 的真空玻璃生产线；此后，又在茨城建厂，具有年产 24 万 m² 的生产能力。随后，我国的北京新立基、青岛亨达、天津沽上等企业都进行了大量有益的尝试。

但是，由于非钢化真空玻璃产品玻璃板强度低、易破损伤人、寿命短，达不到安全玻璃的要求，当使用焊锡封边制作真空玻璃时，使用过程中将出现大量漏气现象。究其主要原因是封边强度不够：在室内外温差超过 40K 时，高保温特性导致真空玻璃板的热胀冷缩，致使封边部位被拉开拉碎，产品漏气。典型温差作用下的真空玻璃破裂形貌见图 6.4-1。

非钢化和半钢化真空玻璃由于强度差，玻璃表面被支撑物挤压，形成微裂纹缺陷。随着时间的流逝，微裂纹在大气压力下生长，成为破损，真空泄漏。真空玻璃点状破损状况见图 6.4-2。

图 6.4-1　典型温差作用下真空玻璃破裂形貌
(a) 真空玻璃；(b) 半钢化真空玻璃

图 6.4-2　真空玻璃点状破损

真空玻璃是新型玻璃深加工产品，其研发推广符合国家大力提倡的节能政策，具有良好的发展潜力和前景，为此国内相关技术人员开展了提高真空玻璃强度的关键技术和产品研发。

二、钢化真空玻璃研发过程

（一）真空玻璃与中空玻璃的传热机理对比

由于结构不同，真空玻璃与中空玻璃的传热机理也不同。真空玻璃中心部位传热由辐射传热和支撑物传热及残余气体传热三部分构成，而中空玻璃则由气体传热（包括传导和对流）和辐射传热构成。

可见，欲减小因温差引起的传热，真空玻璃和中空玻璃都要减小辐射传热，有效的方法是采用镀有低辐射膜的玻璃（Low-E 玻璃），在兼顾其他光学性能要求的条件下，膜的发射率（也称辐射率）越低越好。二者的不同点是真空玻璃不但要确保残余气体传热小到可忽略的程度，还要尽可能减小支撑物的传热，中空玻璃则要尽可能减小气体传热。为了减小气体传热并兼顾隔声性及厚度等因素，中空玻璃的空气层厚度一般为 9～24mm，以 12mm 居多，要减小气体传热，还可用大分子量的气体（如惰性气体：氩、氪、氙）来代替空气，但即便如此，气体传热仍占据主导地位。

（二）第一代真空玻璃

从原理上看，真空玻璃可比喻为平板形保温瓶。其相同点是两层玻璃的夹层均为气压

低于 133.32×10^{-4} kPa 的大气压强,导致气体传热可忽略不计;内壁都镀有低辐射膜,使辐射传热尽可能小。不同点:一是真空玻璃用于门窗必须透明或透光,无法像保温瓶那样镀不透明银膜,而是镀不同种类的透明低辐射膜;二是从可均衡抗压的圆筒形或球形保温瓶变成平板,必须在两层玻璃之间设置"支撑物"来承受约 104 kg/m^2 的大气压力,使玻璃之间保持间隔,形成真空层。"支撑物"方阵间距根据玻璃板的厚度及力学参数设计,在 $20 \sim 80$ mm 之间。为了减小支撑物"热桥"形成的传热并使人眼难以分辨,支撑物直径很小,目前产品中的支撑物直径在 $0.3 \sim 1.0$ mm 之间,高度在 $0.1 \sim 0.5$ mm 之间。第一代真空玻璃的结构见图 6.4-3。

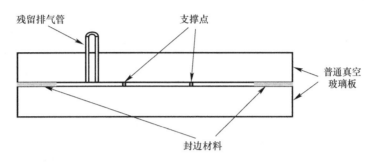

图 6.4-3　第一代真空玻璃的基本结构

（三）第二代钢化真空玻璃的构造

2002 年,世界上首块钢化真空玻璃样品问世。钢化真空玻璃采用独有低温封接技术,完整保留了钢化玻璃的高强度、抗风压、抗冲击等安全特性。表面应力分布均匀,任意一点应力均超过 90MPa,完全达到钢化玻璃应力要求。

2003 年,第二代钢化真空玻璃生产技术研发成功,第二代平封口钢化真空玻璃剖面见图 6.4-4。

全钢化真空玻璃强度大,玻璃表面不仅可以抵抗支撑物的挤压,即使在 5kPa 的风压下依然丝毫无损,达到国家标准的最高级 9 级。全钢化真空玻璃采用高强度密封玻璃焊料,在两侧温差 100℃的环境下,依然可以平衡玻璃板封接区域的剪切力,连续测试 3 年,仍然完好无损,无开裂,不漏气,保温效果不变。

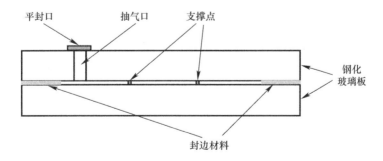

图 6.4-4　第二代平封口钢化真空玻璃剖面图

2008 年,我国发布了行业标准《真空玻璃》JC/T 1079—2008[14]。2015 年 10 月,世界首条钢化真空玻璃量产线投产。第三代技术真空眼钢化真空玻璃的基本结构见 6.4-5。

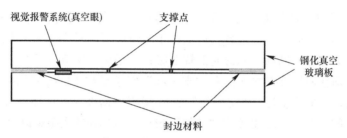

图 6.4-5 第三代真空眼钢化真空玻璃的基本结构

三、钢化真空玻璃的特性

（一）安全性能

1. 300℃超低熔点玻璃封边技术，保留了玻璃的钢化度。

2. 高强度的钢化玻璃可以承受 6 倍的支撑压力，只需 1/6 的支撑即可撑开两片玻璃；支撑数量从每平方米 1600 个减少到 278 个，减少了热传导和声音传导的媒介，大大提升了隔热和隔音性能。8mm 钢化真空玻璃的传热系数达到 0.25W/(m² · K)。

3. 抗风压、耐温差等性能都因为玻璃钢化度的保留而大幅度提升。

两片玻璃之间用微小的支撑物方阵隔开，周边用低熔点玻璃焊料熔封，通过玻璃抽气管进行"排气"后封口，形成气压低于 0.1Pa 的真空层，真空层厚度仅为 0.1～0.5mm。

（二）建筑物理性能

1. 保温性能

钢化真空玻璃 K 值为 0.2～0.4W/(m² · K)，8mm 的钢化真空玻璃，保温性能超过 2800mm 厚的砖墙，是普通中空玻璃的 10 倍，单独使用即可达到超低能耗建筑对门窗传热系数的要求。冬季室外气温 −20℃，室内气温 20℃时，钢化真空玻璃内表面温度在 18℃以上。人在窗前不会感觉到冷辐射，玻璃内表面也不会出现结露；钢化真空玻璃的真空层内无空气，更无水汽，密封极严。

2. 隔声性能

声音的传播需要介质，无论是固体、液体还是气体都可以传声，但没有介质的真空环境下，声音却是无法传播的，因此钢化真空玻璃真空层有效阻隔了声音的传播。

钢化真空玻璃在中低频表现出良好的隔声性能，在 100～5000Hz（包含低、中、高频）的计权隔声量比中空玻璃高 11dB。在劲度控制的频率范围内，对于隔声构件来说，构件劲度越大（即刚性越大），隔声越好。钢化真空玻璃在低频段隔声量较高，这主要是因为钢化真空玻璃的四边是玻璃焊料刚性连接（并非胶或金属的柔性连接），所以较其他形式的玻璃抗变形能力强、劲度大。低频段的隔声量受劲度大小的影响，劲度越大，隔声性能越好。在低频段，随着频率的增加，隔声量略有减少，这是劲度和质量共同作用的结果。劲度控制是指在激励力的频率远比受迫振动系统的共振频率低的频段内，系统所表现出的振动性质。这时，振动系统的阻抗主要由系统的力劲决定；振动的位移近似与频率无关，而与力劲成反比。

四、钢化真空玻璃封边技术的分析

（一）寿命比较

1. 无机低熔点玻璃封边性能

低熔点玻璃源自两千多年前的中国古法琉璃，是世界上最古老的玻璃品种。低熔点玻璃常用于电子器件中玻璃、金属及陶瓷之间的真空密封，在家用电器、车辆船舶、航空航天等领域有着广泛的应用。

自悉尼大学制作出世界上第一块真空玻璃样品至今的二十多年里，低熔点玻璃是目前唯一经过时间验证的合格真空玻璃封边材料。低熔点玻璃熔化后与平板玻璃浸润渗透，形成原

子间的化学键连接，冷却后与玻璃板成为一个致密的整体（图6.4-6）。其气密性、强度、耐候性、使用寿命等性能均可与玻璃板相媲美，可以耐受各种恶劣的气候环境，真空玻璃寿命可达50年。

研制封接温度430℃的低熔点玻璃，用于真空玻璃的封边。文献［4］中提到在试制钢化真空玻璃时发现，430℃的高温将钢化玻璃退火成了半钢化玻璃。经过不懈的努力，2001年通过采用红外局部加热的方法，成功制作出了钢化真空玻璃，检测时的碎片状态达到国家标准要求。因红外局部加

图6.4-6　低熔点玻璃与平板玻璃的烧结断面

热法生产效率不高，工艺复杂，成品率也比较低，这促使进一步研发更低熔点的封接玻璃。

目前封接温度360℃的无铅低熔点玻璃和300℃的含铅低熔点玻璃已问世，这些低熔点玻璃适应各种钢化真空玻璃制作工艺，满足了生产效率和成品率的要求。

2. 低熔点合金封边性能

玻璃和金属的真空封接也是一项成熟的技术，常用于小的电子器件。大尺寸的玻璃与金属连接常见于汽车后挡玻璃上导电银浆的烧制。我们也尝试用此方法，借助熔点低于350℃的低熔点合金来封接真空玻璃，发现低熔点合金膨胀系数是玻璃板的两倍，玻璃暴晒受热时极易开裂；低温下焊锡又容易变成粉末，造成漏气，仍不能满足密封与强度要求。

汽车银浆是在玻璃钢化的同时，靠银浆中的低熔点玻璃粉将银粉牢牢地粘接在玻璃板表面，钢化过程中低熔点玻璃熔化的同时，玻璃熔液靠毛细作用充分浸润玻璃板表面，并包裹银粉，将银粉拉紧在玻璃板表面。银粉在玻璃熔液中熔化互连并随钢化降温过程重新固化，连接形成非致密银层。低熔点玻璃粉含量少时，银粉难以烧结在玻璃板上。玻璃粉含量高时银层与玻璃板的附着力好，但钢化时玻璃粉会浮于银层表面，银层与低熔点合金难以焊接。但无论如何调整，由于形成的银层不够致密，存在漏气通道，虽然与低熔点合金焊接后能够满足汽车后挡的导电要求，却满足不了真空玻璃的真空密封要求。即使偶尔在产品上获得真空，由于得不到足够的焊接强度，难以满足玻璃恶劣的制造、运输、安装和使用要求。银粉、银浆烧结后表面状态和银浆烧结后断面状态的SEM图分别见图6.4-7、图6.4-8和图6.4-9。

图6.4-7　银粉SEM图

图6.4-8　银浆烧结后表面状态SEM图

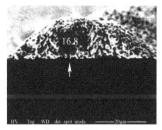

图6.4-9　银浆烧结后断面状态SEM图

3. 有机胶封边性能

根据分压定律，目前充氩气的四玻三腔中空玻璃，氩气通过双道密封胶向外渗透的速度，比外界空气向中空玻璃内部渗透的速度快2.4倍，所以这种泄漏的趋势是必然的。有机胶的这种缺陷，导致中空玻璃内的氩气逐渐减少，玻璃内部气压降低，玻璃表面向内弯曲，玻璃边部产生应力，常发生开胶及炸裂。目前，保证封边性能的材料仍需进一步研究。

（二）真空腔体中材料放气对寿命的影响

钢化真空玻璃由上下片玻璃、封边玻璃焊料、支撑柱、吸气剂几部分组成，这些都是经严格选择的真空材料。玻璃具有渗透性与放气性。

1. 玻璃的渗透性

气体对玻璃的渗透以分子态进行，渗透过程与气体分子的大小和玻璃内部的微孔大小有关。制作钢化真空玻璃的浮法玻璃与封边玻璃焊料由于其中的碱性氧化物（Na_2O、K_2O、CaO 等）在向 Si-O 骨架贡献了氧原子后，即以正离子的形式处于 Si-O 网格中，阻塞了分子的渗透孔道，所以，空气中只有直径最小的氦（He）分子有微量渗透。因此 He 渗透对常温下使用的真空玻璃性能的影响可以忽略。

2. 玻璃的放气

玻璃材料在高温与光照下，表面会释放出气体，放气量与玻璃的烘烤排气温度有关，悉尼大学真空玻璃研究组就真空玻璃在高温与光照下的气体释放进行了深入研究，通过采用高温排气的方式，可以大大降低玻璃的放气量。

（1）高温条件下真空玻璃内表面放气

老化条件为：150℃，115 天，经 150℃烘烤除气的真空玻璃，内部压强从 6.65×10^{-2} Pa 上升到 6.65Pa；而经 350℃烘烤排气的真空玻璃，经过相同的高温老化过程，内部压强只上升了 1.33×10^{-1} Pa。经四极质谱仪分析识别，放出的气体主要是水蒸气，还有小部分的 CO_2，还检测到非常少的 CO。结果充分说明，可以通过采用较高温度（＞350℃）烘烤排气来有效改善真空玻璃由高温而产生的内表面放气。并且由于释放出的气体主要是水蒸气，所以当温度恢复到室温时，真空玻璃的内部压强会回落到与原来相近的数值。图 6.4-10 分别为 150℃抽真空和 350℃抽真空的真空玻璃，在 150℃条件下的老化试验数据曲线。

（2）光照条件下气体的释放

经 150℃烘烤排气的真空玻璃样片，在室外暴晒的过程中，样片的内部压强上升了约 1.33Pa。经 350℃烘烤排气的样片，内部压强上升不到 1.33×10^{-1} Pa。经四极质谱仪分析识别，光照下放出的大部分气体是 CO_2 和 CO，没有水蒸气。

3. 封边材料

由于采用了航天级的玻璃焊料，将两片钢化玻璃真空焊接密封。焊料材质与钢化玻璃同为玻璃，互相之间形成分子键接合与渗透；玻璃焊料的膨胀系数与钢化玻璃相同，解决了目前密封金属或密封胶膨胀系数过大、冷热交替时开裂漏气的难题。在室内外温差较大的环境下，削弱了玻璃板封接区域的剪切力，克服了脆性密封材料在相同情况下的密封失效问题。熔封后形成玻璃态，本身气体渗透率和放气率都很低，钢化真空玻璃的真空漏率小于 2×10^{-13} Pa·m^3/s，经过理论与长期的应用实践，证明具有非常优异的真空封接性能。

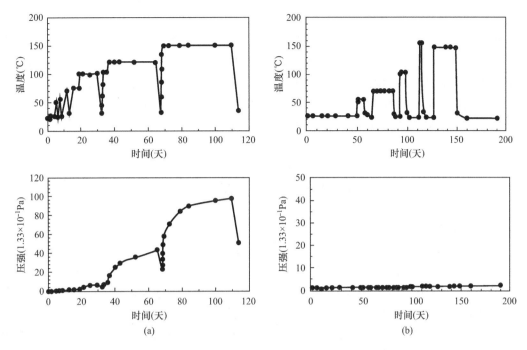

图 6.4-10 两种不同烘烤排气温度下真空玻璃老化试验数据曲线

4. 支撑柱

真空玻璃支撑柱的材料采用的是钛合金或不锈钢,钛合金和不锈钢是真空器件最常用的材料,具有非常好的真空性能。经过真空烘烤 3~5h(300~450℃)不锈钢的常温出气速率 1h 内为 10^{-9}~10^{-10} 量级,10h 为 10^{-10}~10^{-11} 量级。并且长期出气速率的趋势是逐渐降低的[15]。

5. 工艺的保证

对支撑物,经过超声清洗及脱脂处理;封口之前经过约 1h 350℃左右的真空脱气。经过这样的处理过程,可以大大降低其出气速率。

真空玻璃在制做过程中会经过约 350℃、1 个多小时的烘烤排气。通过前面玻璃放气部分的论述,可以证明高温排气可以大大降低玻璃在使用过程中的放气量。

6. 吸气剂的应用

真空玻璃的特点是其真空层为厚度仅为 0.1~0.5mm 的扁平腔体,每平方米真空玻璃的真空腔体体积约为 $100cm^3$,约相当于半径 2.9cm 的小球,但其玻璃内表面积却大于 $2m^2$,比上述小球表面积大约 200 倍。必须利用高温(350℃)真空排气技术使玻璃表层和深层所含的各种气体排出,达到优于 10^{-1}Pa 的真空度。对经过高温烘烤排气的真空玻璃样片进行长时间的曝晒试验,经测量后发现有一部分真空玻璃的热导值仍有一定幅度的升高。这说明在高温下烘烤排气并不能完全保证真空玻璃的寿命,必须在真空玻璃中放置吸气剂,来提高并维持真空玻璃的真空度,从而延长真空玻璃的使用寿命。

吸气剂也叫消气剂,在电真空器件和真空科技领域它是指一种能吸收气体的材料。其主要作用是:在短时间内提高真空空间的真空度,并在长时间内维持所要求的真空度。

通过对比可知,经过多年的暴晒,含有吸气剂样片的热导值始终在理论值上下波动,但并无增大趋势。

纳米薄膜技术（特种吸气剂），是为普通人都能够通过肉眼就可以观察到钢化真空玻璃的真空持久度的一种措施，它为产品的品质提供了保障。即在每块窗玻璃真空腔内的角部，设置一个眼球大小的纳米镜面深色薄膜，真空度一旦消失，它就瞬间变白。

通过对真空玻璃材料、工艺、吸气剂的使用、实际测量以及应用工程几方面的论述可以证明，真空玻璃的使用寿命达到50年是毋庸置疑的。

第五节 膜 结 构

一、关于膜结构

随着建筑技术、材料科学的发展，膜材料被越来越多的应用到建筑领域中。目前常用的建筑膜材料主要分为三类[16]，分别为：PTFE膜材料、PVC膜材料和ETFE膜材料。

PTFE膜材料的织物基材为玻璃纤维，其涂层的主要成分为聚四氟乙烯树脂（PTFE）；PVC膜材料的织物基材为聚酯类、聚酰胺类纤维的织物，其涂层主要成分为聚氯乙烯类PVC树脂；ETFE膜材料无织物基材，主要成分为乙烯-四氟乙烯共聚物。前两类膜材料也被称为织物类膜面材料，因为织物纤维的存在使其具有良好的抗拉性能；ETFE膜材料因为没有织物基材，所以不适宜作为具有抗力要求的结构膜面，但它允许产生大的弹性形变，且透光性能与玻璃接近。

（一）三种膜材料的性能对比

表6.5-1是三种膜材料的性能对比情况。

三种织物膜材的部分性能比较 表6.5-1

性能	PVC为面层的聚酯织物	PTFE为面层的玻璃织物	ETFE
抗拉强度：经向/纬向（kN/m）	115/102	124/100	10/12（0.25mm膜材）
织物的重量（g/m²）	1200（类型3）	1200（类型G5）	437.5
可见光的透过率（%）	10～15	10～20	>95%
弹性/折痕的恢复能力	高	低	高
适用寿命	15～20	>25	>25
成本	低	高	高

同时，ETFE膜材和PTFE膜材的防火性能均可达到B1级，为难燃材料。

（二）三种膜材料的适用范围

1. PVC膜材料和PTFE膜材料

PVC膜材料和PTFE膜材料属于复合膜材料，具有较高的抗拉强度，所以可直接用于大跨度的建筑中。

2. ETFE膜材料

ETFE膜材料不具备结构抗拉性能，所以通常做成气枕形式，如图6.5-1所示，还可通过气枕中充装空气的多少来调整气枕的厚度，从而可以调节ETFE膜结构的保温和遮阳性能。

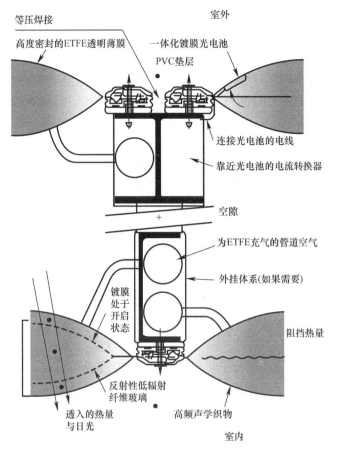

图 6.5-1　ETFE 膜气枕结构示意图

二、膜结构工程应用

由于膜结构具有质轻等特点，所以将它们用于大跨度的建筑中，可以大大降低结构的自身承重，减少建筑结构负荷。

（一）膜结构在国外的工程应用

膜结构在国外工程中应用较多，如英国国家太空中心博物馆（ETFE）、德国慕尼黑安联体育场（ETFE）和阿联酋 Burj 大酒店（PTFE）等，国外膜结构工程应用案例见图 6.5-2。

德国慕尼黑安联体育场　　　英国国家太空中心博物馆　　　阿联酋Burj大酒店

图 6.5-2　膜结构在国外的应用

（二）膜结构在国内的工程应用

国内膜结构的建筑设计、施工起步较晚，其中 PVC 膜材料应用最多，PTFE 膜材料的应用较少，在近十年来新建的体育场馆[17]项目中应用。如，上海虹口体育场（PTFE）、上海八万人体育场（PTFE）、青岛颐中体育场（PVC）、武汉体育中心（PVC）等。

ETFE 膜结构的国内应用数量有限，如上海虹口体育场、国家游泳中心和国家大剧院等。图 6.5-3 是膜结构在国内的一些应用实例。

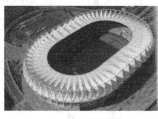

上海虹口体育场　　　　　　　青岛颐中体育场　　　　　　　国家游泳中心

图 6.5-3　膜结构在国内工程中的应用

三、ETFE 膜材料的发展

（一）ETFE 膜材料

ETFE 膜材料为一种含氟高分子热塑型材料，直接由材料成膜，是人工高强度氟聚合物。其具有良好的耐久性、易洁性和稳定性，是一种典型的非织物类膜材，为目前国际上最先进的薄膜材料。

ETFE 膜于 20 世纪 70 年代在美国开始被研究，1974 年、1976 年分别在美国、日本投产。膜结构建筑是近几十年发展起来的一种新型结构形式，它集建筑学、结构力学、精细化工与材料科学和计算机技术等为一体，借鉴现代造型艺术与技术美学，以灵活多变的建筑造型、优异的受力特性受到了建筑师和结构师们的青睐。ETFE 膜材料是继 PVC（聚氯乙烯）膜材、PTFE（聚四氟乙烯）膜材料之后用于建筑结构的第三大类产品，因其自身所具有的特点，很快成为建筑行业的一枝独秀。

（二）ETFE 膜材料的特性

ETFE 膜材料具有较高的抗拉强度、抗冲击强度及抗撕裂能力。ETFE 膜材料的厚度通常在 0.05~0.25mm 之间。随着厚度的增加，膜材料的硬度将增加，同时也更脆，将增大加工难度。ETFE 膜材料的典型用法是：将两层或三层膜材料"焊接"在一起，运送到工地，然后充气使它们膨胀成气枕。

ETFE 膜气枕具有如下特点：

（1）由氟塑料制造，它也可和织物膜材一样施加预拉力。

（2）抗温度变化，能直接暴露于−200~150℃的温度中。

（3）ETFE 膜的透光率可高达 95%。该材料不阻挡紫外线等光的透射，以保证建筑内部自然光线。通过表面印刷，该材料的半透明度可进一步降低到 50%。

（4）特有抗粘着表面使其具有高抗污、易清洗的特点，通常雨水即可清除主要污垢。

（5）ETFE 膜达到 B1、DIN4102 防火等级标准，燃烧时也不会滴落。厚度通常为 0.05~0.25mm，且该膜质量很轻，每平方米只有 0.15~0.35kg。这种特点使其即使在由于烟、火引起的膜融化情况下也具有相当的优势。

（6）ETFE 膜完全为可再循环利用材料，可再次利用生产新的膜材料，或者分离杂质后生产其他 ETFE 产品。

（7）耐腐蚀特性，同时又有对金属特有的较强粘着特性，克服了聚四氟乙烯对金属的不粘合性缺陷，加之其平均线膨胀系数接近碳钢的线膨胀系数，使 ETFE（F-40）成为和金属的理想复合材料，具有极优良的耐负压特性。

（8）ETFE 膜使用寿命至少为 25～35 年，是用于永久性多层可移动屋顶结构的理想材料。

（9）通常以气垫的形式应用于建筑中，气垫的经济跨度一般在 3～5m。通过钢结构、铝合金结构或索网可以将多个气垫连接在一起组成大覆盖空间。就每一个气垫而言，都是一个充气结构；而就整个结构而言，每一个气垫单元又相当于围护结构。需要不断的监控和补充气压。

（三）ETFE 膜结构应用

目前世界上有能力生产与加工 ETFE 膜材料的厂家较少，仅德国、美国、日本等少数几家公司可生产 ETFE 膜材料，而具有 ETFE 膜材料加工制作、安装能力的厂家则更少。ETFE 膜材料在国外有 30 多年的应用历史，由于其极好的透光性能，特别适合建造需人工模拟自然环境的建筑，如植物园以及运动场馆等。荷兰的 Arnhiem 动物园、英国的 Hampshire 网球与健身俱乐部、英国的伊甸园、德国的"MobyDick"游泳池、瑞士苏黎世的 Masoala 雨林等建筑均采用 ETFE 膜材料。在过去的 10 年中，中国的许多城市都在筹划建设新的体育设施。由于其具有重量很轻的优点，膜结构往往被采用[17]。如，国家游泳中心"水立方"，其膜结构应用堪称世界之最。它是根据细胞排列形式和肥皂泡天然结构设计而成的，这种形态在建筑结构中从来没有出现过，创意奇特，是国内迄今为止最先进的游泳馆。中国国家大剧院整个壳体钢结构重达 6475t，东西向长轴跨度 212.2m，是目前世界上最大的 ETFE 膜穹顶；大连市体育中心体育馆与"水立方"一样，外表都采用了 ETFE 膜结构。

虽然膜结构在我国出现只有几十年，但是发展迅速，已经有越来越多的领域开始使用膜结构。

建筑结构使用的膜材料首选具有较高强重比的材料，能有效提高建筑本身的效率，降低建筑的自重荷载和地震载荷等与建筑自重关联的载荷效应，一般以气枕或张拉膜的形式用于建筑中。ETFE 薄膜气枕有相对较大的跨度，可以在支撑结构之间填充较大的空间，从而减轻整个建筑结构质量。由于气枕可以向支撑结构单向传递荷载，所以方形气枕的长度甚至可以更长。通过使用多层膜系统或张拉单层系统，在一个构件上同时获得几种建筑功能（例如，传递载荷、隔热、吸收噪声、保湿、照明等）。ETFE 薄膜气枕中的气压和气枕的形状能随外部载荷的改变而改变，所以本身是一种自适用结构。

四、PTFE 膜材料的发展

（一）PTFE 膜材料

PTFE 膜，是指在极细的玻璃纤维编织成的基布上涂覆 PTFE（聚四氟乙烯）而形成的复合材料，涂层聚四氟乙烯树脂含量不低于 90%，涂层的重量应大于 400g/m，PTFE 膜材料的厚度宜大于 0.5mm。PTFE 膜材料的织物基材为玻璃纤维，纤维的直径范围应在

3.30~4.05μm 范围内，重量应大于 150g/m。

PTFE 膜材料可根据其强度、重量和厚度分级，分为 A、B、C、D、E 级。设计时应根据结构承载力要求选用不同级别的膜材。PTFE 膜材料在环境温度超过 250℃后，会释放出有毒气体，被定为 B1 级难燃材料。建成的 PTFE 膜面进行超过 20 年的耐候试验观测表明，其力学与物理化学性能无退化现象。

（二）PTFE 膜材料的特性

1. 最细的玻璃纤维

PTFE 膜材料采用的玻璃纤维是目前世界上最细的，也称 Beta 级玻璃纤维，具有良好的抗折叠和抗弯曲性能，给膜材的生产、加工和安装带来最大的安全保障。

2. 高化学稳定性

具有高度的化学稳定性，能承受除熔融的碱金属、氟化介质以及高于 300℃氢氧化钠之外，还包含强酸（王水、强氧化剂、还原剂和各种有机溶剂）的作用。

3. 高自洁性

PTFE 是杜邦公司研发的，俗称"特氟隆"（或"不粘锅"）有突出的不粘性，它几乎不粘任何灰尘，固体材料都不能粘附在其表面，是表面能极小的固体材料。

4. 独特涂层工艺

PTFE 膜材料采用独特的浸渍涂层和流平烘干技术，使其浸透玻璃纤维，高温烧结后，PTFE 与玻璃纤维完全结合。PTFE 膜在阳光照射下，吸收紫外线后，玻璃纤维逐渐褪色，在 3~6 个月的时间内逐渐变成白色，在使用过程中将越来越白。

（三）PTFE 膜结构应用

在我国，1997 年之前只建造了少量的小型与中型的膜结构。在上海举行的第七届全国运动会，PTFE 膜结构被用在主体育场的看台挑篷，总面积达 36100m²。这是中国第一次将膜材料制成的屋顶用在大面积的永久性建筑上，具有深远的影响。

自此以后，PTFE 膜材料在我国陆续有应用，如上海新国际展览中心、广州花都新国际机场候机厅，以及各地方大量新建的中小建筑中也在广泛的应用。"鸟巢"采用了 53000m² 的 PTFE 膜结构。

目前，PTFE 膜材料应用范围已比较广泛，包括各类体育建筑、展览建筑、机场建筑及设施、海滨娱乐休闲建筑及设施等。国际顶级场馆有日本的东京穹顶、亚特兰大的佐治亚穹顶、英国的千年穹顶、韩国的首尔体育场等。国内也在大量兴起，如，上海八万人体育馆、上海 F1 赛车馆等。生产这种建筑膜材料的国外厂家很多，如德国 Mehler 公司、日本 TaiyoKogyo 公司、中兴化成工业株式会社、美国 Chemfab 公司，它们都有比较成熟的制备技术。目前国内公司也投入研制生产，但目前国内膜结构公司多为从国外购买膜材料进行膜结构的建设，价格较昂贵。

五、膜结构及膜材料的应用前景

总的来讲，膜结构及膜材料具有强大的生命力和市场，它将成为 21 世纪新型建筑工程材料和环保材料等新的经济增长点。目前，我国膜材料的生产和应用还处于初级阶段。由于受到化工技术和机械、电子制造水平的限制，我国生产的品种还很少，产量也不大。国外许多国家生产的膜材料品种多、技术含量高。国内现有的膜结构建筑用膜材料绝大多数依赖进口。"水立方"所使用的建筑膜材料和技术则全部是引进国外的产品和施工设计。

相比来说，ETFE 膜比 PTFE 膜具有更高的透光度和更好的抗化学能力，能抵抗多数的酸和碱；ETFE 膜抗自然老化能力强，并且具有较好的加工性及机械性，由于 ETFE 膜是直接由塑料成膜，没有基材，所以其抗拉强度、抗撕裂强度不如 PTFE 膜，而且一次性投资高，使用过程中维护费用高，对锐利的物体抵抗能力相对较差。

本章参考文献

[1] 刘志海. 节能玻璃与环保玻璃 [M]. 北京：化学工业出版社，2009.

[2] 董炳荣，宋惠平，吴广宁，等. 新型节能玻璃的概况及发展 [C]. //中国硅酸盐学会玻璃分会. 2017 年全国玻璃科学技术年会论文集，2017.

[3] 蒋毅. 真空玻璃在绿色建筑中的应用 [J]. 绿色建筑，2011，3（06）：21-22.

[4] 卜增文，毛洪伟，杨红. Low-E 玻璃对空调负荷及建筑能耗的影响 [J]. 暖通空调，2005（08）：119-121.

[5] 潘伟. Low-E 中空玻璃节能原理的简述 [J]. 玻璃，2007（01）：60-63.

[6] Arild G，Dariush A，Christian K，et al. Two-dimensional CFD and conduction simulations of heat transfer in horizontal window frames with internal cavities [J]. ASHRAE Transactions，2007，113（1）：165-175.

[7] Fang Y P，Philip C Eames. The effect of glass coating emittance and frame rebate on heat transfer though vacuum and electrochromic vacuum glazed windows [J]. Solar Energy Materials & Solar Cells，2006，90（16）：2683-2695.

[8] Li D H W，Lam J C，Lau C C S，et al. Lighting and energy performance of solar film coating in air-conditioned cellular offices [J]. Renewable Energy，2004，29（6）：921-937.

[9] 郊明. 国内外镀膜玻璃生产现状及发展趋势 [J]. 玻璃，2002，（3）：43-46.

[10] 陆春华. 电致变色材料的变色机理及其研究进展 [J]. 材料导报，2007，25（8）：284-292.

[11] 何云富. VO_2 热色智能玻璃的研究进展 [J]. 纳米材料与结构，2008，45（7）：387-392.

[12] 周婷婷，陈宏俊. 高性能低辐射玻璃的研究进展及应用 [J]. 国外建材科技，2004，25（3）：40-42.

[13] 孙丽娜，高虹，刘胜洋. 节能玻璃的研究进展 [J]. 节能，2011，1：17-19.

[14] 中华人民共和国工业和信息化部. 真空玻璃 JC-T 1079—2020 [S]. 北京：中国建材工业出版社，2020.

[15] 李建梅. 我国建筑节能玻璃发展前景及对策建议 [J]. 建材世界，2014，35（4）：49-50.

[16] 吴清，唐钜，那向谦. ETFE 膜面材料与气袋膜在屋面工程中的应用 [C]. //第 15 届全国结构工程学术会议论文集（第Ⅲ册），2006.

[17] 袁建丰，于兰松，王越. 国家游泳中心（水立方）工程 ETFE 膜结构施工技术 [J]. 建筑技术，2008，39（3）：189-194.

第七章

建筑遮阳

自 20 世纪后期以来，人类社会发生的数次能源危机让人们意识到节约能源的重要性。建筑师也开始降低对高能耗设备的依赖程度，从而转向探索如何通过主动设计来降低建筑能耗[1]。资料显示，我国能源消费总量的 1/3 为建筑能耗[2]，因此积极探索建筑节能对我国生态环境的可持续发展有着重要的现实意义。在南方湿热地区，办公建筑往往通过空调等主动设备来调节室内温度，造成了巨大的能源消耗，而建筑遮阳则是减少此种能耗的重要手段之一。据统计，在普通建筑中整个建筑外围护结构表面积的 1/6 均为外围护结构中最薄弱的门窗等开口部位[3]，其能耗量约为建筑整体外围护结构总能耗量的一半[4]。有效设置建筑遮阳构件，一方面可阻隔或降低太阳辐射热进入室内，降低夏季空调的使用频率，提高室内热舒适度，有效降低建筑的能耗；另一方面可降低室内眩光，使室内光照均匀，降低室内人工照明的使用频率，提高室内光舒适度，降低建筑能耗。因此有效的建筑遮阳无论是对建筑节能，还是对生态环境和社会的可持续发展均有较大的贡献[5]。

本章主要介绍我国建筑遮阳的发展过程、建筑遮阳的分类及其特点以及建筑遮阳相关技术标准体系的建立。由于建筑外遮阳和中间遮阳在高等学校教材和设计手册中都有详细论述，而建筑内遮阳一直以来被认为只是"窗帘"，故在此对建筑内遮阳进行重点介绍。

第一节　我国建筑遮阳的发展过程

我国的建筑遮阳最早出现在住宅建筑中，传统民居中的挑檐、花窗、天井、走廊、阳台、院落等均是对当地日照所采取的遮阳策略。然而，我国关于遮阳理论的研究真正开始于近代，刘致平[6]对建筑挑檐与日照的关系进行了较为深入的研究，他对挑檐长度与地理纬度、太阳高度角关系的研究的手稿是至今我国发现的近代最早的关于建筑遮阳研究的文献资料。

20 世纪 90 年代，在文献［7］中详细阐述了建筑遮阳与日照的关系，通过查阅研究大量文献分析了太阳四季运行的规律，从而得出了不同地区建筑的日照特点及与其相适应的建筑遮阳措施，并进一步阐述了建筑遮阳的初步计算方法。2001 年，清华大学通过修建清华大学设计中心楼[8]进行了一定的遮阳实践，该建筑西立面设置了遮阳墙，南立面设置了遮阳隔板。同济大学[9]于 2001 年成立了建筑节能评估研究室，借助实验和计算机模拟等方式对不同的遮阳构造形式进行了较为精确的计算和模拟，分析了遮阳构件尺寸等对遮阳效果及其他相关要素的影响。华中科技大学[10]建筑与城市规划学院针对夏热冬冷地区，以百叶遮阳为对象，对南向窗的最佳气候适应方式进行了深入研究。2004 年，华南理工大学[11]在人文馆的建筑实践中对其屋顶空间的遮阳进行了设计研究，分析计算了遮阳板的构造尺寸对冬、夏两季遮阳效果的影响，为绿色建筑中遮阳构造的设计提供了一定的参考。同年，任俊与刘加平[12]利用动态计算机软件计算得到了外遮阳系数方程系数，从而对建筑外窗遮阳时太阳辐射得热的计算公式进行了简化。许多专业论文也从不同层次对建筑遮阳进行了研究，研究主要集中于 3 方面：建筑遮阳设计方法、建筑遮阳性能研究、建筑遮阳评价方法。

我国建筑遮阳行业的发展大致经历了四个阶段：

第一阶段为改革开放之前，由于当时物质相对匮乏，遮阳产品随着建筑物的诞生而存在，产品尚未商业化。

第二阶段为改革开放以后，随着我国社会经济的发展，人们对居住环境质量提出了新的要求，建筑遮阳行业开始起步，我国建筑遮阳行业进入了萌芽阶段。

第三阶段为 20 世纪 90 年代初，上海第一幢全部采用进口垂直百叶窗帘进行遮阳的全透明玻璃幕墙大厦——联谊大厦落成，成为我国建筑遮阳行业发展的里程碑。从此，我国建筑遮阳企业大量涌现，我国建筑遮阳行业得到快速发展。

第四阶段为进入 21 世纪后，由于建筑节能理念不断深入人心，随着建筑遮阳系列标准的逐步出台和遮阳产品的不断创新，人们对居住环境人文要求的进一步提高，都推动着建筑遮阳行业的发展。随着市场需求的不断变化，建筑遮阳产品开始向多功能、多样化、节能环保、规模化方向发展，行业技术水平日益提高，遮阳行业龙头企业开始出现。随着遮阳产品的不断创新，国内各大城市新建的大型地标性建筑都以其独特的结构造型与光鲜的外立面设计让人过目不忘。如中央电视台总部大楼、北京中信大厦（又名中国尊）、北京雁栖湖国际会议中心（APEC）等大楼引入了整体的遮阳设计和启用一定规模的遮阳构件。目前，建筑遮阳在我国已经积累了大量的建筑实例基础，遮阳产品在我国也积累了大量成功的工程案例。

第二节　建筑遮阳的分类

建筑遮阳从起步到发展，至今已形成多系列产品，其分类依据如下：

1. 根据遮阳部件活动与否，建筑遮阳可分为固定遮阳与活动遮阳。

（1）固定遮阳是建筑物本体的一个组成部分，能起到遮阳作用，不能进行启闭开合、伸展收回等动作。如大屋顶、挑檐以及固定设置在窗外的遮阳板等，都是固定遮阳。固定遮阳一般与建筑物同寿命，不用经常维修保养，但不能按照天气变化进行调节。

（2）活动遮阳可以按照太阳光入射的角度及使用者的需要进行灵活调节。活动遮阳的活动方式包括：卷起、收放、平移、折叠，可以伸缩，可以转动。有些建筑的活动遮阳采用自动控制，可以群控或单控，有的采用阳光追踪。

2. 根据遮阳设施所遮挡的位置，建筑遮阳可分为空间遮阳、墙体遮阳、门窗洞口遮阳、透光幕墙遮阳和采光顶等。

（1）空间遮阳：用遮挡设施遮挡的空间，为人们提供凉爽舒适的环境。

（2）墙体遮阳：在墙面种植攀藤植物遮阳、外墙外设置花格墙或种植高大树木遮阳等。

（3）门窗洞口遮阳：在门窗洞口周边或上沿设置的窗套、窗楣、遮阳板等固定设施，或遮阳帘、遮阳百叶、遮阳篷等活动设施。

（4）透光幕墙遮阳：双层幕墙中置百叶遮阳、机翼式遮阳板、格栅式遮阳板、内设遮阳百叶帘、软卷帘等。

（5）采光顶遮阳：如天篷帘、遮阳板、绿化遮阳等。

3. 根据遮阳设施设置在建筑立面上的位置，可分为水平式、垂直式、综合式和挡板式。

（1）水平式：水平方向设置的遮阳，在太阳高度角较大时，能有效遮挡从上方入射的直射阳光。

（2）垂直式：垂直方向设置的遮阳，在太阳高度角较小时，能有效遮挡从上方侧面斜向入射的直射阳光。

（3）综合式：交叉方向设置的遮阳，能有效地遮挡从上方正面、侧面斜向入射的直射阳光。

（4）挡板式：用窗外挡板直接遮挡住入射阳光。

4. 根据遮阳设施安设位置与外围护结构的关系，可分为外遮阳、内遮阳和中间遮阳。

（1）外遮阳：设置在建筑开口部位外侧的遮阳设施。可以采用遮阳软卷帘、硬卷帘、遮阳篷、遮阳窗、遮阳板、遮阳翻板等。外遮阳今后将成为发展趋势。

（2）内遮阳：设置在建筑开口部位内侧的遮阳设施。

（3）中间遮阳：设置在透光围护结构两层玻璃中间的遮阳设施，可以设置在两层玻璃幕墙中间，也可以设置在双层玻璃窗中间。

5. 根据遮阳产品的类型，可分为建筑遮阳帘、建筑硬卷帘（遮阳窗）、建筑遮阳篷、建筑遮阳板、曲臂遮阳帘和建筑遮阳格栅。

（1）建筑遮阳帘：可由织物、金属、塑料或木材等材料组成，可以展开以遮挡阳光，也可以收卷入帘盒内待用。

（2）建筑硬卷帘（遮阳窗）：由窗框和组装的遮阳硬质叶片构成，其中硬卷帘可以启闭、升降。

（3）建筑遮阳篷：一般由织物作篷材、金属构架作支撑，可以张开遮阳或回收折叠，成为活动式，也可以采用固定式的。

（4）建筑遮阳：安设在建筑开口部位外侧、上端或侧面，以遮挡入射的阳光。

（5）曲臂遮阳帘：由织物作帘体，以曲臂调节遮阳帘伸展程度，大体为水平外伸。

（6）建筑遮阳格栅：由硬质条状物组成的格栅固定设置在建筑外部。

6. 根据遮阳产品的主体遮阳材料归类，可分为织物类、金属类、木材类、塑料类和玻璃类。

（1）织物类：常用的遮阳织物为聚酯纤维、玻璃纤维面料，也有少量采用无纺布，是卷取类遮阳的主体材料。

（2）金属类：常用铝合金、不锈钢和碳素结构钢等制作骨架、轨道、叶片、护罩、卷盘、摇柄等，表面喷塑或氟碳喷涂处理后，组装成遮阳百叶帘、遮阳板、遮阳格栅等产品。

（3）木材类：木材质轻，便于加工，处理后耐久、防火等性能可有所提高，可用于制作内遮阳百叶叶片，或户外遮阳的木质平移或推拉百叶窗，用于居住建筑和公共建筑。

（4）塑料类：塑料可注塑成所需要的形状、尺寸，且质轻、耐腐蚀，可用于制作遮阳百叶叶片。

（5）玻璃类：在玻璃生产过程中添加特殊材料，制成特种玻璃，或在浮法玻璃表面涂膜/贴膜以改善玻璃的遮阳系数。另外，有色玻璃、反射玻璃、Low-E 玻璃，以及热、光、电变色玻璃，均能不同程度的起到遮阳作用。

第三节　各类建筑遮阳的特点

一、内遮阳

内遮阳产品的主要功能是保证居室的私密性，同时也是室内装修不可或缺的装饰品，夏季窗帘将隔断室外的太阳辐射得热进入，提高室内的舒适度。内遮阳既可以减光、遮光，以适应人对光线不同强度的需求，又可以防风、除尘、保暖、消声、隔热、防辐射、防紫外线等，改善居室气候与环境质量。因此，软卷帘、电动开合帘、罗马帘、百叶帘、彩虹帘、香格里拉帘、蜂巢帘、百折帘、垂直帘、梦幻帘、竹帘、电致变色智能玻璃等，是装饰性与实用性的巧妙结合，是现代窗帘的最大特色。

（一）软卷帘

卷帘简洁、大方、花色较多、使用方便；另外，还可遮阳、透气、防火，使用一段时间后清洗也较方便。卷帘的最大特点是简洁，四周没有太多的装饰。窗户上边有一个卷盒，使用时往下一拉即可。比较适合安装在书房、有电脑的房间和室内面积较小的居室。喜欢安静、简洁的人，适宜使用卷帘，西晒的房间用卷帘遮阳效果较好。卷帘有单色的、花色的，也有一幅帘子是一整幅图案的。

（二）彩虹帘

彩虹帘又名柔纱帘、柔丽丝、调光卷帘、双层卷帘。由宽度相等的面料和纱布相互间隔织成，通过一端固定、另一端随轴卷动的而达到调节光线的作用。当纱布和纱布重合时光线比较柔和，一定程度上减少光的直射。当帘布和帘布错开时，光线完全遮住，从而最终达到遮挡光线的目的。需要完全打开窗帘时，窗帘完全卷起即可。彩虹帘将布艺的温馨、卷帘的简易、百叶帘的调光功能融为一体。

（三）罗马帘

罗马帘是新型装修装饰品，按形状可分为折叠式、扇形式、波浪式等。

罗马帘能够营造更为温馨的效果，如今常用于家居和酒店等高档娱乐休闲场所的装饰，深受大众的喜爱。罗马帘有手动罗马帘和电动罗马帘。按形状可分为折叠式、扇形式、波浪式。电动罗马帘采用交流管状电机，通过调速装置使同轴上的卷绳器产生转动，拉动升降绳升降，从而达到帘布的开启和闭合。

罗马帘是窗饰产品中的一种，是将面料中贯穿横竿，使面料质地显得硬挺，充分发挥了面料的质感。较同样上拉操作的软卷帘，罗马帘更多一份层次感，装饰效果华丽、漂亮，为窗户增添一份高雅古朴之美，见图 7.3-1。

图 7.3-1　罗马帘

（四）开合帘

电动开合帘一般用于超高大型窗帘，制作精致，配合流苏作为装饰，美观而又大气，是酒店、会议厅、商务场所、家居的时尚现代之选。开合帘适合宽广、明亮的落地窗，采用无线电遥控的方式控制窗帘的开合，可以做到开合自如，灵巧方便，见图 7.3-2。

图 7.3-2　开合帘

（五）百叶帘

百叶帘分固定式和活动式两种，它由许多薄片连接折叠而成，不仅具有通风、遮光和隔音的用途，而且可以遮阳降温、装饰居室。百叶窗帘以竹片、木片、玻璃钢片、铝合金片以及市面上较为流行的塑化片和亚麻片等材料制成。

（六）香格里拉帘

香格里拉帘是一种集合了电动窗帘、窗纱、百叶帘、卷帘于一身的崭新设计。香格里拉帘是保持隐私及控制光线的最佳选择。香格里拉帘具有一对带多个叶片的平行片材，当窗帘关闭时，叶片基本上平行于成对片材，而在打开时，叶片伸展到基本上垂直于成对片材的位置上。其中，通过纺织或其他工艺使片材和侧纱成为一个整体。当全部打开时，两层薄纱相互垂直平行，这时通过调节侧纱及片材的高低角度，减少光线的射入，直至两层薄纱紧贴时，光线全部遮住，继续调节，窗帘则会沿上轴卷起，从而起到良好的控光效果。

（七）蜂巢帘

蜂巢帘独特的蜂巢设计，使空气存储于中空层，令室内保持恒温，可节省空调电费。其防紫外线和隔热功能有效保护家居用品，防静电处理，洗涤容易。全遮光蜂巢帘具有隔热和隔声功能，能有效保持室内恒温和空间清静。因其采用全遮光设计，可有效保护隐私，产品有各种颜色可挑选，还有半遮光设计。全遮光蜂巢帘和半遮光蜂巢帘效果图见图 7.3-3。

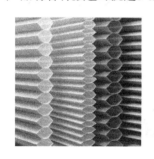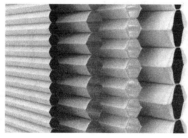

图 7.3-3　全遮光蜂巢帘

蜂巢帘可以在不带底槽的轨道上自如移动,可遮住射入卧室的光线,也可遮住一半窗户,可以完全反射光线,即使在白天也具备让房间漆黑一片的能力。而它抗紫外线和防水的性能也非常出色,有很好的隔热功能,保持室内温度的同时,还能达到很好的节能效果。

（八）百折帘

百折帘是室内装饰简约风格型窗帘,它源于对日夜不同光线的需求研制而成的组合式窗饰,具有装饰、遮阳、隔热、隔冷、隔躁层、透气防火、防水、隔紫外光线等功能。

百折帘由三根导轨将两幅质地讲究的纱与布连接而成。产品外观整洁明快,安装及拆卸简单,采光舒适,可使进入室内的光线更加柔和,营造舒适整洁的室内环境;色彩、图案丰富,易于与家居装修风格协调;可制造日夜帘、上下开合帘等特色帘,折合度小,不阻碍视野;满足一天内不同时间对光线的要求,上下开合式百折帘既能满足采光通风的需求,同时又能保证私密性。

（九）垂直帘

垂直帘因叶片一片片垂直悬挂于上轨而得名,可左右自由调光达到遮阳目的,且幽雅,大方,线条明快。根据材料的不同可以分为:PVC 垂直帘、纤维面料垂直帘、铝合金垂直帘和竹木垂直帘。根据操作方式不同分为:手动垂直帘、电动垂直帘。根据外观可分为:直路垂直帘、弯路轨垂直帘。

垂直帘采用摆页式结构,页片可 180°旋转,通过电机机械传动方式来实现窗帘的调光及收放,既能随意调节室内光线,亦可通风透气,又能达到遮阳目的。电动垂直帘集实用性、时代感和艺术感受于一体,因其温馨、优雅大方而成为写字楼、政府机构和公共场所的首选。

（十）梦幻帘

梦幻帘作为一种新型的窗帘,它既具有布艺窗帘的遮光性,又兼有纱帘的透视感,同时还融合了百叶窗的调光功能,是一款功能全面的时尚极品窗帘。

梦幻帘的设计风格不同于其他窗帘,作为一种新型的窗帘,它结合了普通垂直窗帘的功能性和外观,但是与垂直帘的裁剪方式不同,梦幻帘有着独特的帘片造型。梦幻帘采用柔软的 100％聚酯纤维面料,这种织物抗紫外线稳定、耐褪色、阻燃效果好,没有 PVC 或填充剂。也正是这种面料的选择,梦幻帘可以轻松地调整窗帘的拉开位置,并能根据太阳光的位置通过旋转帘片任意调整水平方向。

（十一）竹帘

竹帘采用竹子为原料,以手工技术为主,借助简单而巧妙的木结构机械,抽成细如毫发的竹丝,经过 20 多道工序手工制作,织成薄如蝉翼、形似锦帛的独特竹帘工艺品,给人古朴典雅的感觉,让空间充满书香气息。

竹帘保留了竹材固有的密度高、韧性好、强度大的优异特性,具有结实耐用、不易变形、质地光洁、色泽柔和、典雅大方的特点。

竹帘具有防虫蛀、防霉变、防腐蚀、防滑、耐温、耐磨、强度高、抗变形等特点,其表面纹理高雅清晰,色泽美观大方,可充分体现人与自然相依相融的特点,是绿色环保产品。

（十二）电致变色玻璃

电致变色，是指材料的光学属性（反射率、透过率、吸收率等）在外加电场的作用下发生稳定、可逆的颜色变化的现象，在外观上表现为颜色和透明度的可逆变化。具有电致变色性能的材料称为电致变色材料，电致变色材料是一种新型功能材料，在信息、电子、能源、建筑以及国防等方面都有广泛的用途。见图7.3-4。

图7.3-4　电致变色玻璃

二、中间遮阳

中间遮阳的做法，可以是在双层玻璃幕墙中间设置可调节的遮阳百叶帘，或中空玻璃内置遮阳百叶，也可以在中空玻璃窗内侧玻璃朝向室外的一侧贴Low-E膜或增加Low-E涂层，或直接使用Low-E玻璃。鉴于我国居住建筑高层和超高层居多的状况，为安全起见，可以采用中间遮阳形式。中间遮阳免去了外设或内置遮阳设施的麻烦，安全整洁。见图7.3-5。

图7.3-5　中间遮阳和中置百叶遮阳

中置百叶是将铝制百叶帘安装于中空玻璃的中空腔体内，可以用在窗户及隔断上。中置百叶产品的中间遮阳材料可以采用铝合金材质百叶、PVC及阳光面料等材质，通常铝合金材质的百叶较为常见。中置百叶遮阳是传统的遮阳产品与中空玻璃相结合的结果，具备了中空玻璃及百叶帘的综合性功能，包括遮阳、保温、隔音、调节采光、防火、抗寒、私密性、节省空间、便于清理等功能。

中置百叶遮阳的特点：

1. 遮阳隔热性能相对较好

中置百叶遮阳中空玻璃可以将遮阳系数SC降低到0.2左右，优于中空Low-E玻璃的遮阳系数（通常为0.35～0.45）。在隔热性能方面要优于内遮阳产品。

2. 节省室内空间

中置百叶遮阳和其他的遮阳产品最大的不同点就在于遮阳设施位于密闭的狭窄空间内，能够与玻璃窗兼容在一起，不用额外增加遮阳设施所需空间，节省了有限的室内面积。

3. 遮阳产品维护成本相对低

中置百叶被密封在两片玻璃之间，遮阳百叶容易保持清洁，只要保持玻璃的清洁就可以。

三、外遮阳

外遮阳，是在户外设置百叶窗、卷帘等遮阳设备。外遮阳的主要效果是具有自然的节能功效。在内遮阳的设备下百叶和窗户之间的空气容易受到温室效应的影响而造成室温居高不下。但是外遮阳的百叶窗不但可将户外的日照隔绝，并且能够抑制室内的空气上升。在使用外遮阳设备的情况下，最多可以节省45％的空调耗能。

（一）外遮阳产品分类

1. 百叶翻板类

百叶翻板类包括铝合金翻板、玻璃翻板、太阳能翻板等；其缺点是要求在建筑物新建时集成建造，成本高。见图 7.3-6。

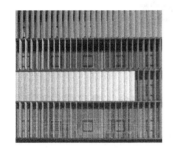

图 7.3-6 百叶翻板外遮阳

2. 室外百叶帘

室外百叶帘包括电动百叶帘和手动百叶帘。其缺点是易接灰，遮挡太阳光线时不透景，易变形，易损坏，维护难度大，机构可靠性不高，不适用于高层建筑。

3. 室外硬卷帘

包括铝合金硬卷帘、铝合金发泡硬卷帘、塑钢硬卷帘、PVC 硬卷帘和其他（木质等）。缺点是遮阳时也遮挡了光线，不透景，不透气，样式单一，无美观性。见图 7.3-7。

4. 室外软卷帘

包括电动软卷帘、曲柄摇杆驱动软卷帘和拉珠驱动软卷帘。缺点是室外抗风性能无法保证。见图 7.3-8。

图 7.3-7 室外硬卷帘　　　　　　　图 7.3-8 室外软卷帘

5. 遮阳篷

包括曲臂式遮阳篷、摆转式遮阳篷、斜伸式遮阳篷、折叠式遮阳篷、固定式遮阳篷和轨道式遮阳篷。缺点是成本昂贵，结构可靠性能不高，抗风效果差，不适用于高层建筑。

6. 遮阳膜结构

包括充气式膜结构和张拉式膜结构等。见图 7.3-9。

图 7.3-9　遮阳膜结构

7. 一体化遮阳窗

指将遮阳系统主要受力构件和传动受力装置与窗主体结构材料和窗主要部件设计、制造、组装成一体的外窗产品。集户外遮阳卷帘、铝合金隔热断桥窗和隐形折叠纱窗的结体，简称遮阳一体化窗。将防蚊虫、隔热保温、隔音减噪、安全防盗的多功能融为一体，节省了空间，降低了多次安装的费用，节约成本。

8. 户外防风卷帘

在普通卷帘产品的基础上改良并升级的遮阳产品，通过特殊的处理工艺，将面料与机构有效地结为一个整体，广泛用于室内和室外，主要用于阳台、窗户、办公楼隔断、阳光房、廊架、五星级酒店以及大楼幕墙等一切立面。主要功能有：遮阳隔热、通风换气、B1级阻燃、休闲透景、防止蚊虫、遮挡隐私。

9. 金属天幕

采用铝合金帘片进行遮阳，系统采用双电机 FTS 机构，产品更加稳定，使用寿命长，适用于各类玻璃阳光房顶和采光顶、中庭、天井和露天阳光的外遮阳，隔热效果不仅远胜于阳光房各种室内遮阳产品，比双电机面料天幕遮阳隔热效果更好，可明显降低室内温度，从而达到节能目的。

金属天幕的特点是：

（1）系统：成品机构、可工厂化生产，现场不需调试，系统带防水罩壳；

（2）导向系统：采用钢带传动，系统稳定可靠；

（3）帘片选择：提供发泡帘片及挤压帘片选择，隔热效果佳；

（4）制作尺寸：最大可做宽 4m，长 10m；

（5）效果：帘片与轨道无缝隙，可做到完全遮住光线，可抗台风，收起后隐藏性好，与建筑融为一体，外形大方美观。

10. 铝制电动折叠百叶窗

外形美观大方，凭借其突出的性能，已经被纳入了欧洲很多新建建筑和翻新建筑的设计方案中，无论商场、私人住宅或是工程建筑，都可与其完美融合。

对于商场这类需要统一管理的公共场所来说，便捷地控制外遮阳百叶窗可以更为有效地起到节能的效果。在闭合时细致的叶片设计，对于私人住宅的隐私和安全方面有了很大的保障。整齐划一的折叠百叶窗可为建筑工程锦上添花。

总的来说，这种外遮阳百叶窗有着许多独特的优点和功能，是其深受喜爱和欢迎的一大原因。其百叶叶片主要由铝制成，满足了坚固耐用的要求，同时整个系统带有一个板载电机和皮带驱动装置，通过稳定的电机和钩链可以轻松打开或关闭百叶窗。见图 7.3-10。

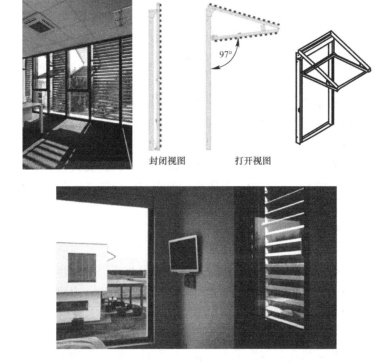

图 7.3-10　铝制电动折叠百叶窗系统

垂直折叠的百叶窗能随着时间的推移而变化，太阳光照强烈时，能充当遮阳篷，防止刺眼的阳光照入房屋。外出时，可将其关闭，铝片可以保护房屋免遭任何入室盗窃。

铝制电动折叠百叶窗优势：

（1）保证室内安全。折叠百叶采用带有弧度的上翻式铝制叶片设计，既保证了美观，也保证了整个建筑的防盗安全问题。

（2）限制建筑能耗。夏天封闭的立面模式可以抵挡阳光直射，提供最佳的遮阳防护。在冬季，太阳照射时，可以将百叶板折叠起来，这样温暖的阳光便径直照入室内。

（3）提供更多的光线选择。开放式的百叶结构可使太阳光间接地进入室内，也更加便于通风，此外相比于普通的外遮阳设计，自动化的电动系统不仅可以灵活调整，也更易于控制。

（二）推广外遮阳的意义和作用

1. 减少温室气体排放

如果到 2025 年我国有大部分建筑应用建筑外遮阳，可减少二氧化碳排放量约 3 亿 t，约占我国二氧化碳总排放量的 4%，从而对世界温室气体减排事业做出重大贡献，对我国建设生态文明事业做出重大贡献。

2. 节约建筑用能

减少的供暖与空调能耗远远超过1亿t标准煤产生的热量，这必将使建筑节能工作取得更大成就。

3. 提高居住生活舒适性

设置外遮阳可避免太阳直射辐射进入室内，改善室内微气候，降低室内温度，使室内凉爽舒适，在夏季减少使用甚至不使用空调；若采用有保温层的活动外遮阳设施，在冬季夜晚还可以起到保温的作用，减缓室内温度下降，降低供暖能耗和费用。

4. 增进居民健康

如果普遍推广应用外遮阳，可以使整个空气污染程度降低20%以上，增进居民健康，减少疾病，从而提高居民人均寿命，为人民造福。

5. 住宅安全和城市亮丽

安设建筑外遮阳的建筑色彩丰富美观，体现出艺术和技术的高度结合，给人以美的享受，使小区、城市和村镇环境更加丰富多彩，告别铁丝网式的阳台封闭模式。

6. 消化铝产品过剩产能

铝是仅次于钢铁的第二大金属材料。外遮阳以卷闸窗、机翼式翻板、金属百叶和中置百叶帘等产品为主，其用材全部是铝，若国家大面积推广建筑外遮阳，将对化解电解铝产能过剩的现状起到巨大的支持作用。

四、建筑遮阳的作用

（一）减少夏季室内得热，降低能耗

夏季太阳辐射是造成室内过热、增加空调负荷的主要原因。对建筑进行遮阳设计能有效阻挡太阳辐射，减少室内得热量，降低建筑能耗的同时保证室内热环境的舒适性，这是对于建筑遮阳设计的基本要求。

（二）避免眩光，提高室内采光均匀度

建筑采用遮阳措施必然会对室内采光造成一定影响，特别是靠近窗口位置照度降低较为明显，但一天中某些时刻过强的太阳光会造成室内眩光，影响正常工作和生活。所以遮阳能够在一定程度上避免眩光，同时提高室内采光均匀度，提供更好的室内光环境。同时需要考虑的是，不同立面需分别进行遮阳设计才能达到更好的室内环境效果。

（三）作为立面表达的一部分表现建筑风格

建筑遮阳作为立面表达的构件或元素，对于整个建筑风格的表达有着重要作用。如何通过遮阳构件或元素在立面上的形式呈现、色彩表达、质感凸显与位置安排体现立面效果的韵律感、层次感进而影响建筑整体风格的表达。所以在遮阳形式、色彩、材质的选择上都体现了遮阳与建筑一体化的表达[13]。

第四节 建筑遮阳技术标准体系

随着新材料和新技术的发展，国外的建筑遮阳产品和构件不断的得到改进。遮阳构件和产品正向着多元化、多功能、高效率的趋势以及轻盈、精致的方向发展，并成为现代建筑造型的重要元素。遮阳产品已从简单、固定的形式发展到遮阳角度可调可控，光线不仅可以被遮挡，必要时也可以通过折射以提高室内的照度。另外，遮阳构件材料的品种范围得到了扩展，混凝土、木材、金属材料、织物、玻璃等多种材料得以更灵活运用，如出现了高性能的隔热和热反射玻璃遮阳板，较好地解决了采光与遮阳的矛盾。随着建筑遮阳产品在国内使用逐渐增多，相关建筑遮阳的技术标准要求也逐渐增加。

欧盟普遍将涉及公共安全、健康、环保、节能等六个方面的建筑产品列入强制性的产品认证目录，对其进行约束管理。如欧盟市场流通的约有多于 70% 的产品规定必须携带 CE 标志，否则不准进入市场流通之列，其中列入 CE 强制性认证目录的建筑产品有 40 余种。部分建筑遮阳产品也纳入 CE 强制性认证产品的范畴。2006 年 4 月 1 日后欧盟对于所有的建筑外遮阳产品，包括软百叶实施 CE 强制性认证，要求进行抗风压测试，并要求生产厂家提供产品的抗风压等级。欧盟的建筑产品技术制约体制都由技术法规和技术标准两部分组成。技术法规是制定技术标准的法定依据，技术标准是制定技术法规的技术基础。两者是相互联系、协调配套的有机整体。欧洲的遮阳技术标准体系有完整的技术法规和标准体系。其中最高层次的是 4 项技术法规，包括 98/37/EG 机械产品的指令、89/106/EWG 建筑产品的指令、89/336/EWG 电磁电容产品指令和 73/23/EWG 电子设备产品指令。第二层次是产品通用性能标准，即为内、外遮阳和百叶遮阳产品通用性能技术要求。第三层次为方法标准，涉及机械安全、光学、热学、防盗、隔声等近 30 多个标准。

建筑遮阳既关系到建筑节能，也关系到外遮阳设施的安全性能，有必要制定有关遮阳应用技术的设计、制作、安装验收，以及检测方法、产品标准等系列标准，以规范遮阳产品的技术质量，推动遮阳技术的应用推广。欧盟的建筑遮阳标准体系为我们提供学习借鉴的检测和评估方法。促进我国遮阳行业的发展的首要任务是学习国外先进的检测和评估技术，制定适合我国的遮阳产品的标准和技术规范，为遮阳行业规范、有序、健康的发展提供技术保障。从 2009 年至今，在业内专家和企业同仁的积极努力下，研究编制的建筑遮阳国家标准和行业标准共 33 项（表 7.4-1）。

遮阳行业现行相关标准　　　　　　　　　　　　　　　　　　　表 7.4-1

序号	标准号	标准名称
1	GB 4706.101—2010	家用和类似用途电器的安全 卷帘百叶门窗、遮阳篷、遮帘和类似设备的驱动装置的特殊要求
2	GB/T 37268—2018	建筑用光伏遮阳板
3	JGJ 237—2011	建筑遮阳工程技术规范
4	JG/T 239—2009	建筑外遮阳产品抗风性能试验方法
5	JG/T 251—2017	建筑用遮阳金属百叶帘
6	JG/T 252—2015	建筑用遮阳天篷帘
7	JG/T 253—2015	建筑用曲臂遮阳篷
8	JG/T 254—2015	建筑用遮阳软卷帘
9	JG/T 255—2020	内置遮阳中空玻璃制品
10	JG/T 240—2009	建筑遮阳篷耐积水荷载试验方法
11	JG/T 241—2009	建筑遮阳产品机械耐久性能试验方法
12	JG/T 242—2009	建筑遮阳产品操作力试验方法
13	JG/T 274—2018	建筑遮阳通用要求
14	JG/T 275—2010	建筑遮阳产品误操作试验方法
15	JG/T 276—2010	建筑遮阳产品电力驱动装置技术要求

序号	标准号	标准名称
16	JG/T 277—2010	建筑遮阳热舒适、视觉舒适性能与分级
17	JG/T 278—2010	建筑遮阳产品用电机
18	JG/T 279—2010	建筑遮阳产品声学性能测量
19	JG/T 280—2010	建筑遮阳产品遮光性能试验方法
20	JG/T 281—2010	建筑遮阳产品隔热性能试验方法
21	JG/T 282—2010	遮阳百叶窗气密性试验方法
22	JG/T 356—2012	建筑遮阳热舒适、视觉舒适性能检测方法
23	JG/T 399—2012	建筑遮阳产品术语
24	JG/T 412—2013	建筑遮阳产品耐雪荷载性能检测方法
25	JG/T 416—2013	建筑用铝合金遮阳板
26	JG/T 423—2013	建筑用膜结构织物
27	JG/T 424—2013	建筑遮阳用织物通用技术要求
28	JG/T 440—2014	建筑门窗遮阳性能检测方法
29	JG/T 443—2014	建筑遮阳硬卷帘
30	JG/T 479—2015	建筑遮阳产品抗冲击性能试验方法
31	JG/T 482—2015	建筑用光伏遮阳构件通用技术条件
32	JG/T 499—2016	建筑用遮阳非金属百叶帘
33	JG/T 500—2016	建筑一体化遮阳窗

随着建筑节能理念的不断深入，我国建筑遮阳标准从无到有，目前已形成了系列标准，推动着建筑遮阳行业的发展。在上述标准的指导下，随着市场需求的不断变化，建筑遮阳产品开始向多功能、多样化、节能环保、规模化方向发展，促进着建筑遮阳行业技术水平日益提高。

本章参考文献

[1] 冯凌英. 建筑立面一体化设计中遮阳构件的运用研究 [J]. 住宅产业，2011，(5)：41-43.

[2] 李兆坚，江亿. 我国广义建筑能耗状况的分析与思考 [J]. 建筑学报，2006，(7)：30-33.

[3] 刘雁飞. 建筑外遮阳与立面的整合设计研究 [D]. 重庆：重庆大学，2015.

[4] 梁毅彦. 探析立面设计中建筑遮阳的应用 [J]. 科技创新与应用，2014，(18)：234.

[5] 王欣，朱继宏，李德英，等. 建筑遮阳对建筑室内照明能耗的影响分析 [J]. 建筑节能，2017，45 (5)：76-80.

[6] 张先进. 刘致平先生与四川住宅园林研究 [J]. 四川建筑，1999 (2)：18-19.

[7] 柳孝图. 建筑物理 [M]. 北京：中国建筑工业出版社，2009.

[8] 胡绍学，宋海林，胡真，等. "生态建筑"研究绿色办公建筑——清华大学设计中心楼（伍威权楼）设计实践和探索 [J]. 建筑学报，2000 (5)：10-17.

[9] 张扬. 建筑遮阳设计研究 [D]. 上海：同济大学，2006.

[10] 方仲贤，刘煜. 浅析西安地区高校教室自然采光设计——以西北工业大学长安校区为例 [J]. 华中建筑，2010 (11)：110-114.

[11] 张磊，孟庆林. 华南理工大学人文馆屋顶空间遮阳设计 [J]. 建筑学报，2004 (8)：70-71.

[12] 王雅静. 教学建筑外遮阳的复合化设计研究 [D]. 重庆：重庆大学，2015.

[13] 张瑛格，基于被动式设计策略的遮阳与建筑一体化 [J]. 建材与装饰，2019 (30)：116-117.

第八章

透光围护结构配套件

第一节　装配式建筑与门窗

一、装配式建筑门窗系统

近年来，随着工业化水平的提升，"建筑工业化"浪潮再次掀起，装配式建筑已进入高速发展时期。建筑业正在经历建造方式的变革，建筑产业化也正处于转型升级的关键阶段，而装配式建筑就是转型升级的核心手段。装配式建筑不仅符合人们日益增长的居住要求，还能够满足国家绿色、低碳、可循环利用的政策要求，具有良好的效益。

装配式建筑是采用工业化的方式将部分或全部建筑构件等通过工厂生产加工，运输至现场，并通过可靠的连接方式进行机械装配[1]，与传统建造方式相比，装配式建筑具有高品质、工期短、节能环保以及工程造价低等优点。

在中国建设工程标准化标准《工业化住宅建筑外窗系统技术规程》CECS 437—2016（以下简称"外窗系统技术规程"）中是这样定义"工业化住宅建筑外窗系统"的："符合现行居住建筑节能设计标准，满足标准化外窗要求的、由预埋于外窗洞口四周标准化附框和在工厂内组装完成的外窗，在施工现场采用干法安装、具有维护便利特点的建筑外窗系统"[2]。可见，门窗系统是基于系列化、模块化、设计以及相似性设计的原理，预先研发出一个或数个系列的、设定性能的门窗系统，再根据具体建筑工程的需要，在已研发的门窗系统的基础上，完成搭积木式的建筑门窗工程设计、制造和安装。由于组成门窗系统的要素中诸如材料、构造、窗型、加工工艺是标准化、模块化的，所以就解决了单件、小批量的门窗定制与大规模工业化生产之间的矛盾[3]。

二、建筑门窗配套件

现代建筑的门窗玻璃幕墙对人们的基本生活条件、室内的舒适性和良好的办公环境起着重要作用。为了保证门窗幕墙具有耐久性、抗震性、安全性、耐腐蚀性等良好性能，其五金件等配套产品应具备表面经各种前处理、钝化处理、电镀处理及喷涂处理，具有坚固、耐用、灵活、经济、美观等特点。

门窗幕墙作为建筑外围护结构重要组成部分，承担着安全性能、抗风压性能、防雨水渗漏性能、防空气渗透性能、采光性能、保温隔热性能和隔噪声性能均优良的特性，这些特性离不开门窗五金件所起到的不可或缺的重要作用。现代意义上的建筑门窗五金是指应用在铝合金、塑料等门窗型材专用安装结构（如欧标 C 槽、欧标 U 槽）上的各种不同功能结构的金属配件的统称[4]。

在装配式建筑已被公认为"转型升级的核心手段"的今天，开展提倡门窗系统设计，从探讨现阶段所忽略的一些因素对门窗性能的影响的角度出发，开窗器、窗式通风器和窗附框等产品也应纳入建筑门窗幕墙配套件系统中。

可以说，目前意义上的建筑门窗幕墙配套件应是指"应用在铝合金、PVC 塑料窗、木窗和各类复合窗等门窗型材专用安装结构上的各种不同功能结构的金属五金配件，以及新型开窗器、窗式通风器和窗附框等的统称"。

目前，门窗五金系统的设计中已将安全、舒适的理念融入其中，如内平开下悬窗五金系统中设计了儿童安全五金配件，将具有更大的市场前景，它可以防止儿童开窗从窗口跌落；防盗锁点的设计，增加了市场价值。门窗是否能实现通风换气、是否能防止外人撬窗入内，都是决定门窗五金系统在市场上是否具有竞争力的重要条件。

本章主要介绍新型开窗器和复合材料窗附框等透光围护结构配套件产品的技术特征，探讨窗式通风器性能提升的技术路径。

第二节 液压开窗器

一、液压开窗器的定义

"开窗器"的定义是："通过链条或齿条或螺杆等机械传动或液压传动机构启闭窗户的装置"[5]。可见，通过液压传动机构进行外窗启闭的装置即为液压开窗器[6]。

本节介绍液压开窗器的产品特性、产品设计和试验验证结果。

二、液压开窗器技术研究

（一）研究背景

20 世纪 50 年代初，欧洲国家开发出用于建筑外窗启闭的开窗器（在我国常被称为"开窗机"）产品，起初是手摇式开窗器，之后出现了电动式开窗器。我国于 1990 年从欧洲引进了开窗器产品；经过业内科技人员和相关企业的努力，自 2005 年起，我国建筑中开窗器的应用逐渐增多，国产品牌的电动开窗器逐步形成了系列产品。

随着科学技术的发展，健康、舒适、环保和可持续发展的建筑已成为现代建筑的主题。为了满足建筑物采光、通风及节能运行的需求，主动调节式围护结构的设计和应用愈加广泛，特别是在高层建筑、大型建筑和被动式建筑中，可自动控制启闭的门窗数量逐年增多，由此带动了我国自动开窗器行业的快速发展。

根据驱动方式的不同，市场上应用的机械传动开窗器可分为手动式、电动式和气动式开窗器；根据机械传动方式的不同，开窗器可分为链条式、齿条式和螺杆式机械传动开窗器。上述开窗器均采用机械机构实现力和功的传输。

现有机械传动开窗器产品存在运行不平稳、振动大、故障多和寿命短的缺点，需提出一种采用液压传动的开窗器用于实现外窗的自动启闭。因此，针对现有开窗器产品在传动原理和机械结构上的固有缺陷，根据液压传动原理，开展采用液压机构传递力和功来推动门窗自动启闭的运动执行器的研究工作很有必要。

（二）液压开窗器原理及构成

1. 液压传动原理

液压系统由液压泵、液压缸、电机、管路、液体、控制阀和活塞杆组成，系统中的液体工作介质（即液压油）为矿物油。在工作过程中，液压泵将电机的机械能转换为液体的压力能，液体流过管路和控制阀，通过液压缸把液体压力能转换为机械能，通过液体压力能的转化来传递能量，驱动活塞杆往复运动，带动工作机构运行，通过压力能和机械能之间的相互转换完成力和功的传递[5]。液体工作介质的作用与机械传动中的皮带、链条和齿轮等传动元件相类似。

2. 液压开窗器的构成

如图8.2-1所示，液压开窗器的组成包括液压动力单元、双向作用液压推杆、铰链及连杆机构等。

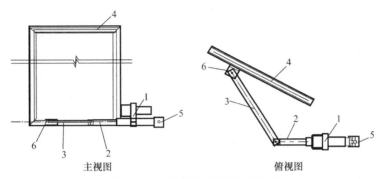

图 8.2-1　开窗器与窗连接示意图

1—液压动力单元；2—双向作用液压推杆；3—铰链及连杆机构；4—窗；5—固定支架；6—连接件

铰链及连杆机构的一端通过铰链与液压推杆连接，另一端通过铰链与窗连接，将液压动力单元输出的力和功传递到外窗上，通过液压推杆的伸缩运动实现外窗的自动启闭。

（1）液压动力单元

为了保证液压动力单元的微型化，液压系统活塞杆与普通采用换向阀的液压换向流程有所不同，其换向运行是通过电机的正、反转实现的。

液压动力单元的液压流程及系统部件组成如图8.2-2所示。

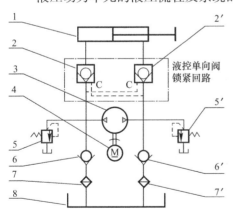

图 8.2-2　液压动力单元的锁紧回路

1—液压缸；2、2′—液控单向阀；3—液压泵；4—电机；5、5′—溢流阀；6、6′—单向阀；7、7′—过滤器；8—油箱

液压动力单元的工作流程如下：

液压系统工作时，电机驱动液压泵运转，液压油压力升高，当电机逆时针运转时，液压油被输送到液压泵左侧 A 油路，液压油压力升高，同时为右侧 B 油路的液压控制单向阀 2′的控制口 C 供油，当油压升高到一定值时（主油路压力的 30%～50%），右侧 B 油路的液压控制单向阀 2′导通，液压油经左侧液压控制单向阀 2 进入液压缸左腔，同时液压缸右腔的液压油经过右侧油路的液压控制单向阀 2′回流，液压缸活塞右行，推动液压活塞推杆右行。由于液压缸的左腔和右腔的容积不同，左腔的进油量大于右腔的回油量，所以液压泵经过单向阀 6′从油箱 8 汲取一部分液压油，液压缸右腔回油量加上油箱 8 供油保持与左腔进油量的平衡。当电机顺时针运转时，液压油被输送到液压泵右侧 B 油路，液压油压力升高，同时为左侧油路的液压控制单向阀 2 的控制口 C 供油，当油压升高到一定值时，左侧油路的液压控制单向阀 2 导通，液压油经右侧液压控制单向阀 2′进入液压缸右腔，同

时液压缸左腔的液压油经过左侧油路的液压控制单向阀2回流，液压缸活塞左行，推动液压活塞推杆左行，由于液压缸的左腔和右腔的容积不同，右腔的进油量小于左腔的回油量，一部分液压油经右侧B油路的溢流阀5′溢流回油箱，液压缸右腔回油量与溢流油量之差左腔进油量保持平衡。

液压系统中的溢流阀起到过载保护和流量平衡的双重作用。

（2）锁紧回路

当液压系统的活塞推杆不运动时，通过切断液压缸的进、出油路，使液压缸活塞准确的在任意位置停止，实现液压缸活塞推杆的锁紧固定功能，即为锁紧回路。

如图8.2-2所示，液压动力单元的锁紧回路由液控单向阀2和2′组成。当电机停止时，液压泵停止液压油输送，液压控制单向阀2和2′随即迅速关闭，液压缸左腔和右腔的液压油被密封在液压缸内，使液压活塞平稳、可靠地长时间停止在任意位置，实现液压活塞推杆的锁定，不会因受到外力而产生移动。

（3）利用液压动力单元的锁死功能即可调节门窗的开度大小。

（三）液压开窗器的优势

与机械传动的开窗器相比，液压开窗器工作原理具有以如下优势：

（1）在同等输出功率下，液压开窗器体积小、重量轻，运动惯性小、反应速度快；

（2）运动平稳；

（3）液压油路便于实现自动过载保护；

（4）采用液压油作为传动介质，对元器件有润滑作用，易于延长开窗器的使用寿命；

（5）液压开窗器不需中间减速装置，可简化机械结构设计，易于实现液压开窗器的大推力设计，推动重型门窗启闭；

（6）液压动力单元的零部件均为标准化产品，有利于液压系统的设计、制造。

三、液压开窗器的产品特性

液压开窗器采用液压系统传输动力，具有机械结构简单、动力输出平稳、无振动、噪声低和运行可靠的优越性，避免了机械传动的复杂机械配合及其故障率较高的运行缺陷，有效提高建筑门窗自动启闭装置的使用寿命。同时，液压机构不需要中间减速装置，易于实现大推力的传输，尤其适用于重型门窗的自动启闭装置。上述特性远优于机械传动开窗器，液压开窗器的研发很有必要。

根据前期的调研可知，目前液压开窗器制作所需的液压系统的零部件已具备标准化制造的供应体系，并易于加工制作。应根据门窗自动启闭装置功能的需求，分析开窗器行程的各阶段负载、行程范围和动作要求，进行液压动力单元和铰链及连杆机构的设计研究，同时考虑生产制造的经济性，进而向标准化、系列化、规模化生产方向发展。

四、液压开窗器设计

（一）设计要求

以用于北京地区民用建筑中的一个平开窗为例，进行液压开窗器试制的设计计算和制作方案确定。该外窗尺寸为1000mm×1200mm，为大固定、小开启的分格，选用8Low-E+12A+6的钢化中空玻璃，整窗重量约为54kg，基本风压值取较大值为0.8kN/m²。

（二）设计计算

在液压开窗器设计计算时，可以对一些不确定因素进行简化。与上悬窗的重力影响相比，风荷载影响最大，因而可忽略其他负载的影响，且其启闭时的负载基本相等，故其工作负载取风荷载值。

1. 计算条件

液压开窗器工作负载为 0.94kN，取 $F=1kN$；工作的行程为 500mm；液压推杆推进速度为 20mm/s，两个方向的速度大致相同；当达到最高速度时，加速时间为 0.5s；液压系统的额定工作压力为 8MPa。

该液压系统卧式放置，液压推杆应可停止在行程范围内任意位置。

2. 液压系统设计的简化

液压系统设计时，负载从以下方面进行简化处理：当回油腔的背压主要是液压油的流道阻力时可以忽略不计；对于机械效率，应考虑液压缸密封装置产生的摩擦阻力；平开窗的液压系统设计时，需要考虑的负载力（推拉力）仅为工作负载。

3. 液压缸设计

液压缸设计计算根据表8.2-1中计算公式进行。

液压缸设计计算公式　　　　　　　　　　　　　　　表 8.2-1

序号	参数	符号	计算公式	单位	说明
1	有杆腔活塞设计计算受压面积	A_{2J}	$A_{1J}=\dfrac{F_2}{P}$	m^2	F_2 为液压动力单元缩进时的工作负载，单位 kN；平开窗的正反向受力相等，$F_2=F$；P 为液压动力单元液压泵的额定工作压力
2	无杆腔活塞设计计算受压面积	A_{1J}	$A_{1J}=\dfrac{1}{4}\pi d^2+A_{2J}$	m^2	d 为活塞杆直径，由机械设计确定，取 $d=12mm$；A_{1J} 为液压缸无杆腔设计计算受压面积
3	液压缸设计计算内径	D_J	$A_{1J}=\dfrac{1}{4}\pi D_J^2$	mm	D_J 为设计计算液压缸内径
4	液压缸内径	D	根据 D_J 圆整确定	mm	—
5	无杆腔活塞受压面积	A_1	$A_1=\dfrac{1}{4}\pi D^2$	m^2	D 为确定后的活塞受压面积核算
6	有杆腔活塞受压面积	A_2	$A_2=A_1-\dfrac{1}{4}\pi d^2$	m^2	D 为确定后的活塞受压面积核算
7	活塞杆外伸时所需工作压力	P_1	$P_1=\dfrac{F_1}{A_1}$	MPa	—
8	活塞杆缩进时所需工作压力	P_2	$P_2=\dfrac{F_2}{A_2}$	MPa	平开窗的正反向受力相等，$F_2=F$
9	活塞杆伸出时所需流量	q_1	$q_1=v_1 A_1$	mL/min	V_1 为活塞杆伸缩速度，20mm/s
10	活塞杆缩进时所需流量	q_2	$q_2=v_2 A_2$	mL/min	V_2 为活塞杆伸缩速度，20mm/s
11	液压泵的输出流量	q	$q=1.1\times q_1$	mL/min	按缩进和伸出运行时较大流量进行选配，并留有 10% 的余量
12	液压泵的扬程	P	$P=1.1\times P_2$	MPa	按缩进和伸出运行时较大工作压力确定，并留有 10% 的余量
13	泵的输入功率	P_r	$P_r=Fv/\eta_p$	W	η_p 为泵的总效率，取 0.7；v 为活塞杆伸缩速度 20mm/s
14	电机输出功率	P	根据泵的输入功率选定	W	—

计算得到液压缸设计参数如下：

（1）无杆腔活塞受压面积和有杆腔活塞受压面积分别为 $2.54\times10^{-4}\,\mathrm{m^2}$ 和 $1.4\times10^{-4}\,\mathrm{m^2}$；

（2）活塞杆外伸和缩进时所需工作压力分别为 4.0MPa 和 8.0MPa；

（3）活塞杆伸出和缩进时所需流量分别为 305mL/min 和 170mL/min；

（4）液压泵的输出流量不低于 350mL/min；

（5）液压泵的扬程 8MPa 时，其设计流量不低于 170mL/min；

（6）泵的输入功率为 28.5W；

（7）电机输出功率为 30W（根据泵的输入功率选定）。

其他零件可根据实际使用需求进行设计选取。

4. 连杆及铰链机构设计

连杆及铰链机构的设计应根据安装方式确定。图 8.2-3 为一直推式上悬窗的连杆结构示意图，其开窗器与窗平行设置，将液压推杆的直线运动转为旋转开窗的连杆机构设计。

5. 实验验证

研制的液压开窗器，在清华大学节能楼外窗上连续使用了 2 年时间（图 8.2-4）。根据使用情况可知，采用液压传动的开窗器运行平稳，运行过程中无振动、噪声低，满足门窗自动启闭的功能需求。

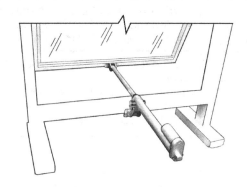 

图 8.2-3　直推式上悬窗的连杆结构示意　　图 8.2-4　节能楼外玻璃幕墙液压开窗器

实践证明，液压开窗器是建筑中对建筑门窗等围护构件进行主动启闭调节的理想执行元件，应进一步开展该产品的研发与推广。本案例以北京地区的气象参数为准，其他地区的风载、雪载需根据当地的气象条件确定。

液压开窗器具有机械结构简单、动力输出平稳和使用寿命长等优点，其所使用的液压零部件均为标准件，易于加工制作且其液压生产制造成本仅比电动机械开窗器高 15%。下一步将进一步开展连杆机构的产品研发，以满足多样性及个性化的需求。

第三节　复合材料窗附框

一、开发复合材料窗附框的必要性

按照我国建筑门窗安装标准要求，为避免窗附框与门窗、墙体洞口之间产生冷桥和防腐蚀的问题，建筑外窗的安装不允许采用"湿法"作业的施工方法。美国等发达国家一般是采用"干法"作业进行建筑外窗的施工安装，"干法"作业是将窗附框固定在主体结构上，再将组装完成的铝合金窗、玻璃钢窗或 PVC 塑料窗等与其卡结安装，主体结构和填充材料与附框相连接，并不直接与铝合金窗型材连通。

（一）钢附框的存在问题

采用钢附框进行外窗的"干法"施工安装，仍存在如下问题：

1. 钢附框为 40mm×20mm 的方钢管制作，钢的导热系数大 [$\lambda=81W/(m\cdot K)$]，钢附框冬季传热损失严重，且室内侧表面易结露。

2. 铝合金窗、玻璃钢窗或 PVC 窗框型材厚度一般不小于 60mm，仅是窗框型材内侧与钢附框连接固定（图 8.3-1），窗框型材外侧并未与钢附框相连，铝合金窗、玻璃钢窗或 PVC 塑料窗型材外片处于悬臂状态，下部无支撑力，窗型材外片受热应力载荷交替作用以及窗体自身重量的作用，型材外片和断热条上承受横向剪切力和拉力。如，以 60 系列断热铝合金外窗为例，钢附框宽度为 40mm 与铝合金框型材内片连结固定，型材外片 20mm 为悬臂式无支撑。当温度变化幅度大时，在门窗重量作用下外片和断热条上承受横向剪切和抗拉力。长久温差载荷交变条件下产生疲劳失效、松动、渗漏水和渗漏气，影响正常使用功能。

3. 由于现场施工环境复杂，密封注胶质量无法保证，抗老化性能失效后，通过外窗雨水会渗漏到主体墙内。

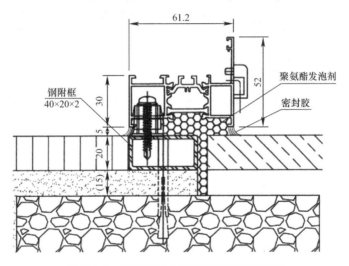

图 8.3-1　窗框型材内侧与钢附框连接固定

4. 钢附框耐腐蚀性差，寿命短，在使用过程中会增加维护的工作量或频繁更换。为此，开发一种满足外窗施工安装的多功能复合材料窗附框产品非常必要。

（二）玻璃钢制品特性

如前所述，玻璃纤维增强塑料（FRP，玻璃钢高分子复合材料，简称"玻璃钢"）产品是以玻璃纤维制品为增强材料，以不饱和聚酯树脂作基体材料复合而成。

玻璃钢具有优越的机械性能，耐潮湿、耐腐蚀、抗老化、阻燃、绝热，在高低温度变化率很大的情况下，仍能保持尺寸稳定性，型材生产工艺先进，机械自动化，在生产过程中不会对环境产生负面影响。

二、玻璃钢附框开发

玻璃钢附框是以玻璃纤维及其制品（玻璃布、带、毡、纱等）作为增强材料，采用合成树脂（不饱和聚酯、环氧树脂和不发泡聚氨酯等）作基体材料的复合型材制作而成，其作为外窗与墙体构件的连接部件，起到窗与墙洞口连接的作用。

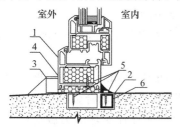

图 8.3-2　玻璃钢附框与披水板连接构造
1—窗框型材；2—窗附框；3—披水板；
4—密封胶；5—固定螺钉；6—钢衬

玻璃钢附框型材采用热固性树脂为基材，以玻璃纤维为主要增强材料，并加入一定助剂和辅助材料，经拉挤工艺成型。附框为双腔结构，由自身承担与建筑主体洞口连接的荷载，并与防雨水渗入的披水板相连接。玻璃钢附框与披水板连接构造示意图见图 8.3-2。

玻璃钢窗附框与披水板连接构造，解决了防雨水渗入的难题，各项性能远优于钢附框。

为此，根据目前我国大量使用的外窗产品规格，介绍两种型号的复合材料（玻璃钢）窗附框。内穿钢衬玻璃钢窗附框断面、70 系列玻璃钢附框断面分别见图 8.3-3 和图 8.3-4。

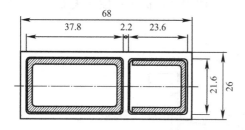

图 8.3-3　内穿钢衬玻璃钢窗附框断面图
玻璃钢框上部厚度为 2.6mm，下部厚度为 1.8mm

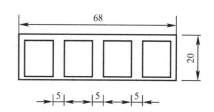

图 8.3-4　70 系列玻璃钢附框断面图

三、窗附框与外墙洞口接合研究

采用强度高、耐久性好的新型复合材料，研发保温、隔声、密闭和耐腐蚀性均好的多功能复合材料窗附框及专用附件的系列产品。进一步研究窗附框产品与外墙洞口接合密封处理的施工安装工艺。

附框为双腔结构，由自身承担与建筑主体洞口连接的荷载，并与防雨水渗入的披水板相连接，见图 8.3-5。

玻璃钢附框固定在主体结构上，并填充保温材料，断热窗固定在玻璃钢附框上，进行"干法"施工。解决了窗框型材外片处于悬臂状态，下部无支撑力克服窗体自身重量作用承受横向剪切和抗拉力以及当在长久温差载荷交变条件下产生疲劳失效影响正常使用功能的问题。

现场玻璃钢附框尺寸，对角线横平竖直，尺寸偏差应符合工程施工图纸，安装位置应和主体结构协调一致。

玻璃钢窗附框安装固定后，开始安装外窗。在外窗固定前调整尺寸，洞口外侧左、右、下安装披水板，槽口密封胶条固定角部，断开接缝胶接，外窗定位，披水板转角切 45°角，且对缝不大于 1mm，与披水板一起固定后，低于外窗排水孔打密封胶，下部与墙

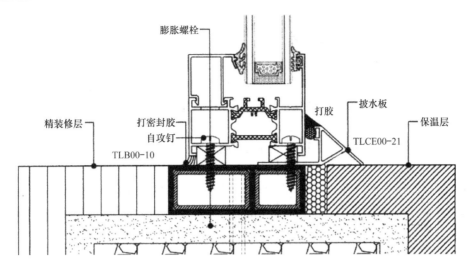

图 8.3-5　玻璃钢附框与披水板连接构造示意

体不打胶，以便渗漏水排出窗口。

　　安装玻璃钢窗附框，可提高门窗绝热、抗风压和隔声性能，以及温差载荷交变瞬时的风压强度，减少门窗结构变形；可防雨水渗漏，提高产品使用寿命功能。同时，玻璃钢附框安装有利于室内装修密封，防止主体结构温差而导致表面内结露。

　　玻璃钢窗附框产品与外墙洞口接合密封处理的施工安装工艺研究结果，已应用于中国建设工程标准化标准《工业化住宅建筑外窗系统技术规程》CECS 437—2016 中。

第四节　窗式通风器性能提升的技术路径

一、窗式通风器的发展

　　19 世纪末，一些西方国家考虑到建筑节能的需要，提高了建筑物的整体气密性，由此导致室内通风率不足，使人产生困倦、头晕和胸闷等不适症状，世界卫生组织将其定义为"病态建筑综合征"。"病态建筑综合征"严重影响了人们的日常工作和生活，于是学者们开始了室内空气质量对人类健康的影响以及污染物来源的研究，并探讨可行的解决途径。

　　由于通风器可提高室内空气品质，缓解"病态建筑综合征"对人类的危害，且具有节能、环保的特点，引发了人们的广泛关注和使用。欧洲大部分国家都有"住宅通风强制性规范"，要求采用独立系统进行室内外空气交换；法国、美国和英国等还相继颁布了《清洁空气法》和《空气污染控制法案》，由此促进了通风器的发展，技术相对成熟。

　　目前，我国居住建筑引入新风方式以开窗通风为主，在需要关窗的供热和制冷季节，则主要依靠门窗缝隙的渗透。开窗通风一般可以实现较大的通风量，能够满足人员健康的需求，但在制冷和供热季会增加室内的冷热负荷，不利于建筑节能，同时还会产生室外噪声和雨雪侵入等问题以及安全隐患；依靠门窗缝隙的渗透新风则无法保证足够的通风换气量。为避免开窗通风带来的一系列问题，近年来，窗式通风器的研究开发在居住建筑中得到了越来越多的应用。

二、窗式通风器分类与产品质量

窗式通风器是一种为房间提供新鲜空气的设备。其主要功能是通风换气,在过渡季和制冷季的部分时段也可以用于带走室内的冷负荷。窗式通风器一般安装于建筑门窗或幕墙上,其具有一定的抗风压、水密性、气密性和隔声性能。

(一)窗式通风器分类

窗式通风器分为自然通风器和动力通风器两大类。

1. 自然通风器

自然通风器依靠室内外温差、风压等产生的空气压差实现通风换气功能,由于不需要机械动力驱动,自身无动力设备,其体积相对较小,是一种被动式的通风换气设备。

窗式自然通风器通风效果易受环境影响,适用于风力资源较为丰富的地区,以及室内外温差较大的地区或季节。

2. 动力通风器

动力通风器依靠自身所带的动力设备,将室内、外空气进行强制交换,净化室外进入的空气、提高房间空气品质,主动为室内送入新风。窗式动力通风器的特点是:通风量大,除尘效果明显;动力换气和自然换气两用,在不需要动力换气的时候,可作自然换气使用;可处理进入室内的空气;维护时可从室内拆开挡板进行维护或零部件更换,可直接在室内抽出清洗过滤网;带有遥控装置,操作方便。

(二)窗式通风器产品质量现状

随着我国经济建设的快速增长,人们对室内空气品质的要求越来越高,对为室内提供新鲜空气的通风器需求量大增。但市场上供应的窗式通风器质量远不能满足需求,通风量、抗结露性能等,有待于进一步提高。

三、新型窗式通风器性能提升探讨

如前所述,针对保障性住房套型建筑面积相对较小、一些户型平面布局不利于通风换气的特点,我们开展了窗式通风器的设置对室内空气品质、室内温度场和速度场的影响分析,得出的结论是:当室内温度设定在18℃时,采用窗式通风器的房间,室内人员高度处的温度可以达到16~18℃之间,在室内人员活动区域的风速基本可以维持在 0.2m/s 以下,不存在吹风感,满足室内风速控制要求。因此,窗式通风器的使用,不失为解决建筑面积小的住房新风不足问题的、价格相对低廉的好产品。

2014 年开始,针对市场上销售的窗式通风器质量进行调查发现,窗式通风器存在主要问题如下:①风量不足;②自噪声大;③在北方寒冷季节其室内侧表面易产生结露;④$PM_{2.5}$除尘效果不宜控制。上述问题远不能满足节能和提高室内空气品质需求,产品质量亟待提高。开展解决窗式通风器风量小、噪声人和保温性能差等质量问题的相关研究,开发高性能窗式通风器产品,是摆在我们面前的重要任务。

针对窗式通风器存在的风量小、噪声大和寒冷天气室内侧表面易产生结露等质量问题,我们从动力通风器的整体设计入手,采取有效措施,提高窗式通风器的各项性能。

(一)窗式通风器隔声和热性能提升方案

1. 改变通风器内风机组件的转速,提高窗式通风器的通风量,以满足新风供给的需要。

2. 重新设计窗式通风器的外壳，包括结构和材料，提高通风器整体的保温性能，同时防止寒冷天气通风器室内侧表面产生结露。

3. 采取有效措施，降低通风器的自噪声水平。

通过采用高分子复合材料制作通风器上下盖板，进行断热桥处理来解决寒冷天气通风器室内侧表面产生结露的问题，新型窗式通风器构成断面见图 8.4-1。

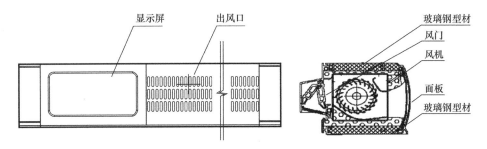

图 8.4-1 新型窗式通风器构成断面图

（二）新型窗式通风器性能实测

经测试，新型窗式通风器的通风量为 $75m^3/h$；在北京地区气候条件下，窗式通风器室内侧表面温度为 11℃以上，不会产生结露。

新型窗式通风器的保温性能良好，通风量满足使用要求，可保证室内热环境和室内空气品质。

（三）窗式通风器自噪声水平和除尘性能

窗式动力通风器多用于居住建筑，因使用者出于价格考虑，存在以下瓶颈问题：

1. 降低其自噪声水平较难解决。

2. $PM_{2.5}$ 过滤效率提高，将导致售价大幅度提高。

因此，就目前市场状况看，窗式动力通风器的降低自噪声水平和除尘性能提升的问题，是有待进一步解决的难题。

本章参考文献

[1] 李治，任艺璇，戴倩东. 浅析国家推广装配式建筑的问题和前景 [J]. 中国住宅设施，2016，（2）：19-21.

[2] 中国建设工程标准化协会. 工业化住宅建筑外窗系统技术规程 CECS 437—2016 [S]. 北京：中国计划出版社，2016.

[3] 柳孝图. 建筑物理 [M]. 北京：中国建筑工业出版社，2009.

[4] 林岚岚. 门窗五金行业现状与发展趋势分析 [J]. 中国建筑金属结构，2012（01）：55-60.

[5] 赵勇，袁涛，刘月莉. 一种新型的外窗自动启闭装置液压开窗器 [J]. 建筑技术开发，2016，43（06）：26-28.

[6] 王松峰. 电动开窗系统在幕墙中的应用 [J]. 河南建材，2010（06）：134-136.

第三篇

工程应用

第九章

新建建筑超低能耗建筑工程

第一节　近零能耗建筑与透光围护结构节能

一、关于零能耗建筑

"零能耗建筑"概念的提出，最早始于 20 世纪 70 年代。在利用太阳能对建筑进行冬季供暖研究时，丹麦的 Torben. V. Esbensen 等首次提出了"零能耗建筑（住宅）"一词[1]。但是，当时仅考虑了冬季供暖对建筑能耗的影响，其含义范围与今天相比仍有相当程度的差别。1989 年，德国的 Bo. Adsmon 教授和 Dr. Wolfgang Feishte 教授提出了"被动房"的概念，加强了对建筑能耗计算范围的界定考虑，但仍仅限于对住宅建筑的考虑。1992 年，德国的 Voss. K 提出了"无源建筑"的概念，此后又提出了"产销平衡"的概念去定义"零能耗建筑"，即自身可发电，并与公共电网相连，在以年为单位的情况下，一次能源产生和消耗可以达到平衡的建筑物，已经十分接近现在各国对零能耗建筑的定义[2]。

自 20 世纪 70 年代能源危机以来，世界各国开始意识到建筑节能的重要性，并开始制定建筑节能相关的政策和标准、研发建筑能耗分析软件，以推动和强化建筑节能事业。国内多位学者已对美国、日本及欧洲等发达国家和地区建筑节能相关标准体系的发展情况开展了研究分析，得出如下结论：当前各国建筑节能标准制定分为以技术参数作为指标指导建筑设计等过程和以建筑整体能耗为指标对建筑运行能耗进行约束两类[3]。多个欧盟成员国的建筑节能标准采用规定新建建筑整体能耗限额或排放指标的方式[4]。美国、日本和欧盟等国家和经济体向建筑零能耗发展[5]。从目前各国对于零能耗建筑的探索和发展来看，各个国家关于零能耗建筑的定义、名称、路线、政策、推广方式有所差异，并且都在寻找适合本国特点的零能耗建筑发展的技术体系和优化路径。

而在我国，2019 年 1 月，国家标准《近零能耗建筑技术标准》GB/T 51350—2019 发布，明确定义了我国的"零能耗建筑"，即近零能耗建筑的高级表现形式，其室内环境参数与近零能耗建筑相同，充分利用建筑本体和周边的可再生能源资源，使可再生能源年产能大于等于建筑全年全部用能的建筑[6]。综观上述的发展变化，可以看出零能耗建筑的概念在不断扩充，从原本的冬季供暖消耗，到建筑全年全部用能；从最初的仅注重太阳能补充和电能消耗到能源种类的全面化。上述变化为研究零能耗建筑提供了更广阔的选择方向，也为各种可再生能源资源在零能耗建筑中的应用提供了有利的技术支持。

二、国家标准《近零能耗建筑技术标准》

（一）零能耗建筑的技术内涵

零能耗建筑的理念在于，尽可能应用自然能源满足建筑运行的需要，减少对环境的影响；在建设过程中通过有效的措施来降低能耗、水耗，同时提高光能的应用比例，降低建筑的能耗。具体包括以下几个方面：根据自然地理和建筑结构相关的特征进行合理的布置；合理利用太阳光满足室内照度，优化室内采光系统；根据环境状况，尽量应用置换送风技术，提高室内空气的循环速度，满足舒适性要求；提高太阳能、地热能等清洁能源的应用比例；在建筑过程中大量应用绿色建材，实现绿色建筑目的；利用热工保温、遮阳的围护结构，更好地利用太阳能，同时合理的控制室内温湿度[7]。

（二）国家标准《近零能耗建筑技术标准》的制定

我国建筑节能标准化工作从 20 世纪 80 年代开始，至今已完成严寒和寒冷地区、夏热冬冷地区、夏热冬暖地区、温和地区居住建筑和公共建筑节能设计标准，从 30％节能率、50％节能率到 65％节能率三步走的跨越[8]。经过 30 多年的发展，初步形成了以建筑节能专用标准为核心的独立建筑节能标准体系。

发展更高标准的节能建筑，零能耗建筑作为在国际上被广泛接受的理念，也引起了专家和业内人士的高度重视。推动建筑高质量发展、创造高品质生活环境、不断满足人民对美好生活的需要是建设行业的发展方向，开展超低能耗建筑、近零能耗建筑和净零能耗建筑等高性能、低能耗、低排放的建筑技术产品研究已逐渐成为政府、科研机构和企业关注的热点方向。然而在我国发展近零能耗建筑需要切实做到因地制宜，既要符合我国国情，又要重视所在地区的气候特点、经济技术发展水平、资源分布情况以及用户用能习惯等方面的现实问题[9]。在政府主管部门的领导下，经业内专家和企业的共同努力，国家标准《近零能耗建筑技术标准》GB/T 51350—2019 于 2019 年颁布实施。

（三）近零能耗建筑与门窗玻璃幕墙

《近零能耗建筑技术标准》GB/T 51350—2019 中，对不同气候区的居住建筑和公共建筑的超低能耗建筑门窗和玻璃幕墙热工性能分别做出了规定，见表 9.1-1～表 9.1-3。

超低能耗居住建筑门窗和玻璃幕墙热工性能　　　　　　　　　　表 9.1-1

性能参数		严寒地区	寒冷地区	夏热冬冷地区	夏热冬暖地区	温和地区
传热系数 K [W/(m²·K)]		≤1.0	≤1.2	≤2.0	≤2.5	≤2.0
太阳得热系数 $SHGC$	冬季	≥0.45	≥0.45	≥0.40	—	—
	夏季	≤0.3	≤0.3	≤0.15	≤0.15	≤0.3

超低能耗公共建筑门窗和玻璃幕墙热工性能　　　　　　　　　　表 9.1-2

性能参数		严寒地区	寒冷地区	夏热冬冷地区	夏热冬暖地区	温和地区
传热系数 K [W/(m²·K)]		≤1.2	≤1.5	≤2.2	≤2.8	≤2.2
太阳得热系数 $SHGC$	冬季	≥0.45	≥0.45	≥0.40	—	—
	夏季	≤0.3	≤0.3	≤0.15	≤0.15	≤0.3

超低能耗建筑外门热工性能　　　　　　　　　　表 9.1-3

性能参数		严寒地区	寒冷地区
传热系数 K [W/(m²·K)]		≤1.2	≤1.5
太阳得热系数 $SHGC$	冬季	≥0.45	≥0.45
	夏季	≤0.3	≤0.3

严寒地区和寒冷地区外门透光部分宜符合表 9.1-3；严寒地区外门非透光部分传热系数 K 值不宜大于 1.2W/(m²·K)，寒冷地区外门非透光部分传热系数 K 值不宜大于

1.5W/(m² · K)。

在我国发展近零能耗建筑需要切实做到因地制宜，既要符合我国国情，又要重视所在地区的气候特点、经济技术发展水平、资源分布情况以及用户用能习惯等方面的现实问题。超低能耗建筑作为我国近零能耗的初级阶段，上述指标对高性能、低能耗、低排放的建筑技术产品研究提出了更高要求。

第二节　五棵松冰上运动中心超低能耗建筑

一、背景

随着我国人民生活水平的提高，冰上运动逐渐受到人们的欢迎。以 2022 年北京冬奥会为契机，政府大力提倡全国范围内广泛开展冰雪运动。室内冰上运动场馆采用人工冰场，打破了地域和时间的限制，特别是商业性冰上运动场馆，除了配置人工冰场之外，还辅以商业配套服务设施，具有较好的营利性。可以预见，未来我国商业性冰上运动场馆将迎来较快发展，由于此类建筑具有营业时间长、运行能耗大等特点，研究此类建筑的节能设计措施，特别是超低能耗（相对于国家建筑节能标准节能 60％以上）的实现技术路径，具有重要的现实意义和研究价值。本案例以北京市五棵松冰上运动中心为例，探讨商业性冰上运动场馆的超低能耗目标实现技术路径，并进行能耗模拟计算，以量化各技术措施的节能贡献率。

二、项目基本情况

五棵松冰上运动中心位于北京市海淀区五棵松桥东北角，东临西翠路，南邻复兴路，五棵松篮球馆东南侧，距离五棵松用地红线东侧间距约 13m、南侧间距约为 15m。与对面的篮球广场形成对称性布局方式，突出了五棵松篮球馆南侧的空间序列（图 9.2-1）。作为承接 2022 年冬季奥运会冰球比赛的热身馆及训练馆，五棵松冰上运动中心完善了五棵松体育文化中心的整体空间格局，满足了未来多功能的体育需求。

图 9.2-1　五棵松冰上运动中心总图

1. 建筑功能

作为 2022 年冬季奥运会冰球比赛的热身馆及训练馆，项目内含一块标准的比赛冰球场，一块标准训练场，除此之外还包括一个剧场、比赛配套服务、体育文化互动体验等功能。

2. 建筑规模与性质

五棵松冰上运动中心共设置南北两块 30m×60m 的标准冰面，其中北侧标准比赛冰球场含看台 1703 座，南侧训练场含看台 204 座。

3. 项目规划用地面积

项目用地面积：300301.69m²；地上建筑面积：16400m²；地下建筑面积：22000m²。

4. 建筑类别

该项目为多层民用公共建筑；建筑层数：地上 2 层，地下 2 层；建筑高度：17.25m（指室外地面至屋面檐口高度）。

5. 建筑结构形式

该项目地下为框架剪力墙结构，地上为钢桁架结构；地基基础形式：梁板式筏形基础。

三、设计理念

根据《北京市超低能耗示范项目技术要点》的规定，公共建筑最为关键的指标是能耗指标，即供暖、空调和照明一次能源消耗量与满足《公共建筑节能设计标准》GB 50189—2015 的参照建筑相比的相对节能率 $\eta \geqslant 60\%$。

要实现节能率 60%的目标，需要从三个方面进行，即"降低需求、提高能效、开源补强"：

"降低需求"指通过优化围护结构热工性能降低围护结构所产生的空调冷热负荷，通过采用排风热回收装置降低新风所产生的空调冷热负荷，通过采用制冰余热回收降低本项目市政用热量；

"提高能效"指通过采用高性能冷水机组、高效水泵风机、风机水泵变频措施、冰场除湿优化等技术措施，提高设备能效，降低能源消耗；

"开源补强"指通过采用可再生能源系统，如光伏发电系统替代一部分传统能源，降低常规能源的消耗量。

（一）围护结构设计及关键热桥处理

1. 建筑围护结构节能设计

该项目建筑体形系数为 0.10，各朝向窗墙面积比如表 9.2-1 所示。

各朝向窗墙面积比 表 9.2-1

朝向	窗墙比
东	0.48
南	0.63
西	0.51
北	0.60

（1）非透明围护结构

清水混凝土墙面传热系数为 0.24W/(m²·K)，采用 30mm 厚 STP［导热系数≤0.006W/(m·K)］，为了减少冷热桥的影响，对与外墙结构相连的楼板和隔墙采用 30mm

厚STP包覆。

非透明幕墙传热系数为0.22W/(m²·K)，在玻璃幕墙后内衬150mm厚的岩棉［导热系数≤0.04W/(m·K)］，一方面降低窗墙比，另一方面提高保温效果，节点大样如图9.2-2所示。

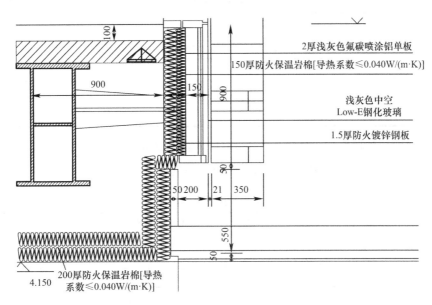

图9.2-2 非透明幕墙节点保温做法

二层室外庭院混凝土屋面传热系数为0.13W/(m²·K)。采用50mm厚STP真空绝热板保温，减少保温层对楼板厚度的影响，节点大样如图9.2-3所示。

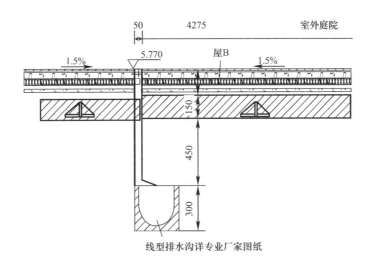

图9.2-3 屋面节点保温做法

地下室外墙传热系数为0.30W/(m²·K)，采用200mm挤塑聚苯板外保温。非供暖地下室顶板传热系数为0.15W/(m²·K)，采用岩棉保温。与供暖空调房间相邻的非供暖空调房间隔墙的传热系数为0.18W/(m²·K)，采用真空绝热板保温。外挑行人平台采用保温材料进行包覆，控制冷热桥影响。

（2）外窗（玻璃幕墙）

外窗（玻璃幕墙）性能参数如表 9.2-2 所示。

表 9.2-2

外窗（玻璃幕墙）性能参数

外窗 （玻璃幕墙）	传热系数 K 值 $[W/(m^2 \cdot K)]$	0.78～0.86
	太阳得热系数综合 $SHGC$ 值	0.21
	气密性	8 级
	水密性	6 级
	遮阳措施	外立面设置遮阳格栅

（3）幕墙玻璃的构造做法见表 9.2-3，不同宽度幕墙单元透明部分传热系数计算参数分别见表 9.2-4 和表 9.2-5；典型玻璃幕墙构造节点如图 9.2-4 所示。

表 9.2-3

幕墙玻璃的构造做法

产品结构	可见光			太阳能			美国 ASHRE 标准			中国 JG151 标准	
	透过	室外反射	室内反射	透过	室外反射	室内反射	传热系数 U $[W/(m^2 \cdot K)]$		SC	传热系数 U $[W/(m^2 \cdot K)]$	SC
							冬季	夏季			
10C（Low-E）♯2＋12Ar＋8C（Low-E）♯4＋12Ar＋8C（Low-E）♯5	37	14	14	14	30	26	0.67	0.67	0.22	0.7	0.24

注：1. 本表所提供的性能数据，为标准样板中心点测量，并据美国 ASHRE 标准及中国 JG151 标准，利用"Window 6.2"软件计算出的。
2. 实际产品检测参数与本表会略有差异。
3. 彩釉玻璃参数无法测量，请参考相同结构无彩釉玻璃参数。
4. 表达式中：C 为清玻，LI 为超白，A 为空气间隔，Ar 为氩气，＋为中空，/为夹层，♯表示涂层面。
5. 本表所列参数供参考。

表 9.2-4

幕墙单元透明部分传热系数计算表（4.85m×1.7m）

框的传热系数	梁柱宽度(m)	梁柱长度(m)	$A_f(m^2)$	$U_f[W/(m^2 \cdot K)]$	$A_f \cdot U_f$
立柱	0.070	4.833	0.338	0.416	0.141
横梁	0.018	1.630	0.029	0.843	0.024
玻璃传热系数			$A_g(m^2)$	$U_g[W/(m^2 \cdot K)]$	$A_g \cdot U_g$
10Low-E＋12Ar＋8Low-E＋12Ar＋8Low-E			7.877	0.700	5.514
接缝传热系数			$L_f(m)$	$\Psi_f[W/(m \cdot K)]$	$L_f \cdot \Psi_f$
立柱			4.833	0.121	0.583
横梁			1.630	0.087	0.142
$\Sigma A_f \cdot U_f + \Sigma A_g \cdot U_g + \Sigma L_f \cdot \Psi_f$					6.403
ΣA			8.244		
U			0.777		

幕墙单元透明部分传热系数计算表 （4.85m×0.7m）　　　　表 9.2-5

框的传热系数	梁柱宽度(m)	梁柱长度(m)	$A_f(m^2)$	$U_f[W/(m^2 \cdot K)]$	$A_f \cdot U_f$
立柱	0.070	4.825	0.338	0.416	0.141
横梁	0.018	0.630	0.011	0.843	0.009
玻璃传热系数			$A_g(m^2)$	$U_g[W/(m^2 \cdot K)]$	$A_g \cdot U_g$
10Low-E+12Ar+8Low-E+12Ar+8Low-E			3.045	0.700	2.131
接缝传热系数			$L_f(m)$	$\Psi_f[W/(m \cdot K)]$	$L_f \cdot \Psi_f$
立柱			4.833	0.121	0.583
横梁			0.630	0.087	0.055
$\sum A_f \cdot U_f + \sum A_g \cdot U_g + \sum L_f \cdot \Psi_f$					2.918
$\sum A$			3.393		
U			0.860		

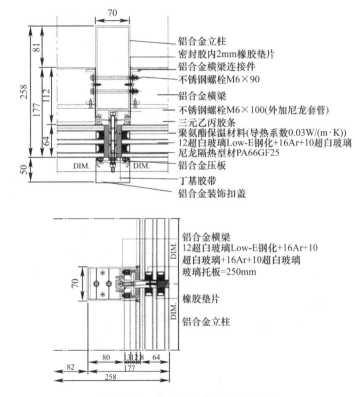

图 9.2-4　典型玻璃幕墙构造节点

2. 关键热桥处理

（1）外墙保温采用单层保温、锁扣方式连接；采用双层保温时，采用错缝粘接方式，避免保温材料间出现通缝。保温层采用断热桥锚栓固定，尽量避免在外墙上固定导轨、龙骨、支架等可能导致热桥的部件；必须固定时，在外墙上预埋断热桥的锚固件，并尽量采用减少接触面积、增加隔热间层及使用非金属材料等措施降低传热损失。管道穿外墙部位预留套管并预留足够的保温间隙。

（2）屋面保温层与外墙的保温层连续，不得出现结构性热桥；屋面保温层靠近室外一侧设置防水层，防水层延续到女儿墙顶部盖板内，使保温层得到可靠防护；屋面结构层上，保温层下应设置隔汽层。

对女儿墙等突出屋面的结构体，其保温层与屋面、墙面保温层连续，防止出现结构性热桥。

（3）地下室外墙外侧保温层与地上部分保温层连续，并应采用防水性能好的保温材料；地下室外墙外侧保温层完全包裹住地下结构部分；地下室外墙外侧保温层内部和外部分别设置一道防水层，防水层延伸至室外地面以上适当距离。

部分典型热桥处理详图见图 9.2-5、图 9.2-6。

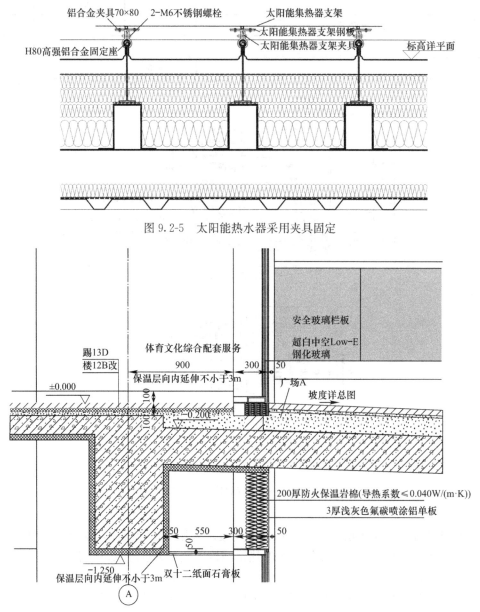

图 9.2-5　太阳能热水器采用夹具固定

图 9.2-6　外挑连桥节点示意图

（二）暖通空调系统原设计方案

1. 非冰场区域

（1）冷源系统

制冷机房设于地下一层。采用 3 台常规离心冷水机组，供应 7℃/12℃空调冷水；空调冷水泵与冷水机组采用一一对应布置方式，其供回水总管之间设置压差旁通管，使冷源侧定流量运行；末端设备设两通调节阀，冷水循环泵采用变频调速控制方式，系统为变流量运行。

（2）热源系统

热力站设于地下一层。由城市热网引入一对 DN200 管道作为一次热源，冬季供/回水温度为 125℃/65℃。通过 2 台即热式热交换器和热水循环泵，为建筑物供应供/回水温度为 60℃/45℃的热水。热水循环泵采用变频调速控制方式，系统为变流量运行。

（3）末端系统

功能区供暖空调系统设置见表 9.2-6。

功能区供暖空调系统表　　　　　　　　表 9.2-6

功能区名称	供暖空调系统
体能训练、休息室、更衣室	风机盘管加新风系统，两管制系统
地下 1 层观众区	定风量全空气系统（过渡季可 70%全新风运行）
剧场观众、舞台区	定风量全空气系统（过渡季可 70%全新风运行）
配套服务	风机盘管加新风系统，两管制系统
2 层体育文化综合配套会厅	定风量全空气系统（过渡季可 70%全新风运行）
消防控制室、弱电机房、灯光音响控制	多联分体空调器

2. 冰场区域

（1）制冰系统

配置中温螺杆制冰主机 3 台，制冷剂采用 R22 制冷剂。冰场制冰系统采用间接制冷的方式，载冷剂为浓度 40%的乙二醇溶液，以确保系统性能稳定。

（2）冰场除湿系统

冰场除湿系统采用转轮除湿机组，室内湿度控制在 50%左右，湿负荷为 149kg/h。转轮除湿机组新风回风混合后，经过转轮再生段升温除湿，再经过表冷段等湿降温后送风，新风经电加热升温后对转轮中吸湿后的固体进行再生。

四、项目技术创新点

（一）高性能玻璃幕墙应用

该项目的最大特点是大面积采用传热系数小于 1.0W/（m²·℃）的玻璃幕墙，设计团队结合建筑立面效果的要求和成本控制限额，开发了高性能幕墙系统，并制作了标准样板，通过了传热系数、气密性和水密性的实验。

1. 幕墙单元的传热系数计算结果（以 4.85m×1.7m 板块为例）

（1）框的传热系数。

框传热系数计算时面板采用导热系数为 0.03W/（m²·K）的材料，得到 $U_f=0.8429$W/（m²·K）。

（2）框与面板之间的线传热系数

计算得到框截面整体线传热系数 L_ψ^{2D} 后，按下式计算得到线传热系数：

$$\Psi = L_\psi^{2D} - U_f \cdot b_f - U_g \cdot b_g$$

通过计算可知，框截面整体线传热系数 $L_\psi^{2D} = U_f \cdot b_f + U_g \cdot b_g = 0.3580 \mathrm{W/(m \cdot K)}$，则板与面板之间的线传热系数为 $\Psi_f = L_\psi^{2D} - U_f \cdot b_f - U_g \cdot b_g = 0.1206 \mathrm{W/(m \cdot K)}$。

2. 竖明框节点计算

（1）竖明框的传热系数

框传热系数计算时，面板采用导热系数为 $0.03 \mathrm{W/(m^2 \cdot K)}$ 的材料，如图 9.2-7 所示，则 $U_f = 0.4164 \mathrm{W/(m^2 \cdot K)}$。

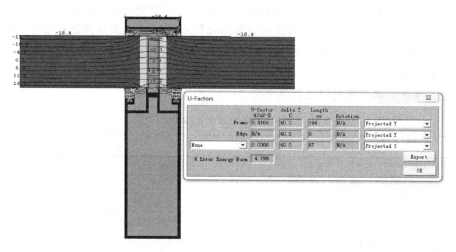

图 9.2-7　框传热系数计算

（2）框与面板之间的传热系数

计算得到框截面整体线传热系数 L_ψ^{2D}，之后计算得到线传热系数：

$$\Psi = L_\psi^{2D} - U_f \cdot b_f - U_g \cdot b_g$$

框截面整体线传热系数：$L_\psi^{2D} = U_f \cdot b_f + U_g \cdot b_g = 3468 \mathrm{W/(m \cdot K)}$

板与面板之间的线传热系数为：$\Psi_f = L_\psi^{2D} - U_f \cdot b_f - U_g \cdot b_g = 0.0869 \mathrm{W/(m \cdot K)}$

（二）高性能轻钢屋面

直立锁边屋面传热系数为 $0.20 \mathrm{W/(m^2 \cdot K)}$，采用 250mm 岩棉板保温，为了减少保温固定螺栓对隔汽层的穿透，特殊设计了架空层用以固定保温材料，如图 9.2-8 和图 9.2-9 所示。

（三）热回收技术应用

1. 排风热回收

该项目以全空气空调机组为主，仅在新风机组设置热回收节能贡献较小。因此，考虑在全空气空调机组中增设转轮式全热回收装置，且全热回收效率需达到 70%，可有效降低本项目空调新风负荷。

2. 制冰余热回收

采用二氧化碳为制冷剂的制冰主机替代原方案，制冰主机制冰功率为 466kW，输入功率为 186kW，在常规开放时间，每台制冰主机对应一块冰场，负荷率约为 75%，可高效回收制冰机组的余热（可以直接制取 $60 \sim 65\text{℃}$ 的热水）用于冬季供热，余热回收效率 $\geqslant 75\%$。

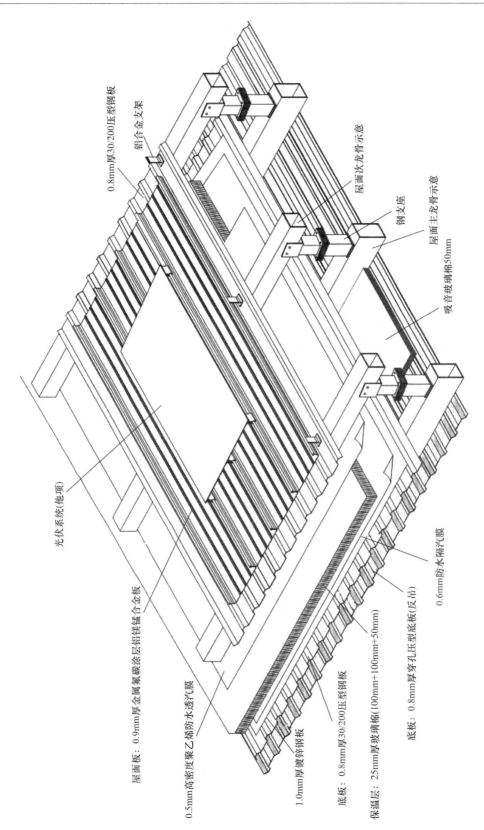

光伏系统(他项)

0.8mm厚30/200压型钢板

铝合金支架

屋面次龙骨示意

钢支座

屋面主龙骨示意

吸音玻璃棉50mm

屋面板：0.9mm厚金属氟碳涂层铝镁锰合金板

0.5mm高密度聚乙烯防水透汽膜

1.0mm厚镀锌钢板

底板：0.8mm厚30/200压型钢板

保温层：25mm厚玻璃棉(100mm+100mm+50mm)

底板：0.8mm厚穿孔压型底板(反吊)

0.6mm防水隔汽膜

图 9.2-8　屋面构造轴侧示意图

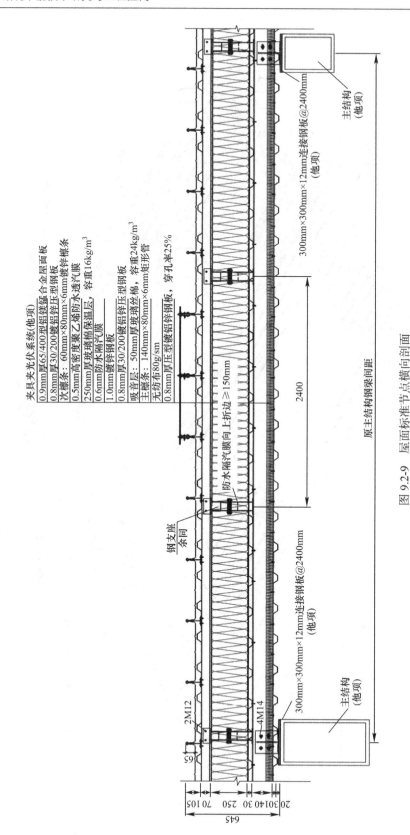

图 9.2-9 屋面标准节点横向剖面

夹具夹光伏系统(他项)
0.9mm厚65/400型铝镁锰合金屋面板
0.8mm厚30/200镀铝锌压型钢板
次檩条：60mm×80mm×6mm镀锌檩条
0.5mm高密度聚乙烯防水透汽膜
250mm厚玻璃棉保温层，容重16kg/m³
0.6mm防水隔气膜
1.0mm镀锌气膜
0.8mm厚30/200镀铝锌压型钢板
吸音层：50mm厚玻璃丝棉，容重24kg/m³
主檩条：140mm×80mm×6mm矩形管
无纺布80g/sm
0.8mm厚压型镀铝锌钢板，穿孔率25%

300mm×300mm×12mm连接钢板@2400mm
(他项)

主结构
(他项)

原主结构钢梁间距

钢支座
条间

2400

防水隔汽膜向上折边≥150mm

300mm×300mm×12mm连接钢板@2400mm
(他项)

主结构
(他项)

2M12

4M14

65

300mm×300mm×12mm连接钢板@2400mm
(他项)

主结构
(他项)

20 30 140 30 250 70 105

645

（四）提高能效技术应用

对于暖通空调系统，比较常用的是采用高效水泵风机、风机水泵变频等节能技术措施；对于照明系统，采用 LED 照明灯具替代常规荧光灯是较好的节能措施，尤其对于冰场区域，采用 LED 灯具替代传统金卤灯等高耗能灯具，具有显著的节能潜力。除了以上提及的提高能效技术措施，以下重点介绍高性能冷水机组和冰场除湿系统优化等技术措施。

1. 高性能冷水机组

对于非冰场区域，暖通空调系统原方案采用 3 台常规离心冷水机组，供应 7℃/12℃空调冷水。该项目采用 3 台磁悬浮变频离心式冷水机组替代原方案，磁悬浮离心式冷水机组具有更高的性能系数，特别是部分负荷性能系数（IPLV）高达 10.0 以上，可以更好地适应商业性冰上运动场馆未来实际运营当中的各种部分负荷工况，具有较好的节能表现。

2. 冰场除湿优化

原方案冰场除湿系统形式采用转轮除湿方式，回风经过转轮再生段升温除湿，再经过表冷段等湿降温后送风，新风加热后对转轮中吸湿后的固体进行再生。存在大量的冷热抵消，能耗很大。

该项目采用溶液除湿的方式，回风进入除湿单元中被降温、除湿到达送风状态点。除湿单元中变稀的溶液被送入再生单元进行浓缩。热泵循环的制冷量用于降低溶液温度以提高除湿能力，冷凝器的排热量用于浓缩再生溶液，能源利用效率较高。

常规冰场转轮除湿与新型冰场溶液除湿系统对比如表 9.2-7 所示。

不同除湿方式对比表　　　　　　　　　　　　　　　表 9.2-7

比较项目	转轮除湿	溶液除湿
减小系统投资	转轮除湿后需要冷冻水降温，增加冷机装机冷量	自带冷热源系统，无需冷冻水降温，相比转轮除湿系统减小冷水机组装机冷量
安装难度	接管较多，安装较为复杂	机组无需冷水接管，管路布置更简单易，安装较为容易
运行能耗	转轮除湿再生空气温度较高，采用电加热的方式实现再生过程，且转轮除湿后需要冷水降温，因此能耗较高	采用溶液对空气进行降温除湿或者升温加湿，机组自带冷热源，运行 COP 高。系统年运行费用低 70% 左右
卫生健康	(1) 有交叉感染风险； (2) 室内产生冷凝水，易滋生霉菌； (3) 有漏风问题	(1) 无交叉感染风险； (2) 无冷凝水，无潮湿表面，不滋生霉菌
除湿方式	采用转轮除湿，机组尺寸较大，且存在转轮芯体易堵塞、使用寿命短等问题	(1) 利用盐溶液除湿，温湿度独立控制，除湿后无需再热； (2) 溶液除湿，避免转轮除湿系统除湿升温后再冷的过程，造成能耗浪费的后果
维护工作量及成本	转轮除湿需要经常清洁转轮滤芯芯体中的积尘，定期更换转轮等，后期维护工作量大	后期维护工作量减少 40%，维护成本可节约 30% 以上

（五）开源补强技术应用

该项目可再生能源利用采用光伏发电系统，建议取消光伏组件，变更为在直立锁边屋面进行安装，并将采光顶修改为不透光屋面，以有利于节能和改善室内热舒适。

光伏柔性组件板型覆盖宽度不小于 400mm，肋高不大于 50mm，对于屋面载荷影响较小。直接粘贴的光伏柔性组件光电转化率高、施工界面划分清晰、施工和后期维护难度小、建安成本适中。建议光伏组件安装面积不低于 500m²，以实现超低能耗示范工程节能率目标。

五、项目实施效果

（一）围护结构性能优化前后全年冷热负荷对比

采用能耗模拟软件 DeST-C 进行模拟计算，该项目通过改善围护结构性能导致的建筑年供暖需求和年供冷需求，即全年累计冷热负荷对比如表 9.2-8 所示。

围护结构性能优化前后全年冷热负荷对比表　　　　　表 9.2-8

需求类别	参照建筑	设计建筑
全年累计冷负荷（万 kWh）	313.97	320.76
全年累计热负荷（万 kWh）	273.91	241.41

（二）节能措施的关键参数与参照建筑的对比

该项目节能措施的关键参数与参照建筑的对比如表 9.2-9 所示。

设计建筑和参照建筑关键指标对比表　　　　　表 9.2-9

节能措施	设计建筑关键指标	参照建筑关键指标（GB 50189—2015）
磁悬浮冷机	$IPLV \geqslant 10.0$	$IPLV = 6.20$
降低空调水系统耗电输冷（热）比	$ECR = 0.0222$ $EHR = 0.0060$	$ECR = 0.0277$ $EHR = 0.0075$
空调水泵变频	空调冷冻水泵和热水泵变频控制	仅采取台数控制
降低全空气空调机组风机的单位风量耗功率	风机效率 $\geqslant 80\%$ 送风机 $W_s = 0.24$ 回风机 $W_h = 0.20$	送风机 $W_s = 0.30$ 回风机 $W_h = 0.27$
全空气空调机组变频	AHU 送风机和回风机根据室内负荷变化进行变频控制	风机定频运行
排风热回收降低供冷能耗	全热回收效率 $\geqslant 70\%$	无排风热回收
排风热回收降低供热能耗	全热回收效率 $\geqslant 70\%$	无排风热回收
制冰余热回收降低供热能耗	热回收效率 $\geqslant 75\%$	无制冰余热利用
冰场除湿节能	溶液除湿机组	转轮除湿机组
光伏发电	发电效率 $\geqslant 15\%$	无光伏发电

（三）一次能源消耗量及节能率计算结果

该项目各耗能系统一次能源消耗量及节能率计算结果如表 9.2-10 所示。

参照建筑和超低能耗建筑全年能耗（一次能源）对比表　　　　　表 9.2-10

能耗拆分	参照建筑全年能耗（tce）	超低能耗建筑全年能耗（tce）
热源系统	410.87	39.69
冷源系统	245.59	144.41
空调水泵	72.09	34.13
末端风机	270.07	77.75
照明	641.09	368.22
冰场除湿	396	121.2
光伏发电	—	−17.84
合计	2035.71	767.56
节能率	62.30%	

参照建筑和设计建筑供暖、空调、照明系统能耗对比如图 9.2-10 所示。

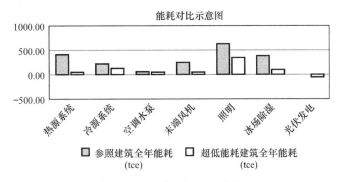

图 9.2-10　能耗对比示意图

各项节能措施产生的节能率见表 9.2-11。

各节能措施节能贡献率统计表　　　　　　　　　　表 9.2-11

节能措施	节能量（万 kWh）	一次能源节能量（tce）	分项节能率（%）
围护结构降低供冷能耗	−1.09	−3.94	−0.19
围护结构降低供热能耗	32.50	48.75	2.39
磁悬浮冷机	18.56	66.83	3.28
降低水泵 $EC(H)R$	4.00	14.42	0.71
空调水泵变频	6.54	23.54	1.16
降低风机 W_s	10.51	37.83	1.86
AHU 变频	37.52	135.06	6.63
风机盘管减少开启时间	5.40	19.43	0.95
排风热回收降低供冷能耗	10.64	38.29	1.88
排风热回收降低供热能耗	129.45	194.17	9.54
制冰余热回收降低供热能耗	85.50	128.25	6.30
节能灯具	75.80	272.87	13.40
溶液除湿	76.33	274.80	13.50
光伏发电	4.96	17.84	0.88
合计	—	1268.14	62.30

各节能措施的节能率对比如图 9.2-11 所示。

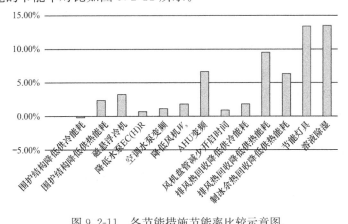

图 9.2-11　各节能措施节能率比较示意图

该案例针对商业性冰上运动场馆类建筑，以五棵松冰上运动中心为例，研究了实现超低能耗目标（即供暖、空调和照明一次能源节能率≥60%）的技术路径。从"降低需求、提高能效、开源补强"三个方面，重点介绍了全空气机组排风热回收、制冰余热回收、磁悬浮变频冷水机组、冰场溶液除湿机组、柔性光伏组件发电系统等节能技术措施。采用能耗模拟软件 DeST-C 针对超低能耗设计建筑和参照建筑（基于国家《公共建筑节能设计标准》GB 50189—2015）进行了全年能耗模拟计算，并统计得出各节能技术措施节能贡献率。根据各节能技术措施的节能贡献率的统计结果，贡献率较为显著的技术包括（由高到低）：冰场溶液除湿替代转轮除湿、LED 照明灯具、全空气空调机组排风热回收、全空气空调机组风机变频控制、制冰余热回收、磁悬浮变频冷水机组等。

因此，对于商业性冰上运动场馆类建筑，如果以实现超低能耗设计为目标，建议重点考虑以上节能技术措施。当然在选择技术组合时，除了技术本身的节能性之外，还需考虑技术的经济性、成熟度、维护性等因素，综合做出科学、合理、适用的研判。

第三节　闲林水库取水口管理配套建筑——1号水利展馆

一、项目背景

杭州市位于长江三角洲南翼，政治、经济和社会地位非常重要。杭州市的饮用水源钱塘江干流受工业污染、通航、交通事故等影响，突发水污染威胁饮用水水源事件难以避免，单一的河道型水源地水质影响不确定性因素太多，为保障饮用水供水安全和改善供水水质，开辟"第二水源地"已是杭州城市发展的势在必行之举。

杭州市第二水源千岛湖配水工程的任务为供水。通过输水隧洞、分水口等工程措施，输送千岛湖原水，并在杭州市配水枢纽——闲林水库分配水量至杭州市主城区。

鉴于千岛湖配水工程建成后，将结合工程科普体验教育，承担起宣传水资源保护理念、丰富水文化内涵的职能，根据实际需要，在闲林水库取水口管理区增加展示和科普教育基地。为进一步落实绿色环保和科普教育的要求，1号水利展馆按照绿色建筑三星级要求及超低能耗建筑要求设计，目标要取得绿色建筑三星级标识。

二、项目基本情况

1号水利展馆位于杭州市余杭区闲林镇朱田坞村闲林水库取水口管理区范围内，处于一个四面环水的小岛之中，小岛地势起伏，景观资源十分丰富。

闲林水库取水口管理配套建筑总用地面积 $30000m^2$，总建筑面积 $8419.9m^2$，地上建筑面积 $8419.9m^2$。1号水利展馆建筑面积为 $2500.8m^2$，无地下室，容积率为 0.281，绿地率为 40%。闲林水库管理区总平面图见图 9.3-1。

1号水利展馆地上 2 层，一层主要功能为展厅、办公和公共教育，建筑面积为 $1194.9m^2$；二层主要功能为展厅，建筑面积为 $1305.9m^2$。1号水利展馆见图 9.3-2。

三、设计理念

该项目的设计理念见图 9.3-3。设计从杭州的自然山水环境、人文历史文化分析入手，分析了传统的配套设施建筑的现状及问题，提出零能耗建筑、零排放的理念；采用 BIM 技术，对建筑、结构专业进行建模、碰撞，实现信息共享和协同。

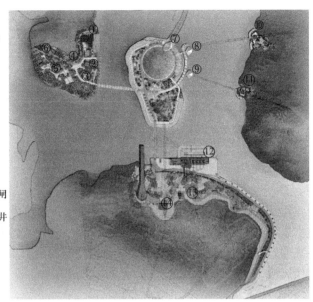

①展馆
②会商中心
③办公中心
④办公配套1
⑤办公配套2
⑥办公配套3
⑦连通控制闸
⑧九溪、余杭方向取水控制闸
⑨江南方向取水控制闸
⑩九溪、余杭方向流量计测井
⑪江南方向流量计测井
⑫流量调节阀及电站
⑬上游检修闸
⑭闲林控制闸

图 9.3-1　闲林水库管理区总平面图

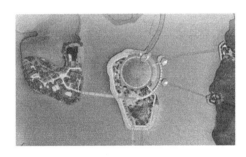

图 9.3-2　1 号水利展馆

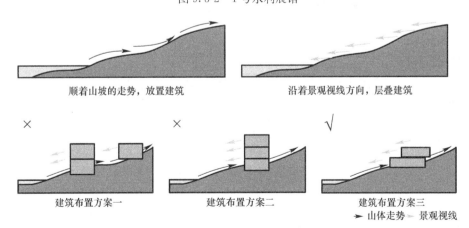

图 9.3-3　零能耗、零排放的设计理念

四、建筑设计方案

（一）建筑概念设计

1 号水利展馆的建筑概念设计见图 9.3-4。

建筑概念：

该展馆方案的灵感来自于古文中"水"的写法——将其笔画从流动曲线转化为简洁的直线，再赋予其前厅、展示、办公、公共教育等各个功能。整个建筑随着山地的趋势层层叠落，逐渐向湖面靠拢，与此同时也创造了良好的内部空间体验，整个流线将建筑与场地有机联系在了一起。

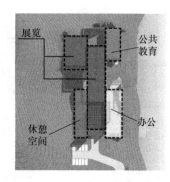

图 9.3-4　建筑概念设计

水利建筑及管理用房以及展馆，主要采用园林式建筑风格。在布局上，以表现大自然的天然山水景色为主旨，通过对形与神、景与情、意与境、虚与实、动与静、因与借、真与假等关系的处理，把园林空间与自然空间融合与扩展开来，使之融于自然，表现自然；展馆为现代风格，利用绿色手段打造领先的零碳建筑。

（二）建筑设计方案

1 号水利展馆建筑平面布局见图 9.3-5。

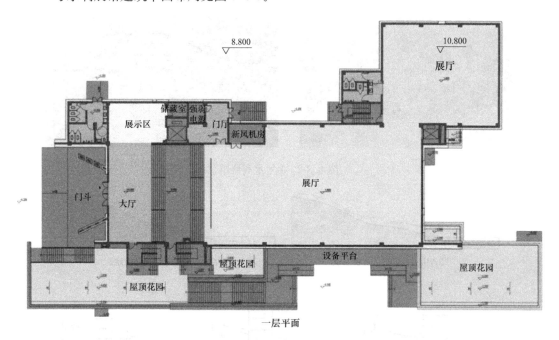

一层平面

图 9.3-5　一层平面设计

《建筑设计防火规范》GB 50016—2014 规定"高度不大于 24m 时，保温材料的燃烧性能不应低于 B2 级，当采用 B1、B2 级时，每层应设置防火隔离带，防火隔离带应采用燃烧性能为 A 级的材料，防火隔离带的高度不应小于 300mm"。

根据保温材料的保温性能和防火等级，选定两种保温材料——挤塑聚苯板（B2 级）和聚氨酯保温板（B1 级），经过对外墙传热系数计算，挤塑聚苯板需要厚度 220mm，聚氨酯保温板厚度 150mm，层间设 300mm 宽岩棉（A 级）防火隔离带，屋顶设 500mm 宽岩棉（A 级）防火隔离带。外墙综合传热系数 $0.15W/(m^2 \cdot K)$。

该项目建筑体形系数（A/V 值）及窗墙比见表 9.3-1，符合节能标准的要求。

建筑体形系数及窗墙比

表 9.3-1

体形系数	各朝向的窗墙面积比				
	南	北	东	西	屋顶
0.34	0.27	0.02	0.09	0.18	0.10

（三）围护结构节能技术措施应用

该项目以建筑物超低能耗设计标准为目标，整合了高水平的室内舒适需求。主要采用的节能技术如下：

1. 外墙、屋顶保温隔热技术

外墙保温采用 150mm 厚 B1 级聚氨酯保温板加 A 级岩棉防火隔离带处理，外墙综合传热系数为 $0.15W/(m^2 \cdot K)$；±0.000 以下与土接触部分的外墙保温：防水保温，避免热桥产生，选用 150mm 厚 B1 级聚氨酯保温板。屋顶保温：采用 250mm 厚挤塑聚苯板，综合传热系数为 $0.15W/(m^2 \cdot K)$。

2. 门窗幕墙和可调节外遮阳技术

（1）超低能耗外门窗传热系数不大于 $0.8W/(m^2 \cdot K)$。

窗玻璃采用 5Low-E＋16AR＋5＋16AR＋5Low-E 三钢化暖边中空玻璃；玻璃幕墙采用 6Low-E＋16AR＋6＋16AR＋6Low-E 三钢化暖边中空玻璃，采用铝木复合框料和断热多腔铝合金框料，玻璃幕墙传热系数不大于 $0.8W/(m^2 \cdot K)$。玻璃幕墙安装节点详图见图 9.3-6 和图 9.3-7。

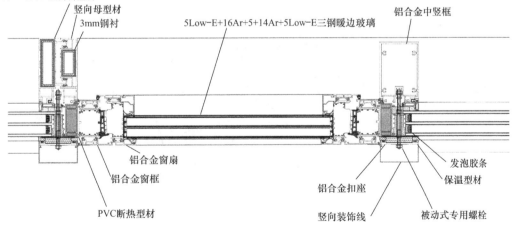

图 9.3-6　玻璃幕墙安装节点大样 1

（2）可调节外遮阳技术

东向、西向及南向设置可调节电动活动外铝合金遮阳百叶，夏天把太阳辐射热挡在室外，冬天外遮阳升起，太阳辐射热通过外窗得热。可调节外遮阳技术安装节点详图见图 9.3-8和图 9.3-9。

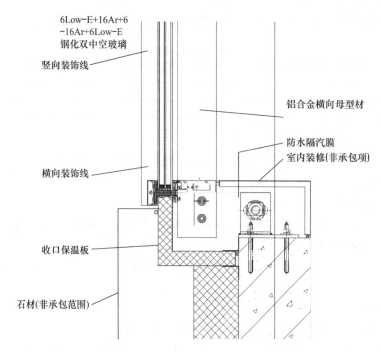

6Low-E+16Ar+6
-16Ar+6Low-E
钢化双中空玻璃

竖向装饰线

铝合金横向母型材

防水隔汽膜
室内装修(非承包项)

横向装饰线

收口保温板

石材(非承包范围)

图 9.3-7　玻璃幕墙安装节点大样 2

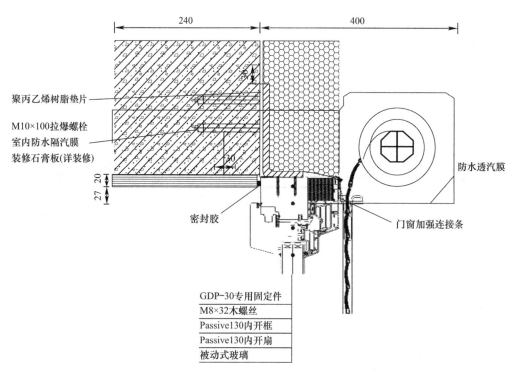

240　　400

聚丙乙烯树脂垫片

M10×100拉爆螺栓
室内防水隔汽膜
装修石膏板(详装修)

防水透汽膜

27　20

密封胶

门窗加强连接条

GDP-30专用固定件
M8×32木螺丝
Passive130内开框
Passive130内开扇
被动式玻璃

图 9.3-8　外窗、电动外遮阳安装节点大样 1

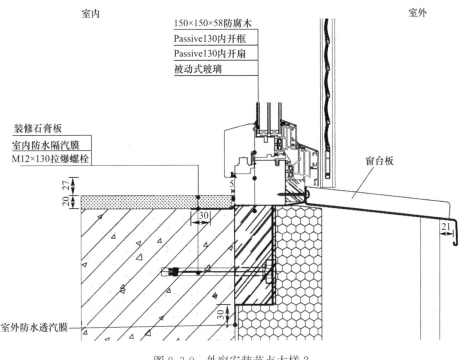

图 9.3-9 外窗安装节点大样 2

（四）无热桥处理及气密性技术

1. 气密性技术的采用

采取有效措施，保证建筑物满足 50Pa 下换气次数 n50≤0.6 次/h 的要求。连续的建筑物气密层（建筑材料包裹整个气密区）设计。气密性处理时，平面图和剖面图均需标注，详见图 9.3-10。

2. 无热桥处理

外墙、外窗安装节点、进出建筑物的管道及遮阳构件安装采用无热桥处理技术，避免在建筑物内的结露霉污现象。石材幕墙节点详图见图 9.3-11。

（五）新风预冷（热）技术

新风机组采用转轮式新风换热机组，两种型号的新风换热机组，风量分别为 4500m³/h 与 4700m³/h，送风机功率为 2.6kW，排风机功率为 1.5kW，送排风机总功率为 4.5kW，单位风量功率为 0.4456（W·h）/m³。实际机组的转轮的热回收效率为 79%。

（六）太阳能光伏发电技术

屋顶放置太阳能光伏发电系统，充分利用可再生能源。系统装机容量约为 20.15kW，合计使用 62 块 325W 多晶硅光伏组件，每块面积约为 2m²，共计 124m²。本项目太阳能光伏发电系统提供的电量比例为 6.59%。该工程选用 HG270P 多晶体硅电池组件产品，组件效率 16.6%。光伏组件正常条件下使用寿命不低于 25 年，在 10 年使用期限内输出功率不低于 90% 的标准功率，在 25 年使用期限内输出功率不低于 80% 的标准功率。

（七）新风系统

工程各区采用主动冷梁加独立新风系统，新风经集中处理后，由风管送至各房间内，

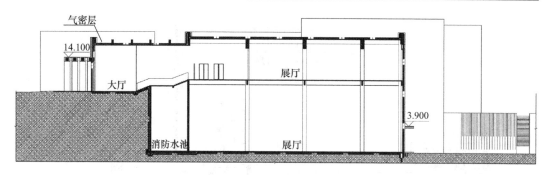

A-A剖面平面气密性处理原则

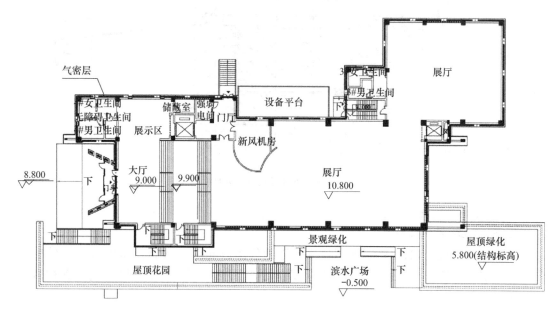

一层平面气密性处理原则

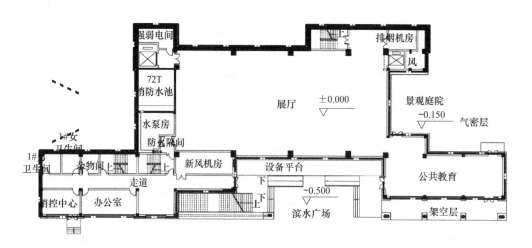

地下一层平面气密性处理原则

图 9.3-10　气密性处理连续-平面图和剖面图

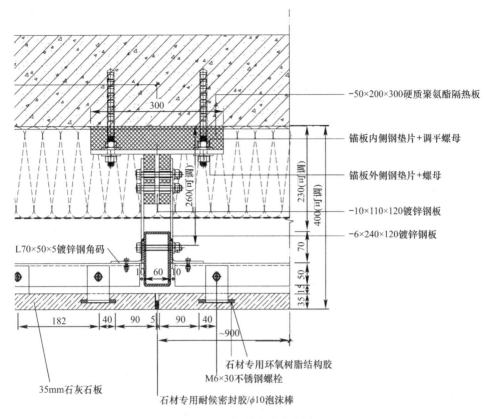

图 9.3-11 石材幕墙节点详图

新风系统承担新风自身全热以及室内潜热负荷，室内主动冷梁只承担室内显热负荷。过渡季节通过开启新风系统，置换室内空气，达到除去余热余湿的效果。工程室内主动冷梁形式为吊顶式诱导器，内置热交换盘管，同时也设有新风口，新风通过诱导原理，吸入室内空气与热交换盘管换热，以承担室内显热负荷。

（八）空调主机采用变频技术

该工程空调冷源采用降膜蒸发式冷凝（热泵）机组 2 台，设备置于室外空旷处，单台机组制冷量 77kW，提供供/回水温度为 7℃/12℃的空调冷水，实现冷负荷无级调节，性能系数为 4.50，提高幅度达到 50%。供暖空调全年计算负荷降低幅度达到 15%，机组同时也作为工程空调热源，单台制热量为 65kW，提供供/回水温度为 50℃/40℃的空调热水。空调冷水系统采用同程式与异程式相结合的系统。空调冷水系统采用变流量形式，冷水泵采用变频泵，根据用户需求进行调节，实现节能运行。

（九）综合能耗监测技术

各系统实时能耗及累计能耗情况一目了然，且及时分析节能潜力区域，为运行节能管理提供依据。

（十）室内空气质量实时监测及新风自动控制技术

室内各区域设置 CO_2 浓度监测系统，对室内的 CO_2 浓度进行数据采集、分析，并与新风系统联动，根据检测结果，自动控制新风系统启停与运行状态。新风各支管设置电动调节阀，可根据 CO_2 浓度自动调节开度，平面各探测器仅为示意，实际位置与数量应根据现场合理均衡布置。采用室外风环境模拟分析技术，保证建筑物过渡季节的自然通风。

五、技术创新点

该项目以建筑物超低能耗设计标准，整合了高性能的室内舒适度要求需求。主要创新技术如下：

1. 项目在规划设计阶段采用 BIM 技术，对建筑、结构专业进行建模，实现信息共享和协同，保证工程质量与工期。

2. 外窗及外门采用传热系数不大于 $0.8W/(m^2 \cdot K)$ 的超低能耗外门窗、可调节外遮阳技术，无热桥处理及气密性技术的应用，大幅度降低了建筑能耗。

3. 太阳能光伏发电技术的应用，充分利用可再生能源。

4. 综合能耗监测系统的设置，可及时分析节能潜力区域，为运行节能管理提供依据。

5. 室内空气质量实时监测及新风自动控制技术的应用，采用室外风环境模拟分析技术，保证建筑物过渡季节的自然通风。

6. 利用 PHPP 专业软件进行能耗模拟计算分析，保证能耗满足超低能耗建筑标准要求。

六、项目实施效果

通过超低能耗建筑技术的应用，减少常规能源的投入，降低建筑使用成本。

解决了南方冬季供暖的需求，大幅度减少夏季空调能耗，显著提升室内舒适度。

创建了一种新的建筑模式，带动超低能耗建筑相关材料、设备生产商及产业发展，具有较好的经济效益和社会效益，同时获得了 PHI 认证（德国被动房认证），PHI 认证结果见图 9.3-12。

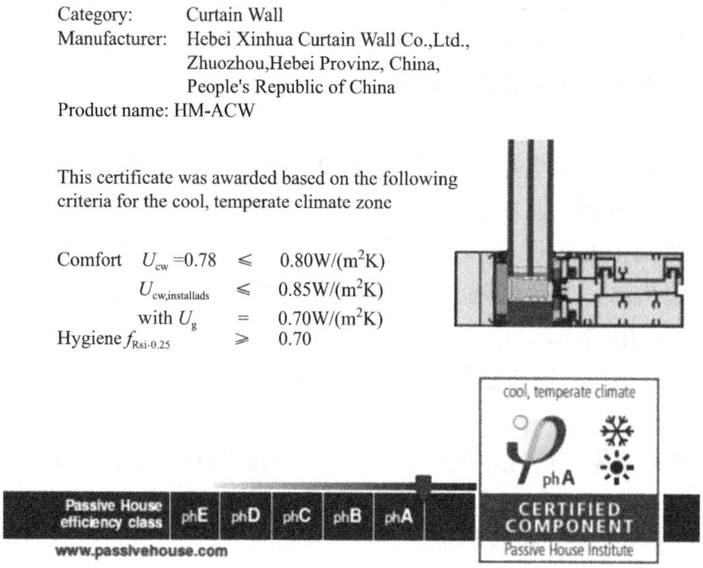

图 9.3-12　PHI 认证结果

第四节　河北新华幕墙有限公司新建办公楼

一、项目背景

超低能耗建筑具有超高的节能效果，大大减少建筑耗能，从而降低能源生产造成的空气污染；又能阻隔大气中雾霾对室内人员的侵害，为居住者创造一个健康的室内环境。并且，只要把好物理性能设计和精细化施工关口，使用我国现有的建筑技术和材料完全可以达到要求，增量成本也是合理和可以接受的。河北新华幕墙有限公司新建办公楼（以下简称"超低能耗新办公楼"）既可以探索这项节能技术的可行性，为超低能耗建筑在我国的推广积累经验，又可以充分展示公司的节能产品，为研发高性能的门窗幕墙提供平台。

二、项目基本情况

该项目位于河北涿州松林店经济开发区内，是京津冀协同发展的核心区域，距天安门60km，距北京新机场25km，距天津150km，距保定78km，距涿州市区10km。所处地区是我国建筑气候分区的寒冷地区，具有典型的寒冷地区的气候特征。

超低能耗新办公楼总建筑面积5796.92m²，4层，局部出屋面机房。其中：办公楼建筑面积3934.88m²，公寓建筑面积1862.04m²。装配式钢结构框架，钢筋混凝土楼板，钢筋混凝土独立柱基。外围护墙体为加气混凝土砌块。见图9.4-1。

图 9.4-1　建设中的超低能耗新办公楼

三、设计理念

由德国达姆施塔特被动式建筑研究所定义的被动式建筑是："一种既保证环保节能又提供最大使用者舒适性与高性价比的建筑规范标准"。被动式建筑是一种可以自愿选择并得到了充分证明的建筑设计方案。

被动式建筑进行充分的保温处理，最大限度减少热桥，且要求极低的漏风量，充分利用太阳能、内部热源与新风设备的热回收。通过上述技术手段与可再生能源的充分利用，确保达到被动式建筑的设计参数（表9.4-1）和各项要求（表9.4-2与表9.4-3）。

被动式建筑设计参数 表 9.4-1

达到被动式建筑标准的设计参数	
建筑物外围护结构	$U\leqslant0.15$W/(m²·K)
三层玻璃	$U_g\leqslant0.8$W/(m²·K)，g-Wert（太阳得热系数）$>50\%$
新风机组	设备热回收率$\geqslant75\%$

被动式建筑标准的五项主要指标见表 9.4-2。

被动式建筑在中国的标准要求（寒冷地区） 表 9.4-2

供暖热需求	$\leqslant15$kWh/(m²·a)
热负荷指标	$\leqslant10$W/m²
冷负荷指标	$\leqslant19$kWh/(m²·a)
气密性	n50$\leqslant0.6$　1/h
一次能源消耗	$\leqslant120$kWh/(m²·a)

四、建筑设计方案

（一）建筑外围护结构节能设计

表 9.4-3 和表 9.4-4 展示了单体建筑体形系数及窗墙比。

单体建筑体形系数 表 9.4-3

建筑名称	体形系数
办公楼	0.22
公寓	0.22

单体建筑窗墙比 表 9.4-4

办公楼	数值	公寓	数值
南立面	0.37	南立面	—
北立面	0.21	北立面	0.04
东立面	0.29	东立面	0.27
西立面	0.29	西立面	0.26

（二）非透明围护结构

1. 地面及外墙保温节点设计

（1）地面保温做法：（自上而下）

10mm 厚地砖，DTG 砂浆擦缝；60mm 厚水泥砂浆找平；防水膜（$Sd\leqslant1000$）（改：铝膜卷材防水一道）。

350mm 厚 XPS（200）保温板（导热系数 0.030W/(m·K)）；40 厚细石混凝土垫层；3 层防水卷材 $3\times5=15$mm（交错铺设）；冷底子找平；100mm 厚 C15 混凝土层；20mm 厚水泥砂浆找平层；素土夯实，压实系数 0.90。

（2）基础墙内侧保温做法

200mm 厚 XPS 保温板（导热系数 0.030W/(m·K)）。

（3）基础墙外侧保温做法（由内而外）

370mm 厚水泥砖墙；260mm 厚混凝土砌块；6mm 厚 DPE 抹灰砂浆；200mm 厚 XPS

保温板（导热系数 0.030W/(m·K)）；DBI 砂浆内嵌玻璃纤维网格布。

（4）外墙保温做法（由内而外）

250mm 厚加气混凝土砌块墙（导热系数 0.18W/(m·K)）；260mm 厚混凝土砌块；6mm 厚 DPE 抹灰砂浆；200mm 厚 XPS 保温板（导热系数 0.030W/(m·K)）。

2. 屋面及女儿墙保温节点

（1）屋面保温做法（自上而下）

60mm 厚碎石保护层；防护胶垫；3 层防水卷材 3×5＝15mm（交错铺设）；450mm 厚 XPS（150）保温板（导热系数 0.030W/(m·K)）；5 厚铝膜防水卷材；冷底子油；最薄处 30mm 厚 C15 轻质混凝土找 2‰坡；120mm 厚钢筋混凝土楼板。

（2）女儿墙内侧保温做法

250mm 厚加气混凝土砌块墙；5mm 厚铝膜防水卷材；200mm 厚 XPS 保温板（导热系数 0.030W/(m·K)）；3 层防水卷材 3×5＝15mm（交错铺设）。

（3）非透明围护结构各部位传热系数（表 9.4-5）

非透明围护结构各部位传热系数 表 9.4-5

围护结构部位	外墙	屋面	地面
传热系数 W/(m²·K)	0.1	0.1	0.1

（三）透光围护结构设计

1. 外门窗采用 GENEO-S980 系统塑钢门窗，窗为 86 系列内开内倒窗。

2. 传热系数：

门窗：玻璃 $K=0.62$W/(m²·K)；窗框 $K\leqslant0.8$W/(m²·K)；安装 $K\leqslant0.85$W/(m²·K)。

3. 太阳能总透射比：

窗：$g=0.54$，门：$g=0.37$。

4. 玻璃：三玻两腔中空玻璃钢化处理。

（1）窗玻璃：5mm planilux＋16Ar(90%)＋6mm PL T 1.16 Ⅱ(#3)＋16Ar(90%)＋6mm PL T 1.16 Ⅱ(#5)；$U_g=0.62$；

（2）门玻璃：6 mm SKN 174 Ⅱ(#2)＋16Ar(90%)＋5mm planilux＋16Ar(90%)＋6mm PL T 1.16 Ⅱ(#5)；$U_g=0.60$。

5. 采用超级暖边 Swisspacer。

6. 门窗性能等级：门窗性能执行标准《建筑外门窗气密、水密、抗风压性能分级及检测方法》GB/T 7106—2019 的规定，气密性为 8 级（$q1\leqslant0.5$；$q2\leqslant1.5$）；水密性为 6 级；抗风压强度满足《建筑结构荷载规范》GB 50009—2012 要求，且不小于 4 级；隔声性能 5 级。

7. 外遮阳系统：可活动调光外百叶，手自一体外遮阳系统，配有光感风感调节。

（四）围护结构气密性设计

气密性设计是超低能耗建筑设计不可缺少的一部分，建筑中心层面墙体、连节点、门窗等部位出现的缝隙，外围护结构中的裂缝等，均可能导致空气交换率过高，增加建筑能耗，以及降低使用者的舒适度。因此设计中要保证气密层的连续性。图 9.4-2 为该项目的气密层设计示意图。

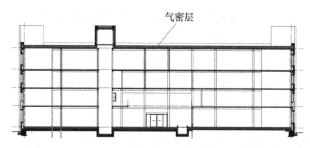

图 9.4-2　气密层设计

1. **外围护结构气密性的技术措施**

（1）加强围护结构砌筑质量控制。加气块的完整性，尽量不用破损碎块；无通缝、瞎缝，保证砂浆饱满；顶板斜砖缝隙用砂浆捻实。

（2）墙体预埋线盒线管孔洞周边用细石混凝土填实。预埋线盒用高黏度胶带缠裹，穿线管头用胶带封堵。

（3）架手架穿墙部位用细石混凝土填实。

（4）外墙钢结构构件与砌体结合部位用砂浆抹平，或用密封胶带粘贴。

（5）管线穿墙（屋面板），先用细石混凝土将预留洞周边填实（掺微膨胀剂、洞边刷界面剂，振捣），再用丁基防水胶带在管材与混凝土接触面缠裹。

（6）管井在屋面处（及各层）用混凝土板封堵。

2. **外门窗安装气密性技术措施**

外门窗安装采取有效的气密性技术措施见图 9.4-3。

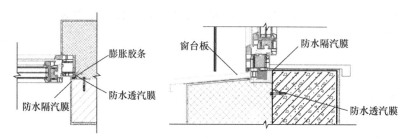

图 9.4-3　外门窗安装气密性技术措施

3. **穿外围护结构管线气密性技术措施**

穿过外围护结构管线气密性技术措施见图 9.4-4。

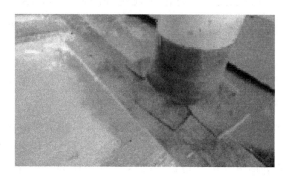

图 9.4-4　穿楼板管道气密性处理

4. 建筑整体气密性检测结果

由于河北新华幕墙有限公司新建办公楼项目采用了非透光维护结构、外门窗安装和紫外维护结构管线等优良的气密性措施。经检测，该项目建筑整体换气气数为 $n_{50} \leqslant 0.6h^{-1}$，气密性能满足超低能耗建筑的要求，见图 9.4-5。

（五）建筑无热桥设计

1. 南立面光电幕墙及屋顶装饰架与主体结构连接无热桥设计见图 9.4-6。

2. 幕墙与主体结构无热桥连接

幕墙与主体结构无热桥连接节点详图见图 9.4-7。

3. 外遮阳窗帘盒固定无热桥设计

外遮阳窗帘盒固定无热桥节点详图见图 9.4-8。

五、项目技术创新点

（一）可再生能源的供给——土壤源热泵系统

办公楼的冷热源均来自土壤源热泵。热泵体系由 42 个

图 9.4-5 气密性检测结果

土壤源地埋换热器按网格状进行布置。土壤源地埋换热器的选择是由于相较一个土壤源采集器其更小的位置需求。土壤源地埋换热器的平均地埋深度为 60m 左右。

该体系提供了以下优点：

（1）设置土壤源地埋换热器充分利用了土地的空间，即在最小化土地面积的需求下安装满足使用需求的土壤源地埋换热器数量。

（2）热转化效果的绝大部分是在土壤层深处完成的，深处的热传递介质在达到地埋换热器之前不受地面温度影响。

（3）较大的管道横截面面积确保了较小的压力损失，与之相适应的是更小的热泵功率需求。

（4）通过外部直径的增大得到土壤源地埋换热器更大的热交换面积。

（5）能源辐射——供暖与制冷辐射板：各个房间内温度的控制是由单独热泵提供冷（热）源，经分别设置于各个房间的金属辐射板向房间内供冷（热）来完成的。在供暖-制冷面积与空间之间允许存在较强热流，并由此在水平方向与垂直方向上温度差将至最小值。这种方式下不会产生可感知的冷热气流或弥漫灰尘。供暖模式时较低的运行温度与制冷模式时较高的运行温度是现代化的技术解决方案与可再生能源的运用，使充分发挥其节能潜力成为可能。

（二）高效热回收新风系统

新风设备是整体能源方案及使用者舒适性的基础。带有热回收功能的新风机组是维持室内环境持续的新鲜空气供给与恒定室温、排出空气中杂物及进行除湿的保障。使用者没有必要使用开窗的方式进行通风。带有热回收功能的新风设备通过回收排风中的热量实现了供暖热需求的降低。在热回收的过程中，大部分的热（冷）量并没有随着排风直接被排出室外，而是在不混合新风空气流的情况下，传递至新风中。成熟的设计与施工中不再需要开窗通风功能。为避免过于干燥的情况出现，新风机组的尺寸必须选择正确。由高效率的过滤器确保了被动式建筑内部高质量的室内空气品质。

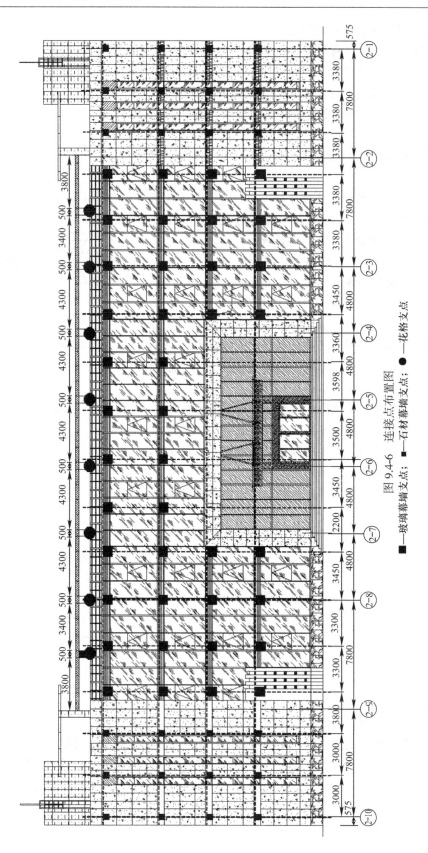

图 9.4-6 连接点布置图

■—玻璃幕墙支点; ■—石材幕墙支点; ●—花格支点

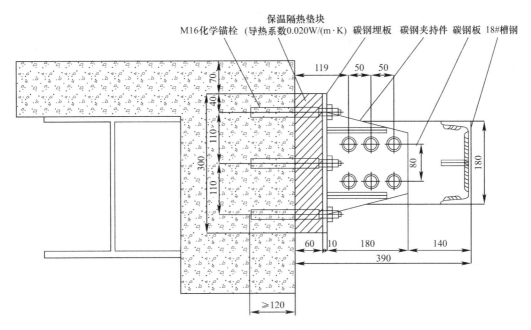

图 9.4-7　幕墙与主体结构无热桥连接节点

该项目中新风机组的功能段连接了两个转轮交换器。其中一个是显热转轮并对热回收功能进行大幅优化，另外一个是带有焓回收的全热转轮，特别适用于湿度的回收。

该项目夏季采用顶棚辐射作为制冷末端的方式。并在日照最强的南侧一层大厅挑空处地面增加了地面辐射制冷，消除了绝大部分通过窗体照入室内的太阳光线的辐射热。公寓采用地面辐射末端为常规的湿法地暖，采用外径为 16mm 的铝塑复合管材，布管间距为 150mm。

地源热泵给新风机组、辐射提供冷热源：

制冷模式下，由 1 号热泵机组提供 19～21℃的冷水给顶棚、地面辐射盘管；2 号热泵机组提供 7～12℃冷水给新风机组；

制热模式下，由 1 号热泵机组提供 34℃的热水给顶棚、地面辐射盘管；2 号热泵机组

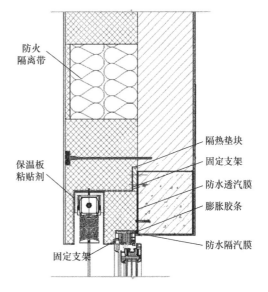

图 9.4-8　外遮阳窗帘盒固定无热桥设计节点详图

提供 24～28℃热水给新风机组；在机组新风、回风进出口配置 3 个温湿度传感器；根据相应逻辑控制新风、排风变频器及水阀的开度或加湿器实现温湿度的控制。

六、项目实际效果

超低能耗新办公楼项目得到奥地利政府的支持，为该项目的能耗及室内环境监测提供了一套监测控制系统。这套能耗系统能够实时将该建筑的各部分能耗数据通过互联网以 M-Bus 协议传送到奥地利数据分析研究室，该数据同时与德国被动房研究所共享。为测量

建筑物的运行及舒适性参数，其主要包括：电能数据，冷热量数据，各房间室内温湿度参数，新风机组的进风、排风、送风、回风温湿度、风压及风量等系统的检测数据。超低能耗新办公楼项目使用后所累积的运行数据，将为超低能耗新建筑在我国寒冷地区的推广搭建一个数据库平台。数据库平台对外开放后，可借助互联网工具，在任何地方实时读取运行参数，以供业内人士参考、分析和研究。

本章参考文献

［1］　Torben V. Dimensioning of the solar heating sys-tem in the zero -energy house in Denmark［J］. Solar Energy，1977，19：195-199.

［2］　Voss K. The self-sufficient solar house in Freiburg-Results of 3 years of operation［J］. Solar Energy，1996，58：17-23.

［3］　刘刚，彭琛，刘俊跃. 国外建筑节能标准发展历程及趋势研究［J］. 建设科技，2015（14）：16-21.

［4］　张春鹏. 德国被动式超低能耗建筑设计及保障体系探究［D］. 济南：山东建筑大学，2016.

［5］　徐伟. 国际建筑节能标准研究［M］. 北京：中国建筑工业出版社，2012.

［6］　中华人民共和国住房和城乡建设部. GB/T 51350—2019 近零能耗建筑技术标准［S］. 北京：中国建筑工业出版社，2019.

［7］　于佳丘. 谈零能耗建筑的发展及其应用［J］. 山西建筑，2019，45（11）：140-141.

［8］　邹瑜，郎四维，徐伟，等. 中国建筑节能标准发展历程及展望［J］. 建筑科学，2016，32（12）：1-5，12.

［9］　梁俊强，刘珊，马欣伯. 推动我国净零能耗建筑发展的思考及建议［J］. 建设科技，2019（18）：8-11.

第十章

城市更新与既有建筑节能综合改造

第一节　关于城市更新和既有建筑节能改造

一、城市更新

北京首钢西十冬奥广场是城市更新的一个成功案例，体现了城市更新丰富的内涵。城市总是不断地进行着改造和更新，经历着"新陈代谢"的过程。城市更新与过去的旧城改造有很大的区别。通俗来讲，旧城改造主要是拆房、修路、建桥，主要是物质方面的改造；但城市更新不只是物质更新，更重要的是城市产业、人们生活方式、城市功能的更新。概括来说，城市更新就是对城市中衰落的区域，优化其配套和环境，赋予其新的功能，激发其活力，再造城市的繁荣。

具体来讲，城市更新有拆除重建类、有机更新类、综合整治类三种模式。三种模式对应三种不同的更新运作方式和投融资模式，将对城市发展产生不同的效果[1]。城市更新的目标是振兴大城市中心地区的经济，增强其社会活力，改善其建筑和环境，达到社会稳定和环境改善。更新的途径包括重建、保护和维护等[2]。

我国的学者对于城市更新的定义有不同的论述：

（1）城市更新指针对城市发展过程中结构和功能衰退以及随之带来的城市环境、生态、形象以及综合竞争力的下降，通过结构与功能调整、环境治理改善、设施建设、形象重塑等手段，使城市重新保持发展活力，实现持续健康发展，并提高综合竞争力的过程[3]。

（2）城市更新是与存量发展具有相近内涵的学术概念，关注城市建成环境的综合提质，既包括对城市物质空间的改造完善，也包含城市文化复兴、产业转型和功能提升等非物质内容[4]。

（3）立足可持续发展观，以整体视角把握区域全局，综合运用各种行为及手段，解决城市发展中的各项矛盾，平衡区域中的各个组成结构，最终达成区域物质水平的持续提升及非物质内容的动态均衡发展[5]。

可以说，城市更新与结构和功能调整、城市环境的综合提质相关，其中也包含城市文化复兴、产业转型和功能提升等非物质内容。

从国内外城市更新发展历程，到近期各城市更新规划实践动态，可以看到城市更新的几个变化趋势：城市发展模式从政策化的外延式发展到提高城市竞争力的内涵发展；城市更新活动从具体单个的项目改造行动转向为系统性、战略性的整体统筹活动；城市更新对象从关注老旧产权资源转向城市公共资源和空间系统；城市更新仍然在物质系统领域内发挥作用，同时也开始注重在社会、经济、文化等更加综合的方面发挥作用[6]。

城市更新分为在城市范围上的更新和城市新旧程度上的更新即旧城区的改造，城市范围的更新一般是指随着经济的发展和城市化的加快带来的城市范围的扩大，城市新旧程度上的更新即旧城改造，是对城市中某一衰落的区域进行拆迁、改造、投资和建设，使之重新发展和繁荣[7]。

城市更新在城市发展的不同阶段所发挥的作用和侧重不尽相同，但主要作用如下：一为通过维护、改善城市物质环境来维持城市的基本运转而使其不至于衰败和停滞；二为整合城市在经济发展、社会关系、文化结构等"非物质"层面的发展诉求，通过空间重组和再填充，淘汰不适于未来发展的旧动能与旧功能、引导新产业和新活力注入，促进城市实现螺旋上升的可持续发展。本章将介绍城市更新的一个成功案例——北京首钢西十冬奥广场。

二、既有建筑综合改造

既有建筑节能改造是完成建筑节能重任、实现建筑节能目标的关键。我国既有建筑物的数量巨大，能否实现对既有建筑物的节能改造，决定着能否最终实施建筑节能，决定着最终能耗的节约，从而促进资源和能源的有效利用，走可持续发展的道路。

建筑的建造和运行消耗了大量的自然资源以及对环境造成不可忽视的影响，建筑物水资源的消耗约占社会总能耗的50%，社会40%的原材料消耗以及80%的农地减少均由于建筑物所致。同时，50%的空气污染、42%的温室气体效应、50%的水污染、48%的固体废物和50%的氟氯化物均来自于建筑。此外，根据政府气候变化专门委员会（IPCC）统计，2002年全球建筑业因能源消耗排放约78.5亿t的二氧化碳，占全球由能源使用而生产二氧化碳的33%[8]。

既有建筑节能改造是指按照所处的气候区域，对不符合建筑节能设计标准要求的既有居住建筑和公共建筑，进行建筑物围护结构（含墙体、屋顶、门窗等）、供暖或空调制冷（热）系统改造（也可增加可再生能源的利用），使其热工性能和供能系统的效率符合相应的建筑节能设计标准的要求。

既有建筑综合节能改造是指在既有建筑节能改造的同时，加入包括结构安全性能改造以及提升建筑物使用功能等综合性改造，而既有建筑绿色化改造是以绿色建筑为主题的改造。既有建筑的绿色化改造的目的是"节能、节水、节地、节材和保护环境"；现阶段改造的主要内容是：场地优化、建筑结构优化与抗震性能提升、围护结构、室内外环境改善、新能源利用、运营管理等。

在既有建筑节能综合改造中，充分利用围护结构节能技术、空间设计绿色节能技术、能源设备系统绿色节能技术、环境控制系统绿色节能技术以及可再生能源利用技术。上述技术在建筑节能改造中配合使用，取得显著效果。

本章将介绍应用于寒冷地区和夏热冬冷地区的既有办公建筑综合节能改造成功案例。案例中每项改造项目都有许多细节上的绿色节能技术与之相对应。不仅包括外墙保温改造和通风式幕墙技术的应用，在建筑空间改造中，结合建筑中庭、通廊等空间要素来设计改造方案，照明系统改造、供暖系统改造、自然通风系统改造和空调系统改造，一系列节能措施带来的环境效益非常明显，使改造后的建筑具有宽阔舒适的空间。

第二节　北京首钢西十冬奥广场

一、背景

首钢园区位于北京市石景山区。1919年，官商合办的龙烟铁矿股份有限公司在京西石景山建厂炼钢，北京近代黑色冶金工业由此起步。1966 年，石景山钢铁公司改名为首都钢铁公司。1979 年，作为国家确定的第一批试点单位，率先实行承包制，建立我国第一座现代化高炉。1994 年，首钢钢产量超过鞍钢，名列全国第一。

2003 年，为了首都的碧水蓝天，为了北京奥运会，首钢肩负起沉甸甸的历史责任，毅然实施了史无前例的钢铁企业大搬迁。十多万首钢人用 5 年时间把钢铁产业从北京搬迁到河北省唐山市，陆续在河北迁安和曹妃甸建起了一座又一座现代化的钢城。2010 年 12 月，为使首都迎来更多蓝天，首钢北京地区钢铁实现全面停产。昔日的首钢停止了机声隆隆，一字排开的炼铁高炉结束了历史的重任，沉睡在石景山大地上，只有那醒目的"功勋首钢"纪念碑提醒着人们，远处林立的高楼与近处的炼铁高炉、厂房、烟囱在这片土地上承担过多少使命。"十里钢城"成为中国规模最大的"工业遗产"。

2016 年 3 月，北京市政府确定 2022 年冬奥会办公园区选址落户百年首钢，西十冬奥广场由此诞生。冬奥广场选址位于首钢旧厂址的西北角，地处永定河石景山以东、阜石路以南、秀池以北、北辛安路以西。项目得名于基地所在地北侧的原京奉铁路西十货运支线，这也是首钢在一个世纪前的建设起点。

冬奥广场基地南侧的秀池和西侧的石景山山体及永定河生态绿廊，为项目带来了绝佳的外部山水自然环境。而与之对应的则是基地内部的筒仓、料仓、供料通廊、转运站及供水泵站的密集布局，它是园区一号、三号炼铁高炉炼铁工艺的复杂巨系统中的重要组成部分。这一密集供料区的转运站、料仓、筒仓和泵站等十个工业遗存，借由冬奥会的强大助推，被改造为集办公、会议、展示和配套休闲于一体的综合园区。

二、项目基本情况

西十冬奥广场总建筑规模约 8.65 万 m²，主要为办公、会议、展示及其配套服务设施。项目共计十个建筑单体子项：N3-3 转运站、N3-2 转运站（含会议中心）、N1-2 转运站、员工餐厅、主控室、联合泵站（含展示中心）、北七筒仓、精煤车间、停车楼；其中停车楼为新建，其他子项均为既有工业遗存改造或加建。图 10.2-1、图 10.2-2 分别为西十冬奥广场俯瞰图和整体外观图。

图 10.2-1　西十冬奥广场俯瞰图　　　　图 10.2-2　西十冬奥广场整体外观

三、设计理念

在城市产业结构调整驱动下转移产能后，将老工业区改造为冬奥办公园区，不仅是局部应激性改变园区停产后萧瑟的现状，更是希望这座承载了北京百年民族工业梦想的十里钢城能够以此为契机凤凰涅槃，为非首都核心功能外迁后工业转型带来的问题寻找出路。

面对厚重的历史，对基地保持足够的敬畏理应是最朴素的出发点。设计希望通过"忠实的保留"和"谨慎的加建"将工业遗存变成崭新的办公园区,赋予老旧的建构筑物第二次生命。

要想保留原有遗存的混凝土和钢框架,就必须不破坏其自身的结构强度。设计把原有结构空间作为主要功能空间使用,而把楼电梯间外置,这样既不打穿原有楼板,又通过加建补强了原结构刚度。同时,通过碳纤维、钢板和阻尼抗震撑等手段对原有主体结构加固以适应新的功能需求,类似结构构建也作为建筑立面核心表现的元素。轻质的石英板材和穿孔铝板的使用也契合了改造建筑严控外墙材料容重的原则,避免给原有结构带来过大结构负荷。

四、项目幕墙应用

（一）N1-2 转运站及员工餐厅幕墙

N1-2 转运站及员工餐厅项目是由筒仓、料仓、供料通廊、转运站和供水泵站等工业遗存密集组成。N1-2 转运站及员工餐厅总建筑面积为 9457.44m²,其中员工餐厅建筑面积 4930.32m²,主体结构形式为多层钢结构,建筑层数 3 层,建筑高度 23.7m,耐火等级一级,为冬奥广场的餐厅;N1-2 转运站建筑面积 4527.12m²,主体结构形式为多层钢结构,建筑层数 9 层,建筑高度 56.2m,耐火等级一级,为冬奥组委办公用房。幕墙主要为玻璃幕墙和石英板幕墙。图 10.2-3 为 N1-2 转运站及员工餐厅。

（二）N3-2 转运站及会议中心幕墙

N3-2 转运站及会议中心总建筑面积为 9457.44m²,建筑面积 9833.65m²,主体结构形式为多层钢结构,N3-2 转运站建筑层数 9 层,建筑高度 23.9m,耐火等级为一级,为冬奥会办公楼和会议中心。幕墙主要为玻璃幕墙和石英板幕墙,其中玻璃幕墙 7002m²,石英板幕墙 2655m²。见图 10.2-4。

图 10.2-3　N1-2 转运站及员工餐厅　　　　图 10.2-4　N3-2 转运站及会议中心

（三）国家体育总局冬训中心外幕墙

国家体育总局冬训中心也被称为"四块冰",是短道速滑、花样滑冰、冰壶、冰球四个冬奥会冰上项目的训练场馆。其中,速滑、花滑、冰壶三座训练馆由一座精煤车间改造切割而成,其北侧的运煤车站则改造成冰球馆。"四块冰"的幕墙包括玻璃幕墙系统和混凝土挂板幕墙系统。

精煤车间原为储存煤仓库,是运煤列车可以轻松开入的一座阔大厂房,其长为 300m,总建筑面积为 30300m²,结构形式为主体钢框架、屋面桁架,工程为单层大空间公共建筑(建筑内局部 2 层)。该建筑的主要功能为训练馆、体育产业用房、配套商业。短道速滑、花样滑冰、冰壶三个场馆位于原精煤车间内,自西向东一字排列,场馆东西向长度 300m、南北宽 67.5m，建筑总高度 16m。幕墙面积 18900m²，幕墙高度 19.1m，图 10.2-5 为精馏车间外幕墙。

　　冰球馆是"第四块冰"，位于冰壶馆北侧，建筑物标高 24.52m，幕墙最大标高 25.371m。总建筑面积 25326m²，场馆东西向长度 96m、南北宽 90m，地上主体采用箱型钢结构框架。冰球馆共 4 层，地下是制冷机房，同时配备停车场，地上一层主要以运动员日常活动为主，有水疗房、医疗室、战术分析室、更衣室等，二层、三层为观众区，商业、餐饮等设施配置齐全，并特设运动健身区，冰球迷们可在此娱乐休闲。图 10.2-6 为冰球馆外幕墙。

图 10.2-5　精馏车间外幕墙　　　　　图 10.2-6　冰球馆外幕墙

　　冰球馆是首钢冬奥项目唯一可实现冰球、篮球、商演、新闻发布展示等各项场馆功能转换的球馆，座位数量可在 2500~4500 之间自由组合。2000 多个固定座位下方都设置有一个新风出口，可达到冬暖夏凉的效果，确保每一位观众处在适宜的环境中。冰球馆项目是 2022 年冬奥会正式比赛项目场馆，已于 2019 年 1 月 14 日成功举办了中芬冰球联赛活动。

五、幕墙技术创新

（一）石英板幕墙应用与安装

　　石英板是石英精粉（硅微粉）经特殊工艺硫化而成，是具有超高的耐磨、耐酸碱、耐老化、耐腐蚀、高绝缘及防水、防滑性能的片状产品，属于新型装饰材料，具有良好的防水性能、绿色环保性能及可观赏性能；4mm 厚的石英板和铝型材背衬龙骨系统配合使用，作为外幕墙面板材料，强度满足设计要求，且自重小；从应用效果来看，石英板幕墙颜色均匀、富有质感、表面平整度高、自重小、运输和搬运方便。

　　通过 U 形挂件安装的 4mm 厚石英板：石英板两侧竖向每隔 400mm 均有一个挂件，每块板约 12 个挂点，挂点需同时就位，均匀受力，按通常做法困难较大。经过技术攻关，采用一侧 U 形挂件先安装在竖向立柱上，另一侧的 U 形挂件直接安装在石英板的背衬龙骨系统上，安装时，将石英板一侧的卡件卡在事先安装好的 U 形挂件上，再将另一侧的 U 形挂件安装在立柱上，避免部分挂件安装不到位。图 10.2-7 和图 10.2-8 分别为安装 4mm 厚石英板和石英板幕墙实物图。

　　（二）钢板肋支撑弧形玻璃幕墙安装工艺

　　员工餐厅弧形钢板肋玻璃幕墙，采用 170mm×16mm 的钢板肋作为玻璃幕墙的竖向龙骨，钢板肋高度 5m，不设横向龙骨。幕墙采用 8mm＋1.52PVB＋8mm＋12A＋10mm 的玻璃。由于没有横向支撑，钢板肋安装之后，侧向弯曲度较大。通过技术攻关，在玻璃安装前设置一套可拆卸的临时横支撑，将钢板肋矫正到正常位置，当玻璃安装完成后，再卸掉临时支撑，让玻璃自身起到横向支撑的作用，完美地解决了钢板肋弯曲过大的问题。图 10.2-9、图 10.2-10 分别为钢板肋支撑弧形玻璃幕墙和玻璃幕墙实物图。

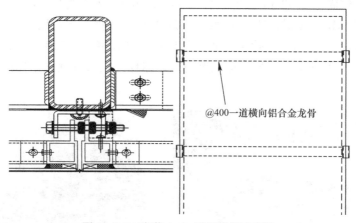

图 10.2-7　安装 4mm 厚石英板示意图

图 10.2-8　石英板幕墙实物图

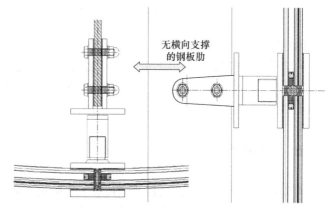

图 10.2-9　钢板肋支撑弧形玻璃幕墙

　　N1-2 转运站及员工餐厅连廊为点驳玻璃幕墙，此连廊位置幕墙采用 300mm×16mm 双钢板肋作为幕墙的竖向主龙骨，竖向主龙骨高度 17m，每根重量为 1.275t。为了保证安装过程中 17m 长的龙骨不变形，特制龙骨胎架，将龙骨装进特制的龙骨胎架里，当龙骨胎架起吊且龙骨胎架竖直靠近安装位置后，在两台汽车吊的配合下，将龙骨胎架退掉，龙骨成竖直状态，再进行正常的安装。

　　（三）精煤车间玻璃幕墙的自承重体系设计与施工

　　按照现行玻璃幕墙施工规范，玻璃幕墙铝合金立柱都应该设置为受拉构件，但精煤车间在结构设计时未充分考虑幕墙的荷载，很多结构顶部钢梁不能作玻璃幕墙立柱上端悬挂受力生根基础（钢梁不能承受幕墙自重）。首钢冬训中心项目经组织设计、技术、施工、成本、物资等各个管理单元，深入研讨，最终采用玻璃幕墙自承重体系，通过改变玻璃幕墙竖向杆件的受力形式，来消化主体结构设计的不足。通过把一层玻璃幕墙的竖向荷载传递到地梁上，把二层的幕墙竖向荷载传递到一层的结构梁上，把三层的幕墙竖向荷载传递到二层的结构梁，最终实现顶部结构钢梁不承受玻璃幕墙自重引起的竖向荷载。这样的荷载传递设计，使幕墙的立柱由传统的受拉杆件变为受压杆件。由于铝型材的受拉强度设计值大于抗压强度设计值，受压杆件也易出现稳定性差的问题，本着审慎负责的态度，对幕墙的每根立柱（受力形式不同的部位）都进行结构验算，保证玻璃幕墙的结构体系能达到强度、刚度、稳定性的要求。

图 10.2-10　钢板肋支撑弧形玻璃
幕墙实物图

　　玻璃幕墙的自承重体系设计，改变了幕墙立柱的安装工序，自承重体系的幕墙，要求铝合金立柱要从上到下依次安装。立柱的下料尺寸、立柱上连接件固定位置、铝合金芯套的连接方式等均为创新性重大改变。

（四）混凝土板幕墙的设计与安装

混凝土板幕墙是目前国内刚刚兴起的幕墙形式。由于国内混凝土板幕墙项目较少，故其设计和施工并无成熟的经验可借鉴。建筑师为追求大气的外观效果，将混凝土板幕墙的分格锁定在 1.5m×2.4m 以上，按此分格每块混凝土板至少在 350kg 以上。为解决工期紧、安装方便、技术方案的经济性需求等问题，采用了空间换时间的设计理念，将加工厂作为工地现场的延伸，将混凝土板块后的背衬钢架这种大量的重复性质的工序标准化、工厂化，提高加工精度的同时也节省了大量的时间；通过组织厂家、设计、技术、施工、成本等相关的管理人员反复的论证，形成基本的设计节点后，在工地进行反复试装，并持续改进，最后形成了上挂下销的设计方案，这个方案再通过理论上的结构计算验证，最终定稿，形成了有理论支撑、有实践检验的设计图纸。因混凝土板的自重，注定要采用汽车吊装的安装方式，借鉴单元板的设计思路，将混凝土板设置为小单元幕墙板块，在混凝板起吊前，将所有的工序都加载到混凝土板块上，只要一块混凝土板安装完成，很多工序也同时完成，大大提高了安装的便利性。混凝土板如果设计较厚，其后钢架必然会减少，但运输和安装的费用必然增加，混凝土板如果设计成薄板，其后钢架必然增加，运输和安装的费用必然减少。为了使技术方案具有良好的经济性，通过反复计算—对比分析—调整—计算—对比分析，直至方案达到最优的经济性。

（五）幕墙小空间保温节能的实现

冰球馆外立面建筑效果层次分明，具有较多凹进去的造型。建筑师要求凹进去造型的侧面厚度不超过 100mm。除去结构所必须占用的 50mm 厚空间，留作保温的净空间只有 40mm 厚。

按节能需求此处应为 130mm 厚岩棉保温板，密度为 140kg/m³，现有空间显然不能满足要求。项目组该位置修改了保温材料为 26mm 厚的 STP 真空保温板，STP 真空保温板的导热系数为 0.008W/(m²·K)，替代了导热系数为 0.04W/(m²·K) 的岩棉板，解决了设计方案无法满足要求的问题。图 10.2-11 分别为采用 STP 真空保温板的施工部位节点图。

六、项目实施效果

西十冬奥广场是首钢北区落地实施的第一个项目，也是北京市政府支持首钢转型积极导入的核心功能。它是首钢北区乃至整体园区功能定位落地的核心锚固点和撬动点。

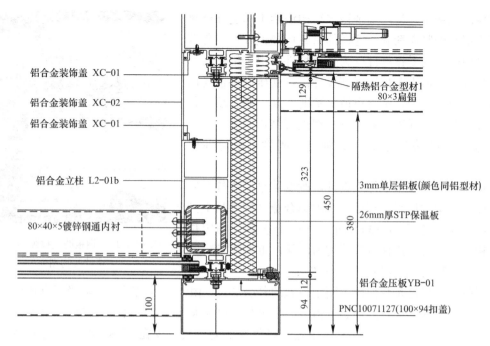

铝合金装饰盖 XC-01

铝合金装饰盖 XC-02

铝合金装饰盖 XC-01

铝合金立柱 L2-01b

80×40×5镀锌钢通内衬

隔热铝合金型材1
80×3扁铝

3mm单层铝板(颜色同铝型材)

26mm厚STP保温板

铝合金压板YB-01

PNC10071127(100×94扣盖)

图 10.2-11　STP 真空保温板保温部位节点详

保留原有建筑结构，其造型忠实呈现了"保留"和"加建"的不同状态，表达了对既有工业遗存的尊重。设计通过众多近人尺度的插建和加建细腻地缝合了原有基地内散落的工业构筑物。"织补""链接"和"缝合"的设计手法，重新以人作为本体梳理了建构筑物的空间尺度关系。设计中尽力保留工业遗存的态度，为尊重历史、发掘工业遗存价值奠定了良性基调。N1-2 转运站及员工餐厅项目获得 2019 中国建筑工程装饰奖（建筑幕墙类）。

第三节　深圳机场集团文体中心绿色化节能改造

一、背景

深圳机场集团文体中心原为深圳机场信息中心副楼，于 2006 年建成交付使用。使用后，由于使用功能与需求不匹配，成为"半闲置"的建筑。为改变这一现状，深圳机场集团决定对其进行综合节能改造，提升使用功能，"变身"成为员工的文体中心。

深圳机场信息中心副楼节能综合改造旨在通过对该建筑进行绿色化改造，赋予既有建筑新的生命。根据绿色建筑的适宜性，利用既有建筑绿色化改造技术，突出成果的社会化服务，为实现节能减排目标，从适应气候的角度，创造性地解决了上述问题。

适应气候的设计是建设绿色建筑应该遵循的原则。深圳市地处夏热冬暖气候区，其气候特征为"热、湿、闷"，全年平均温度 22.3℃，湿度约 77%，平均风速 2.7m/s。由于空调机的使用，解决了建筑物室内的温度、湿度问题。如果不考虑地域气候条件的封闭式设计，不但增加了建筑的能耗，还提高了运营成本；而对于体育建筑物来说，人们在运动之后，身体吸进大量的冷气，反而对健康不利。所以该项目本着以人为本的宗旨，进行绿色改造设计，既圆满完成了建筑的使用功能和外观需求，又节省建筑运营成本，更是对人们健康的关怀。

二、工程基本情况

深圳机场集团文体中心建筑（以下简称"文体中心建筑"）位于深圳市宝安区深圳机场东北处，深圳机场集团的南侧，一、二层为内部餐厅、宴会厅、对外餐厅、厨房；三、四层为羽毛球馆、乒乓球馆、接待包房等。

综合改造设计的范围为：保留北侧建筑，一、二层重新装修成为职工餐厅、培训教室；三、四层部分依据行业标准《体育建筑设计规范》JGJ 31—2003拆除重建。主要内容为7片羽毛球场地的羽毛球馆（兼篮球馆），4片乒乓球场地的球馆，健身房、瑜伽房等，为机场集团及驻场员工服务。见图10.3-1。

图10.3-1　文体中心建筑外观和室内

三、设计理念

对深圳机场信息中心副楼——一个"半闲置"的建筑进行既有建筑综合改造，设计理念是要充分利用自然通风，将其绿色化改造建成"可呼吸"的建筑。

通过"可呼吸"的设计解决深圳气候"热、湿、闷"的问题，从而让人感到舒适、健康；通过"可呼吸"的设计减少制冷面积、制冷时间，达到节能减排的目的。

针对该项目使用需求迫切、施工周期短的问题，室内装饰及室外建造均采用装配式建造方式。在项目附近提供工厂化制作，提高了建筑的整体精度，也可保证施工工期。

四、节能综合改造

（一）平面设计

文体中心建筑综合改造设计方案为：取消走道两侧房间，变为可开启窗户，并在中间设置与外墙相通的活动空间，这样既改善了走道的采光、通风，又减少了消防排烟设施，也减少了这部分房间的空调送冷。

图10.3-2～图10.3-5分别为文体中心建筑综合改造前、改造后一至四层平面布置对比图，图10.3-6为屋顶平面布置图。

（二）剖面设计

改扩建部分采用钢结构建造，墙体、屋面采用白色彩钢夹芯板。羽毛球馆/篮球馆在南侧下部设600mm高的通风百叶（送风口），在南侧、北侧上部设1000mm高的通风百页（排风口），"下进上出"解决球馆自然通风问题，见图10.3-7。

一层平面图(改造前)

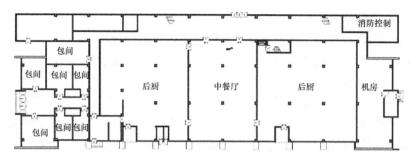

一层平面图(改造后)

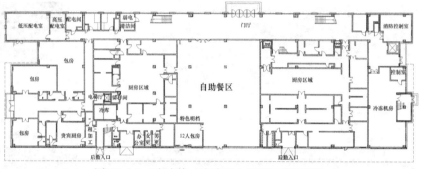

图 10.3-2　改造前、改造后 1 层平面布置对比

二层平面图(改造前)

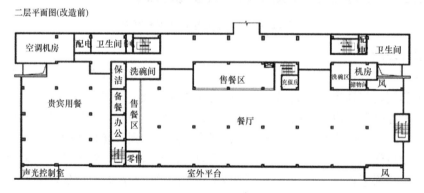

二层平面图(改造后)

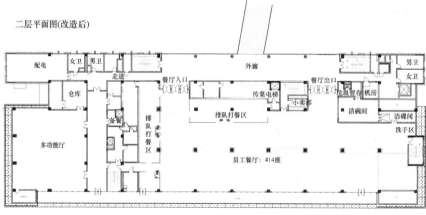

图 10.3-3　改造前、改造后 2 层平面布置对比

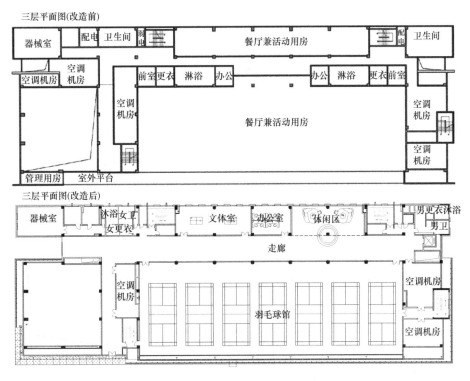

图 10.3-4　改造前、改造后 3 层平面布置对比

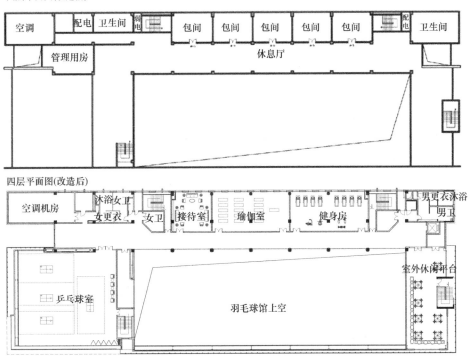

图 10.3-5　改造前、改造后 4 层平面布置对比

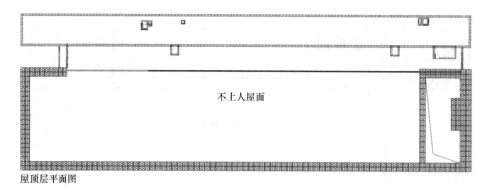

图 10.3-6　屋顶平面布置

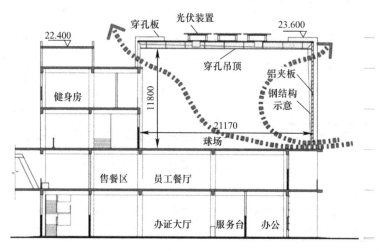

图 10.3-7　文体中心建筑综合改造剖面

（三）室内装修设计

1. 室内顶棚继续沿用 T3 航站楼天花蜂网元素，搭配深色水磨石地面，通过暗藏灯光营造氛围，墙面铝板及暗藏门，让空间更加简洁、现代。

2. 12m 的中空层高，采用国际标准羽毛球赛道，同时可进行篮球运动的电动篮球架，让空间利用更合理。为避免外界自然光对室内运动的影响，将原有玻璃幕墙用吸音板做成艺术墙面，同时解决了球场的噪声干扰。

3. 乒乓球室靠玻璃幕墙面采用折叠推拉门，在进行比赛时可形成封闭空间，避免外界自然光的影响，平时打开时可以远眺球场，有开阔视野。

4. 健身房体现活力和力量，瑜伽室体现静。

5. 室内设计采用成品吸声覆膜铝板、预制水磨石地板、铝板吊顶。

（四）建筑外装饰

1. 建筑外墙采用夹芯彩钢板＋菱形镂空铝合金模块装饰。

2. 外围护施工质量控制：

（1）加气块的完整性，尽量不用破损碎块。无通缝、瞎缝，保证砂浆饱满。顶板斜砖缝隙用砂浆捻实。

（2）墙体预埋线盒线管孔洞周边用细石混凝土填实。预埋线盒用高黏度胶带缠裹穿线管头用胶带封堵。

（3）脚手架穿墙部位用细石混凝土填实。

（4）外墙钢结构构件与砌体结合部位用砂浆抹平，或用密封胶带粘贴。

（5）管线穿墙（屋面板），先用细石混凝土将预留洞周边填实（掺微膨胀剂、洞边刷界面剂，振捣）。再用丁基防水胶带在管材与混凝土接触面缠裹。

（6）管井在屋面处（及各层）用混凝土板封堵。

3. 夹芯彩钢板与钢结构连接

夹芯彩钢板与钢结构连接对建筑的围护结构起到保温隔热的作用，而菱形镂空铝合金模块在建筑的南、东、西三侧，与夹芯钢板墙体之间形成了间距为 600mm 的通风式幕墙，阻断了强烈的太阳辐射，起到了遮阳的作用。

从造型角度出发，考虑延续深圳机场航站楼六边形的形状，与深圳大空港建筑主题相呼应。在解决大面积的安装、平整及无缝连接问题方面，设计院与施工方反复研究、论证龙骨设置与面板镂空的关系、铝板厚度与龙骨尺寸和面板凹凸处收边等问题的解决方案，创新性地设计完成了"菱形镂空铝合金装配式模块"，解决了近 100m 长建筑外立面平整及无缝连接的问题。

五、项目技术创新点

（一）通风式幕墙设计

采用"可呼吸"设计的方法对既有建筑物进行综合改造，降低了建筑物用冷需求，年空调能耗降低 40%；通过模拟计算，每年减少用冷时间约 60 天。

（二）装配式建造

1. 由于外围护结构及室内装饰均采用装配方式建造，缩短了工期，同时也减少了粉尘及噪声污染及装修材料污染对健康的影响。

2. 菱形镂空铝合金装配式模块对建筑外墙的遮阳效果明显，既提高了建筑物的隔热性能，又保证了自然通风，使得建筑在炎热的气候下室内仍能保持舒适的热环境质量。

六、项目实施效果

通过采用建筑物南北对流自然通风设计，建筑照明采用 LED 光源，以及智能灯光控制系统等多种主、被动建筑节能手段，减少了空调使用能耗，文体中心建筑于 2020 年 5 月投入使用。

（一）节能综合改造前、改造后的能耗

为了掌握文体中心建筑节能综合改造前、改造后的能耗情况，对该建筑 2017 年 8 月份的用电量与 2020 年 8 月份的用电量进行对比，改造前、改造后的用电情况分别见表 10.3-1 和表 10.3-2。

机场信息大厦附楼（改造前）2017 年 8 月份用电统计汇总　　　　　表 10.3-1

用电空间	1楼贵宾厅	1楼商务房插座1号	2楼管理用房插座	2楼西售饭厅照明	2楼小卖部	2楼西宴会厅办公	3楼管理用房	4楼4号套间	4楼管理用房	3楼羽毛球馆	3楼工会小商店	3楼健身房	4楼乒乓球室
本月用电量（kWh）	49	646	85	664	7737	147	29746	136	400	2198	48	129	429

续表

用电空间	1楼天河鱼缸楼梯	1楼商务房插座2号	附楼外围方柱路灯	2楼大厅照明	1号冷冻机组	2号冷冻机组	1楼空调风机1号	3楼空调风机2号	3楼空调风机3号	2楼空调风机	4楼空调风机	冷冻、冷却泵	冷却塔风机
本月用电量(kWh)	96	1894	1764	462	31920	2960	340	4080	2910	210	4360	11100	2280
整幢建筑合计(kWh)	106790												

文体中心建筑（改造后）2020年8月份用电统计汇总 表10.3-2

用电空间	西区一层	西区二层	西区三层	西区四层	东区一层	东区二层	东区三层	东区四层	东区一层
本月用电量(kWh)	3065	3819	1542	1399	2595	5421	1393	1099	2488
用电空间	西区一层	1号冷水机组	2号冷水机组	一层空调风机1号	三层空调风机2号	三层空调风机3号	二层空调风机	四层空调风机	冷水、冷却水泵
本月用电量(kWh)	548	15760	2080	580	1840	4080	1470	640	17400
整幢建筑合计(kWh)	67219								

从表中可以看出，该建筑改造前2017年8月的用电量为106790kWh，改造后2020年8月的用电量为67219kWh。改造后用电量减少39571kWh，能耗降低36.5%，达到节能减排目的，效果显著。

（二）既有建筑综合改造的亮点

既有建筑改造存在"去""留""加"三个方面的问题，而难点在于"留"和"加"。保留的如何利用？增加的是否和谐？都是对设计者的考验，而在这个项目中又增加了绿色的维度，让改造更具挑战。该项目从适应气候的角度，创造性地解决了上述问题，这栋"半闲置"的建筑变成了一座高质量的绿色建筑。

本项目通过综合节能改造，提升了建筑使用功能，在改善办公环境及配套健身的条件下，在降低能源消耗的同时，也对城市景观起到美化作用，探索了对既有办公建筑室内外环境进行绿色化改造的必要性。在遵循生态性、舒适性等原则的前提下，进行优化设计，进而为实现既有建筑的生态化、人性化改造及功能提升提供了示范作用。

第四节 中国建筑科学研究院主楼节能综合改造

一、背景

中国建筑科学研究院主楼在建成使用近10年后，围护结构保温隔热性能已不能满足建筑节能要求，室内声、光、热环境质量均不能满足使用要求，建筑能耗高，电梯设置等使用功能需要进一步提升，急需进行节能综合改造。

通过对既有公共建筑围护结构节能的研究与攻关，为我国既有建筑节能改造工作提供切实可行的技术与产品支撑，使建筑节能改造工作真正落到实处并收到预期效果。作为北京市科技计划项目"大型公共建筑透光围护结构的节能技术与示范工程"课题的一项重要内容，就是既有公共建筑围护结构节能与提升使用功能技术如何在工程中应用的研究，建筑设计与施工方案并重。

二、项目基本情况

中国建筑科学研究院主楼（以下简称"旧主楼"）始建于 20 世纪 90 年代初，地下 2 层，地上 21 层，二十二层为设备层，建筑总高 78.40m，建筑结构类型为框架结构。

旧主楼南北朝向，为主立面采光，东西向设有走廊采光窗；北立面为主出入口，大门紧邻北三环；楼角部分为 45° 斜面剪力墙外砌 240mm 砖墙；南北立面竖向装饰柱为空心水泥挂件，挂件从三层到二十一层，装饰柱挂耳厚 240mm 嵌于主结构上下边梁间，装饰柱凸出结构面 650mm；窗下墙为砖砌墙加 10mm 厚水泥压顶；大楼水平剖面呈八角形，屋面南北两侧设有宽度为 2700mm 的储藏室，东西两端为机房。大楼外立面为实体墙及装饰柱外贴瓷砖，少数瓷砖已随机脱落，南立面设有部分空调窗机钢结构。

为提高旧主楼整体外围护结构热工性能，有效降低能耗，提高室内舒适度，依据《公共建筑节能设计标准》GB 50189—2015 进行节能综合改造。改造范围包括整体立面外围护改造，具体内容包括：外立面实体墙在增加保温层基础上干挂陶板幕墙；分朝向设计隔热铝合金门窗；铝单板装饰柱及窗套板；顶层铝单板格栅；地面通风口铝合金百叶；东立面增建观光电梯；北入口采用 2.5mm 单层铝板外包；首层南立面增加钢结构接待大厅（含咖啡厅）铝板、玻璃幕墙。

三、设计理念

该项目为大型公共建筑既有建筑综合改造工程，包括旧窗拆除、大面积外墙瓷砖处理降低安全隐患、新型隔热铝合金窗安装、新建点支撑玻璃观光电梯、墙体保温、干挂陶土板外墙、铝单板装饰柱，节能改造必须考虑系统的安全性。

该工程为科研机构办公建筑，综合改造完成后要达到室内物理环境质量要求。不扰民是该工程的一项重要指标；必须遵循施工工期短且不影响正常办公的设计原则；认真总结施工过程的质量和工期控制措施，以利于推广应用。

既有建筑节能改造措施必须因地制宜，适宜性是玻璃幕墙改造技术研发必须考虑的问题，适宜的节能改造技术研究，包括对产品进行技术经济分析，做到在合理的成本范围内，并力求降低成本，以寻求我国建筑节能改造的适宜之路。

四、节能综合改造设计

（一）建筑幕墙

要使节能改造合理有效，就必须结合建筑特征进行具有针对性的外墙节能改造技术研究。当时，原有墙体外侧增加幕墙系统也是节能改造的新课题。

玻璃幕墙不仅实现了建筑外围护结构中墙体与门窗的合二为一，而且把建筑围护结构的使用功能与装饰功能巧妙地融为一体，使建筑更具现代感和装饰艺术性。改造过程中，对外围护墙体的装饰、防水、保温隔热、安全、耐久性进行了系统分析，鉴于外保温较内保温具有减少热桥、提高外墙内表面温度，进而提高舒适程度的优点，并且施工时对用户的干扰小，决定采用玻璃幕墙进行该项目综合节能改造。为大规模的推广应用积累经验。

建筑幕墙各组成部分的技术要求：

（1）建筑外墙（包括非透明部分幕墙）的传热系数要求是 $K \leqslant 0.60\mathrm{W/(m^2 \cdot K)}$；

（2）依据《民用建筑热工设计规范》GB 50176—2016 计算围护结构的最小传热阻；对办公楼的东、西侧围护墙体进行判断：如属Ⅲ型、Ⅳ型墙体，进行夏季隔热计算。

（3）针对旧窗洞口尺寸不一的情况，首先保证陶土板同层水平度和立面平面度，保证铝单板装饰柱竖向垂直度，新窗钢附框设计为平面内可调式连接，洞口外侧封口铝单板相对独立，进出位置以外立面为基准，保证装饰柱与窗框交口一致，保证陶土板与窗框交口一致，个别楼层偏差较大时，将陶土板上下封口铝板立面宽度定尺，但必须交圈，保证外立面效果；内侧边框部位根据每层具体内装情况用符合铝板封边找平。

（4）陶土板幕墙转折点多、拼角多，存在对称控制难的问题。故将造型角处陶土板以平面大块板和转角小块板用陶板专用胶粘剂粘连固定后整体安装，减少拼缝，故可减少安装偏差。

（二）建筑门窗

1. 由于该建筑面临北三环主干道，建筑主体距离主干道不到仅 30m 左右，因此，考虑到噪声影响，外窗的北立面和南立面的噪声隔声性能指标单独考虑。

2. 南、北立面的外窗保温性能也分别确定，北侧、南侧建筑外窗的保温性能要求分别是 $K \leqslant 2.2\mathrm{W/(m^2 \cdot K)}$ 和 $K \leqslant 2.5\mathrm{W/(m^2 \cdot K)}$。

3. 针对该工程特点和难点，本着结构安全、经济合理、建筑美观的原则，在节点设计时充分运用了三维调整方式，充分考虑了施工工序（放线测量、基准定位、作业面划分、安装顺序和质量控制），以有效保证施工进度和施工质量。

（三）外墙改造安全性

针对建筑外墙瓷砖脱落问题，设计采用镀锌钢丝网（25mm×25mm×1.3mm），利用化学锚栓和镀锌垫片与墙体锚固，固定点疏密合理米字分布，即使外装修完成若干时间后瓷砖再脱落，由于钢丝网和墙体的密贴，瓷砖也不会脱离原位，即使偶尔脱离原位，也只能局限在米字格中，不会造成大量堆积，因此不会造成幕墙隐患，同时又充当了外墙保温层的基础。

（四）节能综合改造技术措施

1. 建筑门窗系统

根据当时的标准，采用了 60 系列铝合金断热门窗系统，其特点如下：

（1）抗风压强度高。该系列型材纵向断面尺寸大，当洞口较高时，可利用加强中挺，增大型材惯性矩，相应强度提高。

（2）隔声效果增强。腔内壁凹凸设计，利用声波漫反射原理，消除因共振耦合产生的声波。

（3）保温性能好。利用等腔原理，减少冷热辐射及对流对热量的损失途径，提高型材的保温性能。

（4）结构连接可靠，安全度高。与单腔薄壁的断热窗相比，内外等腔设计的优越性是：边框与开启扇型材在加工时进行双组角连接，组角部位连接紧密，受力均匀，开启扇可经受多次反复开启而不至产生角部裂缝的现象；且边框隔热条两侧型材共同承受荷载，受力形式好，连接可靠，安全度高。

（5）防水效果佳。铝合金窗安装位置居中于结构洞口，洞口外侧窗台披水斜度3%，窗框四周与铝单板安装缝隙用硅酮耐候胶密封，为避免发生渗水现象，窗框开泄水孔，防止外界水的渗入。

（6）抗变形、位移的能力良好。

该方案边框与钢附框之间采用弹性连接，避免了与钢附框的硬性连接，充分考虑了经济性、效益性，提高性价比。

2. 提高建筑物理性能

针对建筑物理性能的提升，进行了细节优化设计：

（1）立面朝向与隔声性能

该项目南北立面外窗占外窗总面积的95%，南北立面的外窗面积大致相同，窗形统一，尺寸、分格、开启形式完全一样。由于旧主楼为正南和正北朝向，北立面紧邻北京市北三环主干道，主楼北立面临三环辅路边缘仅20m，在北立面强调保温的同时，噪声隔离是一个重要问题。南立面面临2层办公楼和家属区。综合考虑后，窗系统保持一致的情况下，北立面玻璃选择为隔声性能：$R_w=36$（-2，-5）dB；南立面选择单中空铝合金窗隔声性能：$R_w=34$（-1，-3）dB。

（2）立面朝向与传热性能

玻璃选择也考虑了朝向问题。北侧玻璃选择6+9A+5+9A+5(Low-E)双层空气层的三玻玻璃。其传热系数最初设计值为$2.184W/(m^2 \cdot K) < K < 2.5W/(m^2 \cdot K)$，实际检测值为$K < 2.4W/(m^2 \cdot K)$；南侧玻璃选择了6+12A+5（Low-E）中空Low-E玻璃，设计值为$1.752W/(m^2 \cdot K) < K < 2.2W/(m^2 \cdot K)$；实际检测值为$K < 2.0W/(m^2 \cdot K)$。

（3）气密性的影响

在风压和热压的作用下，气密性是保证建筑外窗保温性能稳定的重要控制性能指标。

外窗的气密性能直接关系到外窗的冷风渗透热损失，气密性能等级越高，热损失越小。该建筑物高度为78.40m，北立面临交通主干道，受西北风和东北风影响较大。其主导风向直接影响冬季室内的热损耗及夏季室内的自然通风。窗户的朝向与主导风向的关系对室内通风有着相当大的影响。因此，从冬季保暖和夏季降温考虑，主导风向因素不容忽视。

施工注意事项：首先，窗口在拆除后保留了原有的钢副框，表面进行防腐处理，外侧窗套由于安装铝板，对部分原有瓷砖进行了剔凿，钢副框与结构之间的缝隙采用聚氨酯发泡填塞。其次，新窗设计尺寸在底边、左右两边设计缝隙4mm，上框与原副框间隙至少保留10mm。其原因是保证在使用过程中，建筑变形作用于窗上主要是上横梁的挠度荷载，如果导致窗外框受力，必将影响整窗的变形，包括开启扇，窗户的整体正四边形是最不利的稳定几何形状，一旦变形，玻璃与框、扇、挺之间，扇与框之间，外框与结构洞口之间的密封性难以保证，空气渗漏必将导致热交换增加，整体节能性失效，问题的实质正在于此。

（五）陶土板幕墙系统

1. 陶土板幕墙的特点

该项目地处北京，全年温差较大。这样的地理环境及其使用功能均要求其建筑外围护结构具有较高的保温、隔声、耐冲击等性能。陶板在高温下得到最佳的煅烧，这个过程能够最大限度地增强陶板对抗恶劣天气的性能，该陶板的科学之处还表现在其条形中空式的完美设计，此设计不仅减轻了陶板的重量，还提高了陶板的透气、降噪和保温性能。

该工程陶土板主要分布在窗间墙、山墙部位，整体建筑平面呈八角形，转折处90°角和135°阳角。陶土板幕墙选择开敞式的设计，幕墙出色的接缝设计结合陶板的材料特性确保了幕墙表面完美的水导流效果，由此可以阻止幕墙表面沉积物的形成，进而保持幕墙表面的美观，突显陶板幕墙的自洁能力。经初步测量可知，窗洞口尺寸存在较多偏差，考虑改造工程的经济性，选择多种规格标准宽度陶土板，以满足整模数和间墙尺寸要求，同时保证外立面效果。陶土板采用双层中空陶土板，厚度为30mm；宽度不尽相同，其一、二层采用250mm宽，三至二十一层采用237.5mm宽，山墙采用300mm宽；陶土板颜色窗间墙为深灰色、山墙为浅米色两种。

2. 陶土板幕墙构造

（1）开敞无胶缝设计构造

陶土板的原材料为天然陶土，不添加任何其他成分，不会对空气造成任何污染；且陶土板接缝为开敞式，安装不需要打胶，不会对陶板及其他构件造成污染，影响外立面视觉效果。

良好的接缝设计结合陶板的材料特性确保了幕墙表面完美的水导流效果，由此可以阻止幕墙表面沉积物的形成，保持幕墙表面的美观。通风由陶板水平接缝缝隙实现，幕墙与墙体和隔热层之间70mm的距离保证了幕墙内侧的通风及内部的干爽。见图10.4-1和图10.4-2。

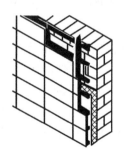 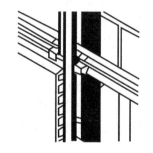

图10.4-1　陶板幕墙水平缝隙通风　　　图10.4-2　陶板水平接缝缝隙大样

（2）陶板防雨水冲击构造

根据德国工业标准DIN 4108第三部分规定，得出的结论是：背面通风的陶土板防护击打状雨的性能特别稳定。主要是在有击打状雨的情况下背面通风的空间可以阻断呈毛细状态侵入的潮湿（水分）。陶板在这里的作用就像是"第二防水层"。由于背面通风的空间与外界相通，因此陶板内、外两边的气压相等，实际上击打状雨不可能穿透陶板侵入通风的空间来。多年来已经有·系列论文和出版物发表了这方面在不同情况下十分成功的实际工程案例。

由此得出结论：背面通风的陶板防护击打状雨的性能水平非常高。无论是呈毛细状态侵入的水分，或者是直接落在房屋或建筑物隔热保温层上的雨水，由于其独特的开放式物理结构，即使隔热保温层被侵入的湿汽或水分弄湿了，保温层也可以通过护墙板背面通风的空间迅速将湿汽或水分导出、变干，而不会影响其保温性能。

击打状雨产生的负荷其基本动力是由风力产生的。在一堵没有铺设背面通风空间的外墙面上，由房屋或建筑物周围的风绕流所产生的滞止压力会使雨水通过可能存在的细缝、陶板或裂隙直接侵入到外墙后面的隔热保温层里面，产生浸湿效应。背面通风空间可以阻断这个过程，并且有能力通过背面通风的气流将侵入进来的潮汽（水分）重新蒸发出去。从国外一些相关的试验可以确定，在通常 5～12mm 宽度开缝的情况下，只有特别的狂风暴雨才有可能使少量雨滴因压力不平衡穿过开缝进入到陶板背面来。

陶板规格尺寸：厚 30mm，水平方向开缝 12mm，垂直方向开缝 8mm，背面通风缝隙 70mm。

该项目所采用的陶板为槽口式，出色的槽口接缝设计、接缝件、带孔铝板的接缝、封修配合，确保了幕墙表面完美的水导流效果，由此可以阻止幕墙表面沉积物的形成，进而保持幕墙表面的美观，杜绝了雨水通过水平横缝进入陶板背面。对于竖缝，专门设计了一种铝制弹性接缝件，可有效防止雨水的进入，少许渗入的雨水及结露水，通过陶板结构有组织的排水系统及背面通风的气流将侵入进来的雨水重新蒸发（排除）出去，达到结构本身防水的目的。

（3）防陶板位移、减震

陶土板幕墙结构由连接件、龙骨、接缝件、扣件和陶板组成。陶板通过特殊扣件固定在内部龙骨结构上，安装方便，既节省安装费用，又节省时间，即使安装过程中损毁，也可以随意更换，并且可以回收再利用，在垂直的接缝隙中安装了弹性接缝件。接缝件可以有效平衡陶板因外部因素（雨水冲击、大风吹刮等）产生的正面、侧向位移，并避免发出声响，保持整个外立面的平整度。

（4）保温、透气、降噪声

选用条形中空式的陶板，不仅可以有效降低陶板的自重，还可以提高陶板的透气性，降噪声和提高保温性能。通过实验测试，约可降低 9dB 的噪声。

（5）防火、通风功能

选用的陶板防火等级为 A1，骨架、扣件皆为难燃物，防火效果良好；通风是由陶板水平接缝缝隙实现；幕墙与墙体或结构保温隔热层之间 70mm 的距离保证了幕墙内侧的通风及内部的干爽。

（6）防雷、静电设计

陶板幕墙龙骨通过接闪器上、下连接，其整个骨架体系通过 Φ12 圆钢与结构主体避雷带相连接，形成有效的防雷、防静电体系。

（六）铝板幕墙系统

1. 铝板幕墙的特点

各立面平面墙铝板幕墙构造为：2.5mm 厚铝单板；70mm 厚空气层（非封闭）；3～5mm 厚聚合物砂浆中间压入一层耐碱玻纤网格布；50mm 厚挤塑聚苯板（XPS）；30mm 厚既有装饰层（面砖），原装饰层不平处，采用 1∶3 水泥砂浆找平；240mm 厚普通砖墙；南、北立面构造柱铝板幕墙：2.5mm 厚铝单板；70～120mm 厚空气层（非封闭）；3～5mm 厚聚合物砂浆中间压入一层耐碱玻纤网格布；50mm 厚挤塑聚苯板（XPS）；30mm 厚既有装饰层（面砖），原装饰层不平处，采用 1∶3 水泥砂浆找平；混凝土装饰柱。

2. 铝板后部外保温做法的讨论

铝板后部立柱构造是主体结构的一部分，最初设计时，曾考虑在铝板幕墙后部做外保温。但是，在现场实际踏勘时，发现两个问题：一是立柱两侧为紧贴门窗，实际增加铝板幕墙时，从支座到铝板面层即使最小距离也需要约100mm，加上保温层做法时，窗户两侧立框将被遮住，而且从室内外视效果不佳。二是立柱内外水平距离较大，且中间有两个空穴，外保温的意义并不大，也不经济。

基于上述两点，在方案讨论时，取消了铝板后部外保温的做法。

五、科技创新点

1. 该建筑面临北三环主干道，建筑主体距离主干道仅约30m，北立面外窗设置考虑噪声隔声指标，以确保办公空间具有良好的声环境质量。

2. 在建筑物东侧增设观光电梯解决了上下班时间的交通工具不足的问题。见图10.4-3。

3. 首层南立面增设钢结构玻璃幕墙，形成的接待大厅增加了约200m²的接待空间。

(a)　　　　　　　　　(b)

图 10.4-3　主楼东侧增设观光电梯

（a）观光电梯；（b）电梯前室

六、项目实施效果

建筑围护结构的热工性能是影响建筑能耗最直接的因素，该项目以节能为重点，以中国建筑科学研究院主楼的外围护结构改造为中心，以提高建筑物理性能和使用功能提升为目标，经过综合改造，项目取得了如下成果：

1. 首层南立面增设钢结构玻璃幕墙，形成的接待大厅增加了不少于200m²的接待空间，见图10.4-4。

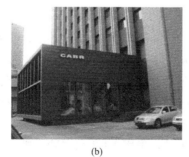

(a)　　　　　　　　(b)　　　　　　　　(c)

图 10.4-4　首层南立面增设玻璃幕墙及接待大厅外观和室内

（a）旧主楼原外挑雨棚；（b）接待大厅外观；（c）接待大厅室内

2. 门窗幕墙改造中前期的设计十分重要,而外墙保温设计的关键又在于外窗、墙结合部位的处理,外立面节能改造应尽量做到设计无冷桥,施工质量高。

3. 围护结构的保温工程,设计方案的好坏、施工质量的优劣,效果差别显著。

4. 中国建筑科学研究院主楼在改造的同时,整座大厦正常办公。

5. 对改造施工的困难有充分的认识,安全和工期问题都较新建工程的幕墙与装饰工程难度大得多。

第五节　棉麻仓库综合改造"变身"为绿色办公空间

一、背景

某公司办公楼位于北京市朝阳区广渠路三号"竞园"内东北角,该园区原为国家重要的棉麻仓库基地。直到 20 世纪末,棉麻仓库不再只存放棉麻,开始面向崭新的市场环境,体现其新的价值。园区将成为混合功能的商务办公社区,办公、休闲、商业等功能互相融合、穿插、互补,慢慢形成生机勃勃的商务办公业态。根据办公需要,该公司对竞园东北角一处废弃的棉麻仓库(图 10.5-1)开展了系列节能综合改造,营造舒适宽松、节能环保的办公环境。

图 10.5-1　竞园东北角一处废弃的棉麻仓库

二、项目基本情况

竞园内的废弃库房建筑高度为 6.6m,其内、外原状见图 10.5-2。

图 10.5-2　改造前实景图

三、设计理念

本着"以人为本"的宗旨，通过围护结构节能技术、设备系统的高效节能技术有机集成，充分利用可再生能源以及废旧物，努力实现绿色建筑（节能、节地、节水、节材、环保）目标。

四、节能综合改造设计

（一）平面设计

在原有库房的基础上，根据办公需要，将库房改建为两层：首层功能房间包括总经理办公室、开敞办公区间、会议室、资料室、卫生间及采光中庭；二层主要功能区间与首层类似，办公区可同时容纳办公人数为 50～60 人。库房改造概念设计方案见图 10.5-3。

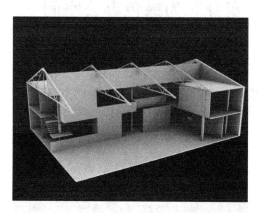

图 10.5-3　库房改造概念设计方案

（二）外围护结构节能改造

1. 外墙、外窗节能改造

（1）外墙采用 37 砖墙，墙体传热系数为 $1W/(m^2 \cdot K)$。

（2）外窗大部分采用真空双玻至三玻断热塑钢窗，传热系数为 $1.5W/(m^2 \cdot K)$（外窗均为某检测机构实验后的测试样品，也为废弃物利用），满足北京市《公共建筑节能设计标准》DB 11/687—2015 的要求。

2. 屋面保温、采光和遮阳改造

（1）将原有瓦棱铁屋顶部分改换为 100mm 厚聚苯复合板。

（2）考虑需要兼顾采光及遮阳的双重效果，屋顶中间部分选择 8mm 厚透明聚碳酸酯PC 中空板作为阳光板，使室内采光效果得以提高。

（3）在阳光板的上部采取了外遮阳措施。当夏季中午暴晒时，可以起到很好的降低室内冷负荷的作用。

聚碳酸酯板具有高透明、抗冲击、耐老化、阻燃、隔声、抗紫外线、保温效果好、质量轻的特点，既能为温室提供充足的阳光、适宜的温度，又能有效抵抗恶劣气候（冰雹、大风）的破坏，同时也可为实现大跨度、大面积顶部采光节约大量成本，还具有玻璃所不具备的无眩光、防碎等特点，是一种新型建筑材料。在建筑上主要用于建筑天幕、采光顶和墙体等。改造完成后的采光顶见图 10.5-4。

图 10.5-4　改造过程中和改造完成后的采光顶

（三）暖通设计和生活热水供应

1. 通风系统

空调系统及通风系统风管均采用镀锌钢板制作，保温材料为橡塑保温材料（B1 级难燃），厚度为 20mm，送风、回风、排风、进风管道均作保温。空调冷水管以及供热管道保温材料采用橡塑保温材料（B1 级难燃）。管径小于 $DN50$，保温厚度为 25mm。埋地管道采用硬质发泡保温材料，厚度为 32mm。太阳能热水管采用玻璃棉管壳保温材料，厚度为 40mm。

2. 太阳能热水系统供应冬季供暖和全年生活热水

（1）该建筑生活热水采用太阳能热水系统。生活热水系统由太阳能平板热水器、换热器、生活热水循环泵组成。夏季，由太阳能热水器提供生活热水。当光照不足时，用辅助电加热保证供水温度。

（2）冬季，所有房间为低温热水地面辐射供暖系统（简称"热水地暖"），具有舒适、卫生、不占房间使用面积、节能、低噪声、便于分户计量等优点。

热水地暖的主要材料加热管的价格一降再降，使热水地暖系统的造价已接近甚至低于常规散热器供暖系统。它与传统的供暖方式不同，由于受地板装饰层的厚度、材料以及地面上家具的影响，会大大降低盘管的散热量。通常情况下，地板装饰层的厚度越小，地板表面的平均温度就越高，但均匀性很差；厚度越大，地板表面的平均温度将会降低，同时温度均匀性得到了加强。地面散热量则随着厚度的增加而有所下降，但下降的程度较小。由于热水地暖是在辐射强度和温度的双重作用下对房间进行供暖，形成较合理的室内温度场分布和热辐射作用，可有 2～3℃ 的等效热舒适度效应。办公室装修时地面无其他附加装饰材料，而只是采用普通水泥地面加环保地坪漆，既能保证良好的外观效果，又能维持良好的地面辐射散热效果。

（3）集热器设置在该建筑屋顶；水箱设置在一层的储藏间，水箱内配置点加热器。冷水进水管上均安装弹簧止回阀。

（四）废弃物再利用

办公室上、下楼梯间踏板使用建筑废弃木块拼装，废弃物重新利用，达到更合理的资源利用效果。为营造舒适、健康的工作环境，同时将休憩、工作更好的结合，办公室内环绕种植了大量绿色植物。绿宝石、元宝树、发财树、一帆风顺、绿竹笼、滴水观音、绿萝、富贵竹等大量绿色植物置于室内，保持室内良好的空气环境，同时也起到了调节温湿度的效果。

五、项目创新点

1. 利用仓库高度为 6.6m 的优势，将原 1 层的库房改为 2 层的办公空间，增加了使用面积。

2. 可再生能源利用。太阳能取之不尽、用之不竭，是洁净的绿色能源，太阳能热水器一次投资长期受益。开发利用太阳能既可节约能源，为企业提高经济效益，又可减少常规能源的消耗和对环境的污染，有利于保持生态平衡，具有巨大的经济效益和社会效益。

（1）提高室内热舒适度

集热器设置在该建筑屋顶，大面积安装使用太阳能集热板丁屋面，可为建筑物隔热，降低建筑物顶层室温。

（2）太阳能热水器辅助电加热、燃油（气）加热装置，可实现全自动和计算机控制。

3. 楼梯间踏板使用包装箱废弃木块拼装，废弃物重新利用，达到更合理的资源利用效果。

六、项目实施效果

办公室总建筑面积850m²，建筑高度为6.6m。幕墙、外窗、外门综合传热系数小于2.0W/(m²·℃)，外墙综合传热系数小于0.45W/(m²·℃)，屋顶综合传热系数小于0.45W/(m²·℃)。

通过一系列能效措施的实施，最终计算得到该办公楼夏季房间负荷约为80W/m²，冬季房间负荷约为100W/m²，完全满足北京市对公共办公建筑的节能标准要求。

本章参考文献

[1] 秦虹. 城市更新：城市发展的新机遇 [J]. 中国勘察设计，2020，(08)：20-27.

[2] 中国大百科全书总编辑委员会本卷编辑委员会. 中国大百科全书 建材 园林 城市规划 [M]. 北京：中国大百科全书出版社，1988.

[3] 徐振强，张帆，姜雨晨. 论我国城市更新发展的现状、问题与对策 [J]. 中国名城，2014 (4)：4-13.

[4] 司南，朱永，阴劼. 存量发展阶段城市更新模式对商品住宅价格的影响——基于深圳样本的实证研究 [J/OL]. 北京大学学报（自然科学版）：1-8 [2020-10-20]. https://doi.org/10.13209/j.04710-8023.2020.073.

[5] 刘劼. 北京通州南大街历史街区城市更新困境及地方政府应对研究 [D]. 呼和浩特：内蒙古大学，2020.

[6] 彭阳，王贝，常黎丽. 总体规划层面城市更新规划编制研究——以武汉为例 [J]. 华中建筑，2020，38 (07)：6-10.

[7] 石莎莎. 城市更新中房屋拆迁补偿与土地资源利用评析 [D]. 天津：天津大学，2009.

[8] 胡芳芳. 中英美绿色（可持续）建筑评价标准的比较 [D]. 北京：北京交通大学，2010.